可恢复功能预应力多高层钢结构

张艳霞 张爱林 编著

中国建筑工业出版社

图书在版编目（CIP）数据

可恢复功能预应力多高层钢结构/张艳霞，张爱林编著.—北京：中国建筑工业出版社，2024.2
ISBN 978-7-112-29446-6

Ⅰ.①可… Ⅱ.①张…②张… Ⅲ.①高层建筑-钢结构-结构设计 Ⅳ.①TU973.3

中国国家版本馆CIP数据核字（2023）第245104号

责任编辑：刘瑞霞　梁瀛元
责任校对：赵　力

本书为黑白印刷，为提高阅读体验，提供电子版彩色图片，读者可扫码查看。

可恢复功能预应力多高层钢结构
张艳霞　张爱林　编著

*

中国建筑工业出版社出版、发行（北京海淀三里河路9号）
各地新华书店、建筑书店经销
霸州市顺浩图文科技发展有限公司制版
天津画中画印刷有限公司印刷

*

开本：787毫米×1092毫米　1/16　印张：20¼　字数：502千字
2024年11月第一版　　2024年11月第一次印刷
定价：**79.00**元
ISBN 978-7-112-29446-6
（41871）

版权所有　翻印必究
如有内容及印装质量问题，请联系本社读者服务中心退换
电话：（010）58337283　QQ：2885381756
（地址：北京海淀三里河路9号中国建筑工业出版社604室　邮政编码：100037）

前　言

近年来的数次地震，特别是2023年2月发生的土耳其大地震，再次表明人类正面临着地震的全面威胁。我国地处环太平洋地震带和地中海—喜马拉雅地震带，地震活动频繁，汶川、玉树、雅安等大地震，也给我们带来了惨痛的教训。传统钢结构在强震作用下即使没有发生整体倒塌，过大塑性变形导致的破坏和难以恢复的残余变形也会导致其很难再承受震级较高的余震，修复将花费高昂的代价，付出的时间、材料和人力成本甚至会超过重建。可恢复功能结构因其能够实现强震作用下的低损伤和可恢复目标而成为结构领域的未来发展方向，该结构大震后不需修复，或者只需对局部受损部件进行快速更换便可迅速恢复使用功能，能够承受密集且震级较大的余震，将有效提高广大城镇地区的工程韧性和灾后恢复能力。

本书总结了作者多年来在可恢复功能预应力钢结构体系方面的研究成果，系统介绍了可恢复功能预应力装配式钢框架、典型节点及楼盖结构的构造研发、试验研究、数值模拟和理论分析，提出了结构体系和典型节点的设计理论、设计方法和设计流程，为工程应用提供参考。

本书基于可恢复功能预应力装配式钢结构及其减震体系，依据典型节点、平面框架、空间框架性能研究、整体结构性能与设计理论研究共分为8章内容。第1章绪论概述了国内外可恢复功能钢结构体系的研究背景与现状；第2章介绍了自复位梁柱节点，对其开展了拟静力试验、理论分析以及数值模拟，详细研究了其抗震性能；第3章介绍了可恢复功能预应力装配式平面钢框架的性能研究工作，包括不同类型可恢复功能预应力装配式平面钢框架的拟动力试验研究；第4章介绍了适用于大跨度多高层可恢复功能预应力装配式钢结构的减震体系及其试验研究工作，包括可恢复功能预应力装配式钢框架-中间柱型阻尼器结构及可恢复功能预应力装配式钢框架-开缝钢板剪力墙结构体系；第5章介绍了可恢复功能预应力装配式两层两跨空间钢框架在拟动力和静力试验下的抗震性能；第6章介绍了可恢复功能预应力装配式多高层钢结构的性能分析，并对不同类型的可恢复功能预应力装配式钢框架受力性能进行了对比；第7章介绍了可恢复功能预应力装配式钢结构的性能化设计理论和性能化设计方法，并通过结构算例验证该设计方法的可行性。第8章介绍了适用于可恢复功能预应力装配式钢框架的隔震楼盖系统及其整体结构振动台试验研究与理论分析工作。

本书的研究工作先后得到了国家自然科学基金面上项目（项目编号：51278027）、北京市教委科研项目科技计划重点项目（项目编号：KZ201910016018）和国家自然科学基金面上项目（项目编号：51778036）的支持，特此致谢！

由于作者水平有限，书中肯定存在许多不足之处，敬请读者批评指正。

张艳霞、张爱林
2024年11月于北京建筑大学

目　录

第1章　绪论 ··· 1
　1.1　可恢复功能预应力钢框架研究背景与意义 ························ 1
　1.2　可恢复功能预应力钢框架国内外研究概况 ························ 2
　1.3　本书内容 ·· 7

第2章　装配式预应力自复位梁柱节点性能研究 ························ 9
　2.1　自复位梁柱节点基本构造及安装 ································ 9
　2.2　自复位梁柱节点试验研究 ····································· 12
　　2.2.1　十字形自复位梁柱节点试验设计 ························· 12
　　2.2.2　对应于生命安全水准梁柱节点的试验结果分析 ············· 16
　　2.2.3　对应于防倒塌水准梁柱节点的试验结果分析 ··············· 22
　2.3　自复位梁柱节点的滞回曲线理论模型 ··························· 29
　2.4　自复位梁柱节点数值模拟与试验结果及理论分析对比 ············· 32
　　2.4.1　自复位梁柱节点有限元模型的建立 ······················· 32
　　2.4.2　有限元分析和试验现象对比 ····························· 34
　　2.4.3　有限元分析和试验塑性应变对比 ························· 35
　　2.4.4　有限元和试验荷载-位移滞回性能对比 ···················· 37
　　2.4.5　节点开口处有限元、试验及理论弯矩-转角滞回性能对比 ···· 39
　2.5　本章小结 ··· 43

第3章　可恢复功能预应力装配式平面钢框架性能研究 ················· 44
　3.1　可恢复功能预应力装配式平面钢框架拟动力试验 ················· 44
　　3.1.1　原型结构和试验模型 ··································· 44
　　3.1.2　材性性能 ··· 45
　　3.1.3　试验方案 ··· 46
　　3.1.4　试验结果分析 ··· 49
　3.2　可恢复功能预应力装配式平面钢框架体系理论分析与试验验证 ····· 60
　　3.2.1　可恢复功能预应力装配式平面钢框架体系理论分析 ········· 60
　　3.2.2　试验结果验证 ··· 65
　3.3　两种不同梁柱连接的可恢复功能预应力装配式平面钢框架试验对比研究 ··· 67
　　3.3.1　预应力全螺栓装配钢框架结构构造 ······················· 68
　　3.3.2　试验模型 ··· 69

		3.3.3　材性性能 ·· 70
		3.3.4　试验方案 ·· 71
		3.3.5　拟动力试验结果对比分析 ·· 74
	3.4　本章小结 ··· 93

第4章　可恢复功能预应力平面钢框架减震体系性能研究 ·· 95
	4.1　RPPSF平面钢框架不同减震体系拟动力试验对比研究 ································ 95
		4.1.1　试验模型 ·· 95
		4.1.2　材料性能 ·· 96
		4.1.3　模型安装过程 ·· 98
		4.1.4　加载方案 ·· 98
		4.1.5　测点布置 ·· 100
		4.1.6　拟动力试验对比结果分析 ·· 101
	4.2　可恢复功能预应力装配式平面钢框架-中间柱型阻尼器减震体系理论分析 ······· 108
		4.2.1　力学简化模型 ·· 108
		4.2.2　可恢复功能预应力装配式平面钢框架-中间柱型阻尼器力-位移曲线分析 ······ 108
		4.2.3　中间柱型阻尼器细节设计及保证条件 ··· 110
	4.3　双层可恢复功能预应力钢框架-中间柱型阻尼器试验研究 ··························· 112
		4.3.1　试验模型 ·· 112
		4.3.2　材性性能 ·· 113
		4.3.3　试验方案 ·· 114
		4.3.4　拟动力试验结果分析 ·· 117
		4.3.5　拟静力试验方案及结果分析 ··· 129
	4.4　可恢复功能预应力装配式钢框架-开缝钢板剪力墙性能研究 ························ 132
		4.4.1　结构构造及试件设计 ·· 132
		4.4.2　试验方案 ·· 134
		4.4.3　试验结果分析 ·· 139
	4.5　本章小结 ··· 142

第5章　可恢复功能预应力装配式空间钢框架性能研究 ·· 145
	5.1　预应力装配式空间钢框架结构设计 ··· 145
		5.1.1　原型结构设计 ·· 145
		5.1.2　模型主体结构设计 ··· 147
		5.1.3　新型次梁构造设计 ··· 148
	5.2　预应力装配式空间钢框架拟动力试验研究 ·· 149
		5.2.1　拟动力试验设计 ··· 149
		5.2.2　拟动力试验结果分析 ·· 154
	5.3　预应力装配式空间钢框架拟静力试验研究 ·· 173
		5.3.1　拟静力试验设计 ··· 173

            5.3.2 拟静力试验结果分析 ·· 174
            5.3.3 楼板作用对预应力装配式空间钢框架的影响 ···························· 183
    5.4 考虑楼板效应预应力装配式空间钢框架节点弯矩-转角理论模型 ··············· 186
            5.4.1 楼板惯性力 ··· 186
            5.4.2 索力增量 ΔT 和传力梁附加力 f_i^{cb} ···································· 187
            5.4.3 理论滞回模型 ·· 188
    5.5 本章小结 ··· 189

第6章 可恢复功能预应力钢框架整体结构动力性能分析 ·························· 191

    6.1 整体结构有限元模型分析方法 ·· 191
            6.1.1 单元类型和网格划分 ··· 191
            6.1.2 参数定义 ··· 191
            6.1.3 梁柱节点双旗帜滞回模型的实现 ····································· 191
            6.1.4 中间柱摩擦阻尼器滞回性能的实现 ··································· 193
            6.1.5 刚接和铰接节点的定义 ··· 194
            6.1.6 边界条件与荷载施加 ··· 194
            6.1.7 分析步与求解器选择 ··· 194
    6.2 可恢复功能钢框架结构设计算例及动力时程分析 ··························· 195
            6.2.1 结构模态分析对比 ··· 196
            6.2.2 时程分析地震波的选取 ··· 197
            6.2.3 动力时程结果分析 ··· 199
    6.3 可恢复功能预应力钢框架-中间柱型阻尼器结构动力时程分析 ··············· 223
            6.3.1 结构模态分析对比 ··· 224
            6.3.2 时程分析地震波的选取 ··· 225
            6.3.3 动力时程结果分析 ··· 226
    6.4 本章小结 ··· 240

第7章 可恢复功能预应力装配式钢框架体系性能化设计 ························· 243

    7.1 可恢复功能预应力装配式钢框架性能化设计内容 ··························· 243
            7.1.1 预应力装配式钢框架性能化设计目标 ································· 243
            7.1.2 预应力装配式钢框架性能化设计准则 ································· 244
            7.1.3 预应力装配式钢框架结构响应估算 ··································· 246
            7.1.4 预应力装配式钢框架结构设计流程 ··································· 248
    7.2 可恢复功能预应力装配式钢框架性能化设计实例 ··························· 249
            7.2.1 性能化设计结果 ·· 249
            7.2.2 设计实例分析结果 ··· 250
    7.3 可恢复功能预应力钢框架-中间柱型阻尼器体系性能化设计内容 ············ 254
            7.3.1 预应力中间柱钢框架体系性能化设计目标 ···························· 254
            7.3.2 中间柱型阻尼器减小地震反应的原理 ································ 255

  7.3.3 预应力中间柱型阻尼器钢框架的力学原理和性能曲线 ………… 256
  7.3.4 预应力中间柱钢框架多质点体系设计方法 ………………………… 259
  7.3.5 预应力中间柱钢框架性能化设计流程 ……………………………… 260
 7.4 可恢复功能预应力钢框架-中间柱型阻尼器体系性能化设计实例 …… 261
  7.4.1 结构算例 …………………………………………………………… 261
  7.4.2 预应力中间柱钢框架体系性能化设计 ……………………………… 262
  7.4.3 预应力中间柱钢框架体系时程分析 ………………………………… 265
  7.4.4 梁柱节点设计 ……………………………………………………… 270
 7.5 本章小结 …………………………………………………………………… 270

第8章 带隔震楼盖的可恢复功能预应力装配式钢框架体系抗震性能研究 …… 272

 8.1 隔震楼盖（SIFS）基本构造 ……………………………………………… 272
 8.2 隔震楼盖（SIFS）连接属性分析 ………………………………………… 273
  8.2.1 SIFS连接构成 ……………………………………………………… 273
  8.2.2 SIFS抗侧刚度组成 ………………………………………………… 274
  8.2.3 SIFS抗扭刚度组成 ………………………………………………… 275
 8.3 单层 RPPSF-SIFS 结构动力响应原理 …………………………………… 276
  8.3.1 单层 RPPSF-SIFS 结构平动动平衡方程 …………………………… 276
  8.3.2 单层 RPPSF-SIFS 结构在地震作用下的响应分析 ………………… 277
 8.4 多高层 RPPSF-SIFS 体系平动响应分析 ………………………………… 279
  8.4.1 多高层 RPPSF-SIFS 体系平动动平衡方程的建立 ………………… 279
  8.4.2 多高层 RPPSF-SIFS 无阻尼体系的谱矩阵和振型矩阵 …………… 281
  8.4.3 多高层 RPPSF-SIFS 体系平衡方程的求解 ………………………… 282
 8.5 RPPSF-SIFS 原型结构设计 ……………………………………………… 283
 8.6 RPPSF-SIFS 振动台试验设计 …………………………………………… 284
  8.6.1 加载设备 …………………………………………………………… 284
  8.6.2 相似关系设计 ……………………………………………………… 284
  8.6.3 RPPSF-SIFS 试验模型设计 ………………………………………… 285
  8.6.4 RPPSF-SIFS 模型加工及安装 ……………………………………… 286
  8.6.5 RPPSF-SIFS 模型张拉 ……………………………………………… 289
  8.6.6 配重设计 …………………………………………………………… 289
  8.6.7 材料属性 …………………………………………………………… 291
  8.6.8 地震动的选取及加载工况 ………………………………………… 291
  8.6.9 测量方案 …………………………………………………………… 293
 8.7 RPPSF-SIFS 振动台试验与理论模型的验证 …………………………… 295
  8.7.1 自振频率的验证 …………………………………………………… 296
  8.7.2 楼面加速度时程曲线验证 ………………………………………… 296
 8.8 RPPSF-SIFS 体系自振特性分析 ………………………………………… 297
  8.8.1 自振频率 …………………………………………………………… 297

8.8.2 阻尼比 ··· 297
 8.9 RPPSF-SIFS 振动台试验研究 ·· 298
   8.9.1 试验现象 ·· 299
   8.9.2 层间位移角 ··· 300
   8.9.3 梁柱节点开口分析 ·· 301
   8.9.4 加速度响应 ··· 302
   8.9.5 索力分析 ·· 304
   8.9.6 应变分析 ·· 305
   8.9.7 楼板相对位移 ··· 306
 8.10 RPPSF-SIFS 扭转效应分析 ··· 307
   8.10.1 层间扭转角 ·· 307
   8.10.2 层间扭矩 ··· 308
   8.10.3 平扭耦合效应 ·· 309
 8.11 本章小结 ·· 310

参考文献 ·· 312

第1章

绪　　论

1.1　可恢复功能预应力钢框架研究背景与意义

　　近年来的数次地震表明，人类正面临着地震的全面威胁，而我国地处环太平洋地震带和地中海—喜马拉雅地震带，地震活动频繁，汶川、玉树、雅安和鲁甸大地震，给我们带来了惨痛的教训。钢结构因其强度高、质量轻、延性良好和工业化程度高，近年来在高层及超高层结构中得到了广泛的应用。然而，在1994的美国北岭地震[1-2]和1995年日本的阪神地震[3]中，钢结构梁柱焊接节点出现了大量的脆性破坏。此后，改进型梁柱连接节点成为世界各国钢结构研究领域的热点。目前改善钢框架梁柱连接抗震性能的基本途径是将塑性铰外移，主要做法有：削弱距梁柱连接面一定距离的梁截面而形成翼缘削弱型节点，简称RBS节点（Reduced Beam Section Connection）；对梁端翼缘进行局部扩大而形成扩翼型节点，简称WBS节点（Widened Beam Section Connection）。其目的都是在强震时实现梁塑性铰外移，避免节点过早出现裂缝而发生脆性破坏，达到延性设计的目的。对此国内外学者进行了深入的研究[4-19]。已有的研究表明这些新型节点都较好地避免了传统节点的脆性断裂现象，并具有较好的延性性能和耗能能力。但强震过后，采用刚接和改进型节点的钢框架都会产生较大的残余变形，大大增加了震后修复的难度和成本。美国北岭地震及其震后修复造成了超过150亿美元的损失[20]。另外，国内外近年来的地震表现出震级高、余震密集且震级较大的特点。近年来印度尼西亚、智利、日本等均发生了8.0级以上主震、最多可达64次余震的地震灾害。我国汶川、芦山、玉树也发生了震级较高且余震密集的地震灾害，例如2008年汶川地震（8.0级），震后4.0级以上余震达到260余次。2023年2月6日发生的土耳其大地震，发生7.8级地震两次、6.7级余震一次，5～6级余震达41次，4～5级余震达450次，共造成近6万人遇难，超过12万人受伤，约6万栋民居楼在地震中破坏严重或倒塌。为了减少地震灾害带来的损失，人们对结构的抗震性能提出了更高的要求，尤其对于医院和生命线等重要建筑，希望实现"中震后无需修复，大震时既保护生命又保护财产安全，大震后既可修又快修，承受密集且震级较大余震"的设防目标。为此国内外学者和设计人员致力于寻求新的设计方法和"物美价廉"的结构技术。

　　2009年1月在NEES/E-Defense美日地震工程第二阶段合作研究计划会议上，美日学者首次提出将"可恢复功能抗震城市"（Earthquake Resilient City）作为地震工程合作的大方向。美国太平洋地震工程研究人员也指出，今后的抗震设计重点应从抗倒塌设计转为可修复设计[21]，为此提出了可恢复功能结构（Earthquake Resilient Structures）。

2021年6月24日，《住房和城乡建设部2021年政务公开工作要点》中明确提出围绕推进韧性城市建设，做好政策发布解读。2022年7月7日，住房和城乡建设部与国家发展改革委印发的《"十四五"全国城市基础设施建设规划》中将"绿色低碳，安全韧性"作为总体工作原则之一，并将"增强城市安全韧性能力"作为重点任务。由此可见，我国已意识到城市韧性的重要性，而建筑作为城市的主体，其功能的可恢复性很大程度上决定着城市的可恢复性。

可恢复功能预应力钢框架，采用预应力技术，节点的初始刚度大，结构损伤小，消除或大大减小了地震后的残余变形，具有震后可恢复功能。震后梁柱等主要构件基本保持弹性，塑性破坏集中于角钢等附属连接件，只需对局部受损部件进行快速更换便可迅速恢复使用功能，能够承受密集且震级较大的余震，将有效提高城镇特别是大城市的灾后恢复能力，具有显著的社会效益和经济效益。

里海（Lehigh）大学，普林斯顿（Princeton）大学、普渡（Purdue）大学、同济大学、广州大学等纷纷加入可恢复功能钢框架的研究中。鉴于我国是地震多发国家之一，钢结构应用广泛且呈逐年增加的态势，因此对于高烈度区，非常有必要开展可恢复功能钢框架的试验、理论及设计方法研究，这对于提高高烈度区医院、生命线建筑等房屋结构抗震减灾性能，实现结构"中震后无需修复，大震时既保护生命又保护财产安全，大震后既可修又快修，承受密集且震级较大余震"的设防目标，减少震后修复成本具有非常重大的意义。

1.2　可恢复功能预应力钢框架国内外研究概况

可恢复功能预应力钢框架结构体系在钢框架体系的基础上增加了可恢复系统和耗能减震系统两部分。钢框架体系主要包括框架柱、框架梁和楼盖体系；可恢复系统主要通过在结构中附加钢制拉索、形状记忆合金等组成，实现结构残余变形较小的目标；耗能减震系统则主要有金属阻尼器、耗能棒、摩擦阻尼器和钢板剪力墙等类型，通过设置这些装配式耗能件，在地震中可以消除或大大减小震后残余变形和对主体结构构件的损坏，在保证结构受力性能的同时，实现了震后修复的易操作性，降低震后维护成本，附加的阻尼能够降低最大变形，在一定程度上也可以降低残余变形。

（1）塑性耗能为主的耗能减震系统

以角钢耗能为例，附加角钢耗能的可恢复功能预应力钢框架梁柱节点构造如图1-1(a)所示[22]，其中水平布置的钢绞线对框架梁产生压力并承受弯矩，当地震作用达到一定程度时，梁柱的接触面张开，角钢出现塑性变形并耗能，如图1-1（b）所示，从而避免了梁柱等主体构件的损坏。地震作用后，结构在预应力作用下恢复到原先的竖向位置。试验和分析表明，该节点能避免现场焊接，主体结构保持弹性，所有构件仅有耗能角钢进入塑性，且加载结束后能实现自动复位。

最早的关于可恢复功能预应力钢框架（简称预应力钢框架）节点的试验研究是在1997年的普林斯顿大学的Garlock等人完成的[22-24]。之后广泛研究的附加角钢耗能的可恢复功能预应

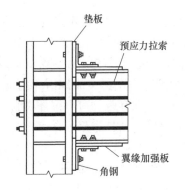 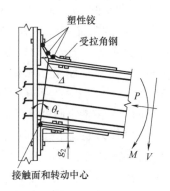

(a) 节点构造简图　　　　　　(b) 节点变形示意图

图 1-1　附加角钢耗能可恢复功能预应力钢框架梁柱节点

力钢框架梁柱节点（简称预应力梁柱节点）由里海大学的 Ricles 等人（2001 年、2002 年）和 Garlock 等人（2002 年、2003 年、2005 年）提出。2007 年，Garlock 等人对角钢耗能预应力钢框架体系的性能进行了进一步研究，提出了角钢耗能的预应力钢框架基于性能的设计方法，并给出了结构构件的设计验算准则、设计目标和设计流程，最终通过算例的时程分析验证了设计方法的可行性。自此，各国学者开始展开对拉索预应力钢框架耗能机制的研究。

2008 年 Garlock、Ricles 对影响角钢耗能预应力钢框架抗震性能的因素进行了分析[25]，分析中主要考虑了三个因素：连接强度、节点域强度和顶层连接强度。根据各因素的不同组合设计出了五种六层钢框架模型，对这五种钢框架进行非线性动力时程分析，给出了节点强度的适合范围。同时分析结果表明，节点域强度对抗震性能并没有显著影响，顶层连接强度的增大提高了框架的抗震性能。

2007 年 Wang 提出了一个带有耗能棒的可恢复预应力钢框架的设计过程[26]，同时对一榀两跨三层的平面钢框架进行了振动台试验。研究表明，该体系具有良好的抗震和自动复位功能。

2009 年 Chou 等对采用耗能棒耗能的 6 个预应力梁柱节点进行了低周往复加载试验[27]，如图 1-2 所示，同时考虑了楼板的作用。研究结果表明耗能棒具有较好的耐久性能，由于耗能棒的残余应力，节点消压弯矩会下降 25%，采用非连续楼板对节点自动复位性能影响不大。

图 1-2　带有耗能棒的预应力钢框架梁柱节点试验

2013 年德黑兰大学的 Mahbobeh Mirzaie Aliabadi 提出用螺栓固定在柱翼缘和梁翼缘上的 T 形端板作为耗能装置[28]。利用 OpenSees 中的纤维单元建立 13 个节点模型，分析节点设计弯矩 M_{des} 与 T 形端板屈服时弯矩 M_a 的比值 α_a 和初始预应力对节点受力性能的影响。研究表明节点的整体刚度和承载力随初始预应力度和 α_a 的增大而明显增大，节点的消压弯矩值也有提高，但应注意避免两者取值过大而导致预应力拉杆屈服。

2016 年日本的金真佑博士研究了低屈服空心钢管中间柱型阻尼器[29]，如图 1-3、图 1-4 所示，研究空心钢管作为地震能量吸收装置的力学性能、滞回性能，包括变参数分析，如管径、厚度、径厚比、纵横比、管形等，并和传统 H 形剪切阻尼器进行了对比，进行双向加载，研究其变形性能，为评估由于裂纹引起焊接部分的局部应变进行了有限元分析，将空心管放置在中间柱上组成中间柱型阻尼器嵌入整体结构中进行地震波作用下的数值模拟。

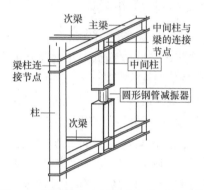

图 1-3 低屈服空心钢管中间柱型阻尼器

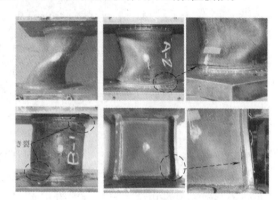

图 1-4 试验照片

2017 年伊朗的 Ali Jahangiri 提出一种新型的带有钢节点的可恢复梁柱连接方式[30]，如图 1-5、图 1-6 所示。钢节点呈 1/4 圆状并带有放置钢绞线的沟槽，钢绞线锚固在柱端，通过钢节点本身塑性变形进行耗能，对此节点分别做试验和数值模拟研究。

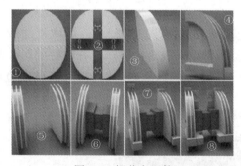

图 1-5 钢节点组件

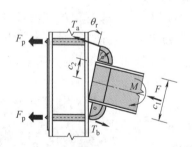

图 1-6 钢节点开口状态

2020 年蒋欢军提出了一种弧形钢板自复位梁柱节点[31]，将自复位梁腹板通过螺栓与柱进行连接，上下翼缘通过弧形钢板与柱进行连接，如图 1-7 和图 1-8 所示，对此节点进行了详细的理论分析与试验研究。

（2）摩擦耗能为主的耗能减震系统

可恢复功能钢框架在节点处设置摩擦耗能的元件或者设置摩擦耗能的构件，在可恢复功能预应力钢框架中可以利用梁柱之间的"开口"进行滑移耗能，避免了梁柱等主体构件

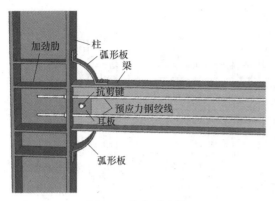

图 1-7 节点示意图　　　　　图 1-8 试验照片

的损坏，同时耗散了地震能量；也可利用地震发生时上下层之间的相对位移设置相应的耗能构件进行摩擦耗能。研究结果表明：地震发生后，所有板件基本处于弹性状态，且加载结束后能实现自动复位。

2003 年 Cruz 提出在框架梁上下翼缘安装摩擦耗能装置的预应力钢框架[32]，研究表明该节点没有塑性变形，不需要现场焊接，预应力索作为复位装置提供恢复力，摩擦装置提供耗能能力。

2005 年，Rojas P 等人对在梁翼缘外侧分别设置两个摩擦装置的预应力梁柱节点进行了研究[33]，节点构造如图 1-9 所示，节点产生开口的同时，通过摩擦板滑动耗散地震能量。节点同样无需现场焊接，且最大限度地减小了构件的塑性变形。同时采用基于性能的设计方法设计了一榀六层四跨的预应力钢框架，并对其进行非线性时程分析。研究结果显示，摩擦耗能预应力钢框架耗能好、强度高、自动复位性能优，抗震性能优于传统钢框架。

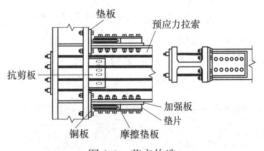

图 1-9 节点构造

2008 年多伦多大学的 Kim 和 Christopoulos 研究了另一种摩擦耗能预应力梁柱节点[34]，该种节点在梁的上下翼缘安装摩擦耗能装置（FEDS），如图 1-10 所示，装置中采用高强度螺栓，并在其摩擦面上加设不锈钢和新型 NAO（Nonasbestos Organic）材料。研究表明，该节点强度、刚度与全焊接节点类似，并且具有良好的延性。2009 年里海大学的 Wolski 等设计了 7 个带下翼缘摩擦装置（Bottom Flange Friction Device，简称 BFFD）的预应力梁柱节点（缩尺比例 0.6∶1）[35]，对其进行了循环荷载作用下的试验研究，如图 1-11 所示。试验结果表明：BFFD 为预应力梁柱节点提供了耗能能力但是并没有影响楼板，BFFD 使用摩擦螺栓和贝氏垫圈为 BFFD 的黄铜和钢质材料之间的摩擦面提供了法向力。预应力高强度钢绞线为节点提供了复位性能，通过改变预紧力的大小、加载历程以及摩擦型阻尼器与梁下翼缘的焊接构造等参数研究节点的耗能性能。将预应力钢绞线设计为弹性，并控制摩擦型装置上螺栓与螺栓孔之间的破坏机制为剪切破坏，可以较好实现自动复位。摩擦型阻尼器与梁下翼缘之间宜采取全熔透焊接。另外，将 BFFD 连接在柱上的外伸角钢的屈曲减小了节点的反向刚度，从而减小了 BFFD 中的耗能作用，设计耗

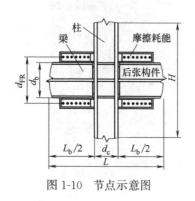

图 1-10 节点示意图

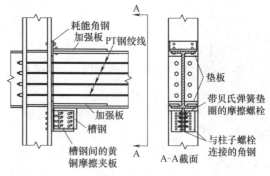

图 1-11 节点构造

能比 β_E 没有达到要求的 0.3,因此该类节点构造还需进一步研究。

2013 年王一帆和蒋成良等人利用 ANSYS 对梁上下翼缘设置摩擦板的预应力梁柱节点以及角钢预应力梁柱节点进行参数化分析[36-37],主要考察抗滑移系数和钢绞线初始预应力对节点性能的影响。分析结果显示,增大抗滑移系数能增强节点的承载力和临界开口弯矩,但抗滑移系数过大将导致梁截面产生塑性铰,失去自动复位能力;随着初始预应力的增大,钢框架的刚度、屈服和极限荷载以及框架的可恢复能力均有提高。

作者设计了 5 个长槽孔螺栓摩擦阻尼器试件进行往复加载以研究摩擦阻尼器的力学性能[38],如图 1-12 所示。试验结果表明使用黄铜板摩擦耗材,阻尼器耗能稳定性良好。同时研究了长孔宽度和碟形垫片等参数对摩擦阻尼装置摩擦力的影响。之后,作者将中间柱型摩擦阻尼器引入到可恢复预应力钢框架中[39],对缩尺比例为 0.4:1 的两层子结构进行了有限元分析和静力推覆分析,如图 1-13 所示,试验结果表明:中间柱型摩擦阻尼器既可以提高整体结构的刚度又能耗散地震能量,同时该新型体系具有良好的自动复位能力。

图 1-12 摩擦阻尼器力学性能试验

图 1-13 带中间柱型摩擦阻尼器的可恢复预应力钢框架试验

(3) 其他耗能减震系统。利用磁力、形状记忆合金的恢复力等形成耗能减震系统。2021 年杜修力提出了一种可恢复 SMA 绞线复合磁流变阻尼支撑[40],该支撑通过内外管之间的相对移动,使得永磁体产生了变化的磁场,同时通过阻尼通道宽度的变化,共同调节密封腔体内的磁流变液的阻尼大小,所以无论支撑处于受拉还是受压状态,SMA 绞线均受拉,发生超弹性变形,提供复位功能的同时能够具有一定的耗能能力。2019 年,李然、舒赣平研发了一种基于 SMA 的可恢复耗能装置[41]，在拉、压状态下装置的核心 SMA 丝束均处于受拉状态，可充分发挥 SMA 的耗能和可恢复性能，经试验和理论分析，揭示了 SMA 可恢复耗能装置的工作原理，提出 SMA 可恢复耗能装置的三阶段理论模型。

2010 年至今，作者对国内外可恢复功能预应力钢框架体系研究进展进行了分析[42-48]。对装配式预应力自复位梁柱节点进行了试验、有限元及理论研究，三者结果吻合较好。同时，提出了一种采用腹板摩擦阻尼器耗能的新型可恢复功能预应力装配式钢框架体系和典型梁柱节点构造。对节点进行了初步的有限元分析，有待进一步进行试验和理论研究。

综上所述，关于可恢复功能预应力钢框架的研究主要集中在三个方面：（1）对角钢耗能、耗能棒耗能、上下翼缘摩擦耗能和腹板摩擦耗能等不同耗能装置的可恢复预应力钢框架结构抗震性能和震后恢复功能能力的试验和理论研究。发现上述耗能机制中角钢耗能能力较小，且容易发生低周疲劳而断裂；上翼缘或上下翼缘同时摩擦耗能对楼板影响较大，下翼缘摩擦耗能影响使用功能。腹板摩擦耗能不影响楼板及使用功能，并且在钢板之间夹了黄铜板之后，摩擦系数和耗能较为稳定。（2）研究可恢复功能预应力钢框架的楼板体系及其对结构复位和恢复功能的影响。（3）关于可恢复功能预应力钢框架整体结构分析和性能化设计方法的研究。

从目前国内外对可恢复功能预应力钢框架的研究来看，尚存在以下不足：（1）我国高层建筑较多，当该体系应用于高层建筑时，需要高空张拉预应力，施工难度大，工作效率低；（2）该体系在钢柱上需要开孔穿钢绞线，一方面容易引起柱翼缘的疲劳破坏，另一方面钢柱外的锚头构造影响建筑的使用功能；（3）可恢复预应力钢框架体系应用于医院、学校等跨度较大的多高层结构时，可能因为层间位移角过大而无法满足结构功能的要求。

1.3 本书内容

针对可恢复功能预应力装配式钢框架方面的研究成果，撰写本书，主要内容如下：

第 2 章针对高层建筑，提出了可恢复功能预应力装配式钢框架结构体系和装配式预应力自复位梁柱节点。完成了 8 个自复位梁柱节点在低周往复荷载作用下的拟静力试验研究，对其滞回模型进行了理论推导。同时采用有限元软件 ABAQUS，对各个节点的试验过程进行数值模拟分析，并与试验结果、理论分析结果进行了对比分析。

第 3 章对可恢复功能预应力装配式平面钢框架进行拟动力试验研究与理论分析，同时提出可恢复功能预应力全螺栓装配钢框架并通过拟动力试验研究对比分析了两种预应力钢框架的抗震性能。

第 4 章提出了可恢复功能预应力装配式钢框架-中间柱型阻尼器结构体系以及可恢复功能预应力装配式钢框架-开缝钢板剪力墙结构体系等可恢复功能预应力装配式钢框架减震体系，并对不同减震体系进行了试验研究、理论分析和数值模拟。

第 5 章对可恢复功能预应力装配式空间钢框架进行拟动力和拟静力试验研究，提出了一种放松楼板约束作用的次梁构造形式，提供了一种整体结构梁柱开口"膨胀"问题的解决方案，验证了带有新型次梁楼板体系的可行性，并提出了考虑楼板效应的可恢复功能预应力装配式空间钢框架弯矩-转角理论模型。

第 6 章提出了自复位梁柱节点在整体结构中的模拟方法并进行了验证。在此基础上开展了可恢复功能预应力装配式钢框架、普通刚接框架及可恢复功能预应力钢框架整体结构的抗震性能和震后恢复性能的对比分析。进一步对可恢复功能预应力钢框架-中间柱型阻尼器进行整体结构分析，并与不带有中间柱型阻尼器的可恢复功能预应力钢框架对比分析了变形性能、耗能能力和震后恢复能力等抗震性能。

第 7 章结合现行国家标准《建筑抗震设计规范》GB 50011—2010（2016 年版），提出了可恢复功能预应力装配式钢框架与可恢复功能预应力钢框架-中间柱型阻尼器结构的性能化设计原则、方法和设计流程，并通过结构算例验证该性能化设计方法的可行性。

第 8 章提出了能够适应可恢复功能预应力装配式钢框架体系"膨胀效应"的隔震楼盖，完成了带有隔震楼盖的可恢复功能预应力装配式钢框架体系的动力响应分析以及振动台试验研究，通过多尺度分析模型，完成了新体系的数值模拟研究，对比验证了隔震楼盖的减震性能。

第 2 章

装配式预应力自复位梁柱节点性能研究

针对常规可恢复功能预应力钢框架和典型自复位梁柱节点构造应用于高层建筑时需要高空张拉预应力和柱上穿索的问题，提出了一种可恢复功能预应力装配式钢框架结构体系及其装配式预应力自复位梁柱节点构造（Resilient Cable Prestressed Prefabricated Steel Beam-to-Column Connection，以下简称自复位梁柱节点或 RPPSC）。本章考虑加载制度（分别加载至层间位移角 3.5% 和 5%）、钢绞线初始索力、螺栓预拉力等参数，设计了 3 组 8 个新型自复位梁柱节点进行低周往复荷载作用下的拟静力试验，研究新型节点的滞回性能、延性、耗能能力和自动复位机制及不同参数对节点抗震性能的影响规律。同时对装配式预应力自复位梁柱节点的滞回模型进行了理论推导和试验过程数值模拟分析，并与试验结果相比较，为进一步对整体结构进行分析和设计奠定基础。

2.1 自复位梁柱节点基本构造及安装

针对高层建筑，本章提出了可恢复功能预应力装配式钢框架和装配式预应力自复位梁柱节点构造，以实现结构体系在中震或大震下自动复位和恢复结构功能。可恢复功能预应力装配式钢框架构造如图 2-1 所示，RPPSC 节点构造如图 2-2 所示，其中预应力装配式钢梁已经获得国家发明专利，包括中间梁段、短梁段、连接装置、加强装置和耗能装置。连接装置包括连接竖板、中间梁段腹板两侧剪切板和预应力钢绞线；加强装置包括焊于短梁腹板上的横向加劲肋和纵向加劲肋；耗能装置采用腹板摩擦阻尼器，包括中间梁段腹板两侧剪切板和高强度螺栓，中间梁段腹板与高强度螺栓对应位置设置长孔，在中间梁段腹板和剪切板之间夹有 3mm 厚的黄铜片，用来保证摩擦系数稳定。钢框架柱节点域设置加劲肋和加强板。

当地震作用达到一定程度时，中间梁段与连接竖板的接触面脱开，详见图 2-3，摩擦阻尼器摩擦耗能，从而避免或减少了钢框架梁和柱等主体构件的损坏。地震作用后，钢框架在预应力作用下可以自动复位，恢复结构原有的功能。

新型自复位钢框架节点的安装步骤如下：

(1) 将连接竖板一面与带有加劲肋的短梁段焊接，另一面先与一块剪切板焊接，剪切板与长梁段腹板间插入黄铜板，短梁段与长梁段拼装就位；另一侧剪切板、黄铜板通过高强度螺栓与长梁段连接后，再将该剪切板与连接竖板进行焊接。如图 2-4（a）、（b）所示。

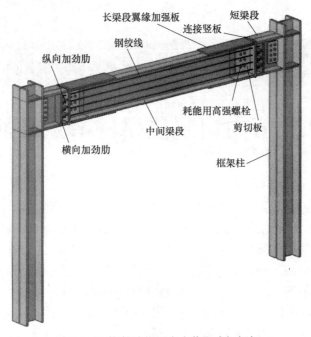

图 2-1 可恢复功能预应力装配式钢框架

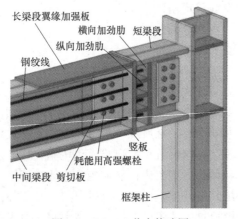

图 2-2 RPPSC 节点构造图

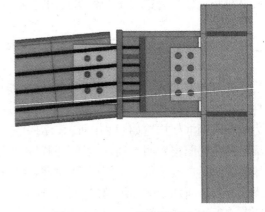

图 2-3 RPPSC 节点脱开示意图

(2) 在两短梁段腹板上横向加劲肋之间沿中间梁段腹板穿预应力钢绞线,如图 2-4 (c) 所示,对预应力钢绞线施加预应力,钢绞线预应力张拉过程如下:

① 在锚固端安装压力传感器和锚具,固定端夹片外保留长度为 25~40mm 钢绞线,便于张拉端锚具通过机械加工出的螺纹旋出量调节索力,如图 2-4 (d) 所示;②在张拉端安装锚具以及调节螺母,将调节螺母旋出约 18mm,如图 2-4 (e) 所示;③对锚固端进行预紧,用 45t 千斤顶在张拉端拉至传感器显示力值为 450kN 时,此时锚固端的夹片跟进,回缩量减小,如图 2-4 (f) 所示;④对张拉端进行预紧,张拉至传感器显示 460kN (相当于 0.78 倍极限索力 T_u) 停止,如图 2-4 (g) 所示;⑤在张拉端进行索力调节,利用液压千斤顶、调节螺母与支承反力架在张拉端对预应力钢绞线进行张拉和调节,最终将每根预应力钢绞线的索力值调节到预定值,如图 2-4 (h) 所示;

(3) 将梁与柱采用栓焊混合连接方式连接，如图 2-4（i）～（j）所示。

(a) 短梁段、长梁段拼装和插入黄铜板

(b) 耗能装置高强度螺栓固定并焊接拼接板

(c) 布置预应力钢绞线

(d) 锚固端安装压力传感器和锚具

(e) 在张拉端安装锚具以及调节螺母

(f) 对锚固端进行预紧

(g) 对张拉端进行预紧

(h) 在张拉端进行索力调节

图 2-4　钢绞线张拉与构件拼接（一）

(i) 钢梁翼缘与钢柱焊接　　　　　　　(j) 钢梁与钢柱安装完成

图 2-4　钢绞线张拉与构件拼接（二）

2.2　自复位梁柱节点试验研究

本节考虑加载制度（分别加载至层间位移角 0.35% 和 0.05%）、钢绞线初始索力、螺栓预拉力等参数，设计了 3 组 8 个新型地面张拉自复位梁柱节点进行低周往复荷载作用下的试验，研究新型节点的滞回性能、延性、耗能能力、自动复位机制及不同参数对节点抗震性能的影响规律。

2.2.1　十字形自复位梁柱节点试验设计

1. 试件设计

试验主要考虑 3 个参数，分别为加载最大层间位移角、钢绞线初始索力、摩擦阻尼器高强度螺栓的预拉力，如表 2-1 所示。试验构件共分三组，每一组制作一个试件，变换钢绞线初始索力进行试验。第一、二组试件截面完全相同，具体如下：柱截面 H350×350×12×19，柱节点域进行了加强，腹板和翼缘两侧设置加强板，板厚为 16mm，柱加劲肋厚为 30mm。拉索预应力装配式钢梁：中间梁段截面 H450×250×14×16，短梁段截面 H482×250×14×30，短梁横向加劲肋和纵向加劲肋厚度分别为 30mm 和 20mm，连接竖板厚为 30mm，中间梁段翼缘加强板厚为 16mm，耗能装置螺栓采用 10.9 级扭剪型高强度螺栓，规格为 M20，钢绞线采用 $\phi1mm \times 19$ 钢绞线，名义极限强度为 1860MPa，

节点试验构件表　　　　　　表 2-1

分组	序号	构件	加载最大层间位移角	初始索力/屈服索力	初始索力/极限索力	螺栓规格及数量
第一组	1	RPPSC1	0.035	0.20	0.18	M20,6 个
	2	RPPSC2	0.035	0.25	0.23	M20,6 个
	3	RPPSC3	0.035	0.35	0.32	M20,6 个
第二组	4	RPPSC4	0.05	0.15	0.14	M20,6 个
	5	RPPSC5	0.05	0.20	0.18	M20,6 个
	6	RPPSC6	0.05	0.35	0.32	M20,6 个
第三组	7	RPPSC7	0.05	0.20	0.18	M24,6 个
	8	RPPSC8	0.05	0.25	0.23	M24,6 个

公称直径为 21.8mm，公称面积为 312.9mm²，钢绞线的屈服索力 T_y 和极限索力 T_u 分别取实测值 540kN 和 591kN。其余尺寸见图 2-5 的节点详图（以 RPPSC5 为例）。第一组试件欲考察对应于生命安全水准的节点受力性能，最大加载的层间位移角为 0.035，钢绞线初始索力分别为 $0.2T_y$、$0.25T_y$ 和 $0.35T_y$。第二组对应于防倒塌水准，最大加载的层间位移角为 0.05，钢绞线初始索力分别为 $0.15T_y$、$0.20T_y$ 和 $0.35T_y$。第三组试件截面与第一、二组试件截面尺寸均相同，只是第二组采用了 M24 耗能装置螺栓，分别选取钢绞线初始索力 $0.20T_y$ 和 $0.25T_y$ 进行试验。

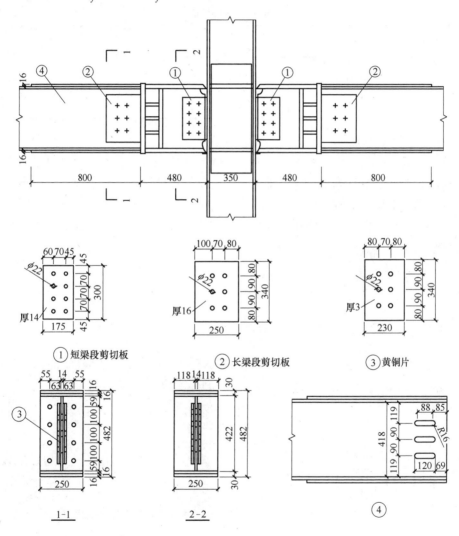

图 2-5 RPPSC5 节点构件详图

2. 材料性能

标准板状试样的厚度分别为 14mm、16mm、18mm、20mm、30mm，钢材的牌号为 Q345B，试件材料力学性能试验结果见表 2-2。钢绞线为 ϕ1mm×19 结构钢绞线，名义抗拉强度为 1860MPa，材料性能试验结果见表 2-3。采用 10.9 级扭剪型高强度螺栓。黄铜板采用 H62 型，与钢板之间的摩擦系数为 0.34~0.38（测试值）。

标准板状试样材料性能 表 2-2

厚度 (mm)	屈服强度 (N/mm^2)	抗拉强度 (N/mm^2)	弹性模量 ($\times 10^5$ N/mm^2)	断后伸长率 (%)
14	384	561	2.15	27.0
16	392	555	2.06	23.3
18	381	555	2.22	25.3
20	384	550	2.09	25.7
22	388	574	2.09	26.8
30	350	505	2.07	26.5

钢绞线材料性能 表 2-3

钢绞线	试件	屈服强度 (N/mm^2)	抗拉强度 (N/mm^2)	弹性模量 ($\times 10^5$ N/mm^2)
φ1mm×19	试件 1	1728.3	1894.5	2.03
	试件 2	1727.1	1895.8	2.05
	试件 3	1732.8	1875.4	2.00
平均值		1729	1889	2.03

3. 加载装置和加载制度

图 2-6 为试验加载装置示意图，图 2-7 为试验现场照片。试验加载采用自平衡装置，试验柱高取相邻两楼层柱高的一半，即取至理论反弯点处，柱上下端边界为铰接连接，根据试验装置情况取梁的加载点到柱中距离为 2.3m。对柱顶施加轴向压力，轴压比取 0.2，两端梁悬臂自由端由两个 100t 伺服作动器进行循环加载。

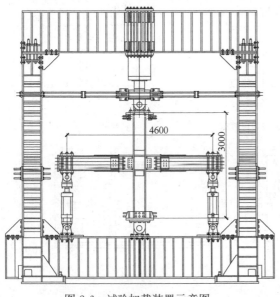

图 2-6 试验加载装置示意图

图 2-7 试验现场

加载制度参考 FEMA350，以层间位移角控制。共有两个加载历程，为了考察节点在对应于生命安全水准节点的受力性能，试件 RPPSC1、RPPSC2 和 RPPSC3 加载至层间位移角 0.035，为加载历程 1，具体加载步骤为：(1) 层间位移角 0.00375，6 个循环；(2) 层间位移角 0.005，6 个循环；(3) 层间位移角 0.0075，6 个循环；(4) 层间位移角 0.01，4 个循环；(5) 层间位移角 0.015，2 个循环；(6) 层间位移角 0.02，2 个循环；(7) 层间位移角 0.03，2 个循环；(8) 层间位移角 0.035，2 个循环；如图 2-8 (a) 所示。其余试件全部为加载历程 2，具体

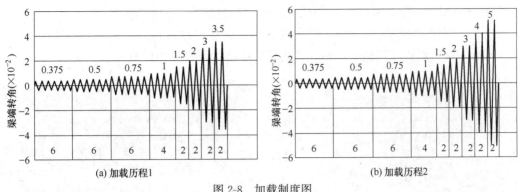

图 2-8 加载制度图

加载步骤为：(1) 层间位移角 0.00375，6 个循环；(2) 层间位移角 0.005，6 个循环；(3) 层间位移角 0.0075，6 个循环；(4) 层间位移角 0.01，4 个循环；(5) 层间位移角 0.015，2 个循环；(6) 层间位移角 0.02，2 个循环；(7) 层间位移角 0.03，2 个循环；(8) 层间位移角 0.04，2 个循环；(9) 层间位移角 0.05，2 个循环，如图 2-8（b）所示。

4. 测量方法

荷载的测量：荷载传感器共三个，柱顶一个，用来测量轴向荷载；梁端两个，用来测量施加的往复荷载。

预应力钢绞线索力的测量：试验中采用专门设计的压力传感器测量，一方面要满足最大量程 500kN 的要求，另一方面，要控制传感器的尺寸，以满足钢绞线锚固端传感器能在梁上布置的要求。

应变的测量：分别在柱翼缘、柱加劲肋、梁上下翼缘及梁腹板纵横方向粘贴应变片，用于测量加载过程中各位置的应变变化，应变片具体位置如图 2-9 所示。

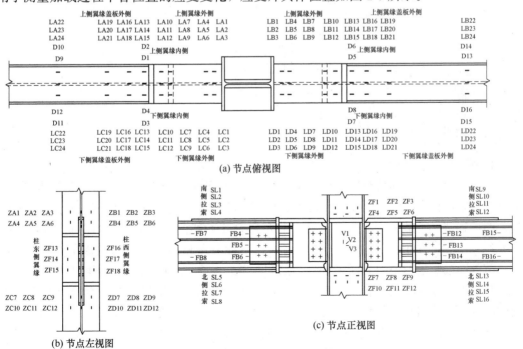

图 2-9 应变片布置和钢绞线编号（以试件 RPPSC5 为例）

螺栓压紧力的测量：专门设计了压力传感器对螺栓的压紧力进行测量，如图2-10所示。

位移的测量：梁与连接竖板交界处布置两个直线位移电位计，测量开口大小，如图2-11所示；梁上翼缘布置两个位移计，测量梁端位移，如图2-12所示。

图2-10　螺栓压力传感器

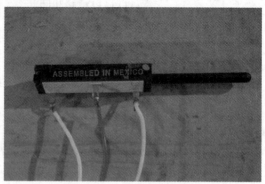

图2-11　直线位移电位计

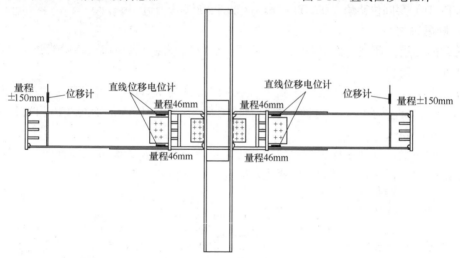

图2-12　位移计布置图

2.2.2　对应于生命安全水准梁柱节点的试验结果分析

1. 试验现象

第一组试件最大加载至层间位移角0.035，目的是考察节点对应于生命安全水准的受力性能。以试件RPPSC1为例，图2-13为试件RPPSC1加载至层间位移角0.035时的照片，图2-14为在各级循环往复作用下试件RPPSC1右梁的变形情况。当层间位移角介于0.00375~0.01之间时，RPPSC1节点与焊接刚性节点相似；当层间位移角达到0.0081时，节点连接竖板与中间梁段脱开；当层间位移角达到0.015时，开口宽度为2.26mm，开口转角为0.52%。之后随着层间位移角的增大，最大开口宽度和节点承载力继续增大，到层间位移角达到0.035时，最大开口宽度为10.28mm，开口转角为2.37%，节点承载力达到366.12kN。加载结束后回到平衡位置，最大残余开口宽度为0.8mm（节点最大残余开口指试验结束后，作动器位移回到平衡位置时长梁段与连接竖板之间的开口宽度）。试

第2章 装配式预应力自复位梁柱节点性能研究

(a) 试件RPPSC1整体

(b) 试件RPPSC1细部

图 2-13　试件 RPPSC1 加载至层间位移角 0.035 时

(a) 层间位移角0.0081，开口1.49mm，转角0.34%

(b) 层间位移角0.015，开口2.26mm，转角0.52%

(c) 层间位移角0.02，开口5.12mm，转角1.18%

(d) 层间位移角0.03，开口7.78mm，转角1.79%

(e) 层间位移角0.035，开口10.28mm，转角2.37%

(f) 回到平衡位置，残余开口0.8mm，残余转角0.184%

图 2-14　试件 RPPSC1 右梁各阶段变形情况

件 RPPSC2、RPPSC3 初始索力大于 RPPSC1，初始开口时层间位移角分别为 0.0086 和 0.0094，迟于试件 RPPSC1，最大开口宽度分别为 9.19 mm 和 7.73mm，均小于试件 RPPSC1，具体数据详见表 2-4。

试件 RPPSC1～RPPSC3 试验数据 表 2-4

试件	初始开口对应的层间位移角	初始开口宽度（mm）	最大开口（mm）	最大残余开口宽度（mm）	最大承载力(kN)
RPPSC1	0.0081	1.49	10.28	0.80	366.12
RPPSC2	0.0086	1.44	9.19	0.15	370.31
RPPSC3	0.0094	0.76	7.73	0.07	417.80

2. 节点滞回性能和耗能性能

图 2-15 和图 2-16 分别为试件 RPPSC1 梁端荷载-位移（F-Δ）滞回曲线和开口处弯矩-转角（M-θ_r）滞回曲线。试验主要数据列于表 2-5 中，由图 2-15 和图 2-16 可知，滞回曲线表现出明显的双旗帜模型，试件 RPPSC1 的初始线刚度 K_1 为 9025kN/m。节点开口时临界开口弯矩 M_{IGO} 为 378.65kN·m，开口后刚度 K_2 降为 2297kN/m。当层间位移角达到最大加载值 0.035 时，开口处最大转角 $\theta_{r,0.035}$ 为 0.0237，对应的最大弯矩 $M_{0.035}$ 为 602.27kN·m。卸载后残余转角 θ_{res} 仅为 0.18%。节点有效耗能系数 β_E 为 0.409，满足有效耗能系数大于 0.25 的基本要求。

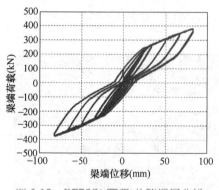

图 2-15 RPPSC1 荷载-位移滞回曲线

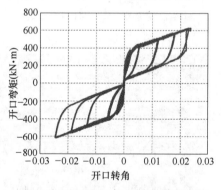

图 2-16 RPPSC1 弯矩-转角滞回曲线

图 2-17 和图 2-18 为 RPPSC1、RPPSC2 和 RPPSC3 三个试件荷载-位移滞回曲线和开口处弯矩-转角滞回曲线，由表 2-5、图 2-17 和图 2-18 可知，随着试件 RPPSC2 和 RPPSC3

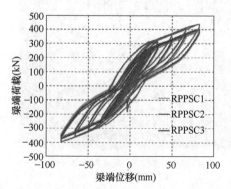

图 2-17 RPPSC1～RPPSC3 荷载-位移滞回曲线

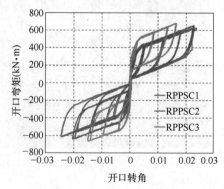

图 2-18 RPPSC1～RPPSC3 弯矩-转角滞回曲线

的钢绞线初始索力逐渐提高，开口时间逐渐推迟，开口临界弯矩增大至 430.92kN·m，开口处最大转角减小至 1.78%，最大弯矩 $M_{0.035}$ 增至 687.28kN·m，初始刚度增大至 10842.9kN/m，开口后刚度变化不大。有效耗能系数 β_E 降低为 0.280，但都满足有效耗能系数大于 0.25 的基本要求。卸载后残余转角分别为 0.04% 和 0.01%，呈现出初始索力越大，残余转角越小的特点。但数值均非常小，说明对应于生命安全水准的自复位梁柱节点具有非常好的自动复位能力。

试件 RPPSC1～RPPSC3 试验结果　　　　　　　表 2-5

试验构件	T_0/T_y	K_1 (kN/m)	θ_{IGO}	M_{IGO} (kN·m)	K_2 (kN/m)	$\theta_{r,0.035}$	$M_{0.035}$ (kN·m)	θ_{res}	β_E
RPPSC1	0.2	9025.1	0.34%	378.65	2297.5	2.37%	602.27	0.18%	0.409
RPPSC2	0.25	9486.2	0.33%	384.04	2360.2	2.12%	609.16	0.04%	0.356
RPPSC3	0.35	10842.9	0.18%	430.92	2177.4	1.78%	687.28	0.01%	0.280

注：θ_{IGD} 为节点初始开口转角。

3. 钢绞线索力的变化

由于试件钢绞线为对称布置，因此取每个试件上中间和外侧钢绞线各一根进行索力研究，三个试件的中间和外侧钢绞线索力与层间位移角的关系曲线示于图 2-19 中。从图 2-19 (a) 可以看出，对于中间索，两个方向索力较为对称。从图 2-19 (b) 可以看出，外侧钢绞线则在一个方向索力较小，另一个方向索力较大，这主要是因为钢绞线在节点开口时因距离转动中心的距离不同，距离大的钢绞线拉伸长度大，导致索力增量较大。表 2-6 和表 2-7 列出 3 个试件所有钢绞线索力的最大值及其分析结果，其中 T_{max} 为所有钢绞线索力的最大值，$\overline{T}_{max}$ 为所有钢绞线最大索力的平均值，$\overline{T}_r$ 为钢绞线最大残余索力的平均值。从表 2-6 和表 2-7 可以看出，随着初始索力从 $0.18T_u$、$0.23T_u$ 增大至 $0.32T_u$，钢绞线最大索力的平均值从 $0.483T_u$、$0.497T_u$ 增大至 $0.516T_u$，但索力最大值相差较小。所有索力最大值为 342.62kN，相当于 $0.625T_y$ 或 $0.572T_u$，小于钢绞线的屈服力 T_y。残余索力的平均值分别为 $0.177T_u$、$0.221T_u$ 和 $0.306T_u$，平均预应力降低率分别为 1.55%、3.94% 和 4.43%，均在 5% 以内，由此可知，本试验试件钢绞线的张拉方法和锚具是可靠的，自复位梁柱节点采用的自动恢复机制是可行的。

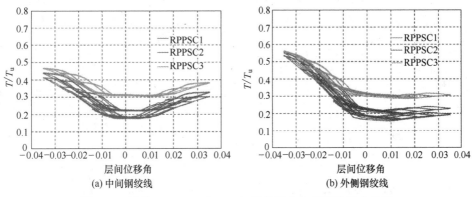

图 2-19　试件 RPPSC1～RPPSC3 钢绞线索力-层间位移角曲线

试件 RPPSC1～RPPSC3 钢绞线索力最大值（单位：kN）　　表 2-6

索编号	RPPSC1	RPPSC2	RPPSC3	索编号	RPPSC1	RPPSC2	RPPSC3
索 1	317.56	321.44	323.75	索 9	327.25	337.24	341.74
索 2	244	256.04	270.64	索 10	249.93	264.86	279.92
索 3	252.82	—	282.45	索 11	242.24	255.94	278.78
索 4	329.98	342.62	338.03	索 12	329.14	330.35	339.52
索 5	315.49	317.51	324.11	索 13	337.9	341.61	317.6
索 6	246.82	255.01	273.41	索 14	261.87	264.56	290.53
索 7	245	261.44	277.2	索 15	241.5	250.4	275.82
索 8	317.67	330.42	333.24	索 16	312.13	315.89	328.5

注：表中—符号表示该根钢绞线数据采集有误。

RPPSC1～RPPSC3 索力分析结果　　表 2-7

试验构件	T_0/T_u	T_{max}/T_y	$\overline{T}_{max}/T_y$	T_{max}/T_u	$\overline{T}_{max}/T_u$	T_r/T_y	$\overline{T}_r/T_y$	$(T_0-\overline{T}_r)/T_0$
RPPSC1	0.18	0.625	0.528	0.572	0.483	0.194	0.177	1.55%
RPPSC2	0.23	0.633	0.543	0.580	0.497	0.241	0.221	3.94%
RPPSC3	0.32	0.632	0.563	0.578	0.516	0.334	0.306	4.43%

注：表中 T_y 取 540kN，T_u 取 591kN，取自试验值。

4. 应变变化

图 2-20～图 2-24 为试件 RPPSC1 各个部位的应变值与层间位移角的关系曲线，各图

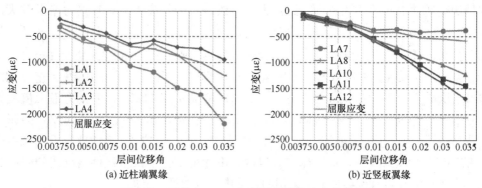

图 2-20　试件 RPPSC1 短梁段翼缘应变变化曲线

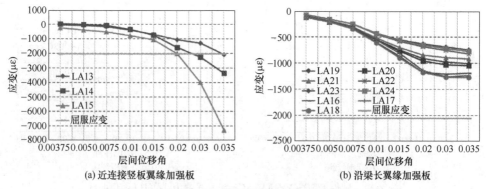

图 2-21　试件 RPPSC1 长梁段翼缘加强板应变变化曲线

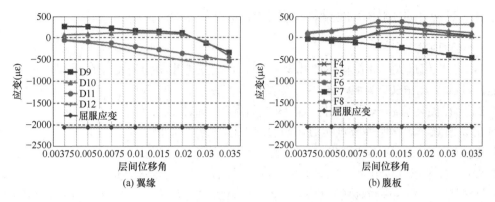

图 2-22 试件 RPPSC1 长梁段应变变化曲线

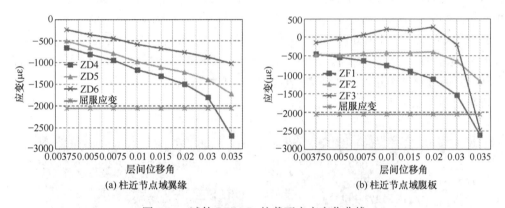

图 2-23 试件 RPPSC1 柱截面应变变化曲线

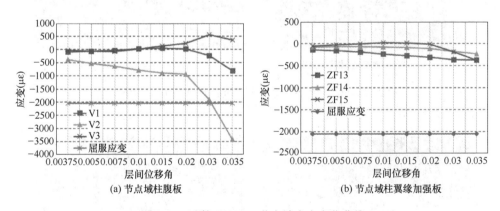

图 2-24 试件 RPPSC1 节点域应变变化曲线

中直线为根据材料性能试验结果计算的屈服应变。由图可以看出，在最大层间位移角为 0.035 时，即对应于生命安全水准的节点短梁、长梁、框架柱（除节点域部分）等主体构件基本处于弹性状态，长梁段加强板在近连接竖板处层间位移角 0.02 后出现塑性，框架柱仅节点域个别位置在层间位移角为 0.03 以后出现少许塑性，基本实现了对应于生命安全水准节点主体结构弹性的设计目标。

2.2.3 对应于防倒塌水准梁柱节点的试验结果分析

1. 试验现象

第二、三组最大层间位移角加载至 0.05，目的是考察节点对应于防倒塌水准的受力性能。以试件 RPPSC5 为例，图 2-25 为试件 RPPSC5 加载至层间位移角 0.05 时的照片，图 2-26 为在循环荷载作用下试件 RPPSC5 右梁的变形情况。当层间位移角为 0.00375～0.01 时，节点与焊接刚性节点相似，当层间位移角为 0.01 时，节点连接竖板与中间梁段脱开宽度为 2.69mm，对应开口转角为 0.62%，当层间位移角达到 0.02 时，开口宽度为 5.27mm，对应开口转角为 1.21%。之后随着层间位移角的增大，最大开口宽度和节点承载力继续增大，到层间位移角达到 0.05 时，最大开口宽度为 14.83mm，对应开口转角为 3.42%，节点承载力达到 411.63kN。加载结束后回到平衡位置，最大残余开口宽度为 1.03mm。RPPSC4 初始索力小于 RPPSC5，开口略早于 RPPSC5，最大开口宽度大于 RPPSC5；试件 RPPSC6 初始索力大于 RPPSC5，开口晚于 RPPSC5，最大开口宽度小于 RPPSC5。试件 RPPSC7 和 RPPSC5 初始索力相同，但耗能装置螺栓规格大于 RPPSC5，最大开口宽度略小于 RPPSC5。试件 RPPSC8 比 RPPSC7 初始索力略有提高，因而与 RPPSC7 变形过程基本相近。具体数据详见图 2-26 和表 2-8。所有节点残余开口宽度均较小，说明新型节点实现了震后自动复位。

(a) 试件RPPSC5整体试验照片　　(b) 试件RPPSC5局部试验照片

图 2-25　试件 RPPSC5 加载至层间位移角 0.05 时的照片

(a) 层间位移角0.006，开口2.69mm，转角0.62%　　(b) 层间位移角0.02，开口5.27mm，转角1.21%

图 2-26　试件 RPPSC5 右梁各阶段变形情况（一）

(c) 层间位移角0.03，开口8.73mm，转角2.01%

(d) 层间位移角0.04，开口12.11mm，转角2.79%

(e) 层间位移角0.05，开口14.83mm，转角3.42%

(f) 回到平衡位置，残余开口0.86mm，残余转角0.184%

图 2-26　试件 RPPSC5 右梁各阶段变形情况（二）

试件 RPPSC4～RPPSC8 试验数据　　　　　　表 2-8

试件	初始开口对应的层间位移角	初始开口宽度（mm）	最大开口（mm）	最大残余开口宽度（mm）	最大承载力（kN）
RPPSC4	0.50%	1.82	16.41	1.12	434.14
RPPSC5	0.60%	1.65	14.83	1.03	411.63
RPPSC6	0.81%	1.32	10.48	1.24	467.72
RPPSC7	0.40%	1.67	14.67	0.90	439.38
RPPSC8	0.74%	0.96	12.27	0.86	460.35

2. 节点滞回性能和耗能性能

对于自复位梁柱节点第二组构件，图 2-27 和图 2-28 为不同初始预应力度的第二组试件 RPPSC4、RPPSC5 和 RPPSC6 的梁端荷载-位移及开口处弯矩-转角的滞回曲线对比图，详细数据对比见表 2-9。由图 2-27、图 2-28、表 2-8 和表 2-9 可以看出，当其他条件相同时，随着初始预应力从 $0.15T_y$、$0.20T_y$ 增大至 $0.35T_y$，初始线刚度由 7984.3kN/m、8530.1kN/m 增至 9180.4kN/m，开口时对应的层间位移角 0.50%、0.60%增至 0.81%，开口临界弯矩由 297.69kN·m、335.04kN·m 提高至 476.82kN·m；开口后刚度由 2163.9kN/m、2273.6kN/m 减至 1593.1kN/m；最大开口角度由 3.78%、3.42%减小至 2.41%；加载至层间位移角 0.05 时，最大弯矩由 685.64kN·m、700.74kN·m 提高至 769.40kN·m。这是因为钢绞线索力的增大限制了开口的发展，但提高了节点的初始刚度，因而提高了层间位移角 0.05 时的最大弯矩。图 2-29、图 2-30 为三个试件临界开口弯矩和最大开口进一步分析的结果。由图 2-29 和图 2-30 可以看出，随着层间位移角的增大，三个试件各级加载的开口临界弯矩变化不大，开口逐级加大。三个试件的最大残余转

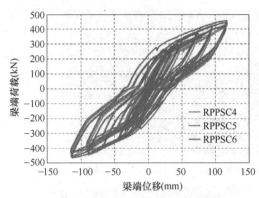

图 2-27 RPPSC4~RPPSC6 荷载-位移滞回曲线

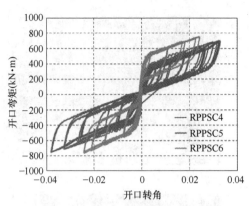

图 2-28 RPPSC4~RPPSC6 弯矩-转角滞回曲线

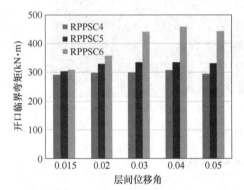

图 2-29 RPPSC4~RPPSC6 各级 M_{IGO} 的变化

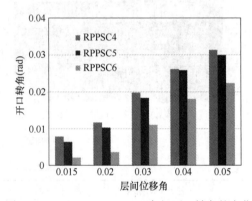

图 2-30 RPPSC4~RPPSC6 各级开口转角的变化

试件 RPPSC4~RPPSC8 试验结果分析　　　　　　表 2-9

试验构件	T_D/T_y	K_1 (kN/m)	θ_{IGO}	M_{IGO} (kN·m)	K_2 (kN/m)	$\theta_{r0.05}$	$M_{0.05}$ (kN·m)	θ_{res}	β_E
RPPSC4	0.15	7984.3	0.42%	297.69	2163.9	3.78%	685.64	0.257%	0.467
RPPSC5	0.20	8530.1	0.38%	335.04	2273.6	3.42%	700.74	0.236%	0.439
RPPSC6	0.35	9180.4	0.31%	476.82	1593.1	2.41%	769.40	0.286%	0.311
RPPSC7	0.20	9837.3	0.38%	410.64	1779.3	3.38%	722.78	0.207%	0.471
RPPSC8	0.25	10445.3	0.22%	423.83	2099.2	2.83%	757.28	0.197%	0.421

注：θ_{IG} 为节点初始开口转角。

角分别为 0.257%、0.236% 和 0.286%，数值均很小，实现了结构自动复位的目标。

节点有效耗能系数由 0.467、0.439 降至 0.311，耗能能力下降幅度较大，但都满足耗能系数大于 0.3 的要求。

第三组试件与第二组试件截面尺寸均相同，只是摩擦耗能装置螺栓规格和预拉力不同。图 2-31 和图 2-32 为试件 RPPSC7 和 RPPSC8 的滞回曲线对比图，试件 RPPSC7 和 RPPSC8 仅钢绞线初始索力不同，因此其滞回能力、耗能能力、钢绞线索力和应变变化规律与试件 RPPSC4、RPPSC5 和 RPPSC6 的变化规律相同，不再详细论述。为了考察耗能装置螺栓预拉力大小对节点受力性能的影响，选用钢绞线初始索力等条件相同，仅将螺栓预拉力大小不同的试件 RPPSC5 和 RPPSC7 进行对比分析。图 2-33 和图 2-34 为试件 RPPSC5 和 RPPSC7 的滞回曲线对比图。其他条件相同时，随着耗能装置螺栓由 M20

（6个）提高至 M24（6个），单个螺栓预拉力从 155kN 至 225kN，增长幅度为 45.2%，消压弯矩由 335.04kN·m 提高到 410.64kN·m，最大开口转角由 3.42% 减小至 3.38%，试验结束后最大残余转角均较小，分别为 0.236% 和 0.207%，实现了自动复位的功能。节点耗能系数由 0.439 提高至 0.471，达到了提高节点耗能能力的目标。

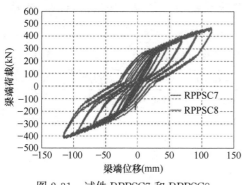

图 2-31 试件 RPPSC7 和 RPPSC8 荷载-位移滞回曲线

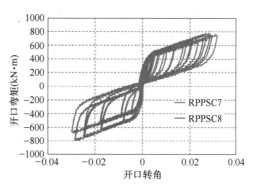

图 2-32 试件 RPPSC7 和 RPPSC8 弯矩-转角滞回曲线

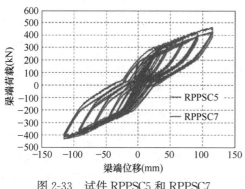

图 2-33 试件 RPPSC5 和 RPPSC7 荷载-位移滞回曲线

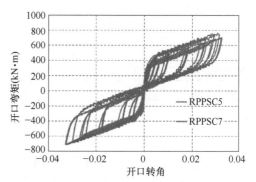

图 2-34 试件 RPPSC5 和 RPPSC7 弯矩-转角滞回曲线

3. 钢绞线索力的变化

如图 2-35 所示为第二组 3 个试件中间索和外侧索索力随层间位移角的变化曲线，表 2-10 和表 2-11 列出 3 个试件所有索力的最大值及其分析结果，随着初始索力从 $0.14T_u$、

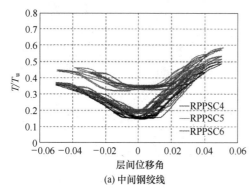

(a) 中间钢绞线

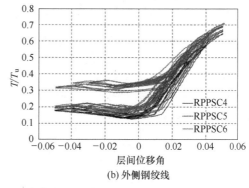

(b) 外侧钢绞线

图 2-35 试件 RPPSC4～RPPSC6 钢绞线索力-层间位移角曲线对比

0.18T_u增大至0.32T_u,层间位移角达到0.05时,钢绞线最大索力的平均值从0.557T_u、0.576T_u增大至0.596T_u,但索力最大值相差较小,均为0.68T_u左右。所有索力最大值为403.07kN,相当于0.745T_y或0.682T_u,远小于钢绞线的屈服力T_y。残余索力的平均值分别为0.143T_u、0.166T_u和0.300T_u,平均预应力降低率分别为2.26%、7.73%、6.36%,均在8%以内。由此可以看出本试验试件钢绞线及其张拉方法是可行的,能够保证自复位梁柱节点自动恢复功能的实现。

RPPSC4~RPPSC6 钢绞线索力最大值(单位:kN) 表2-10

索编号	RPPSC4	RPPSC5	RPPSC6	索编号	RPPSC4	RPPSC5	RPPSC6
索1	384.82	—	379.58	索9	367.8	383.17	385.43
索2	290.28	—	—	索10	286.2	301.71	321.28
索3	283.62	306.99	330.27	索11	298.45	304.15	322.99
索4	370.78	—	393.93	索12	402.76	403.06	403.07
索5	389.47	373.53	377.21	索13	328.19	375.89	356.75
索6	289.72	287.89	308.63	索14	281.79	290.16	316.87
索7	270.21	288.91	316.29	索15	291.79	301.11	320.41
索8	357.67	373.91	384.1	索16	—	395.26	395.97

RPPSC4~RPPSC6 索力分析结果 表2-11

试验构件	T_0/T_u	T_{max}/T_y	$\overline{T}_{max}/T_y$	T_{max}/T_u	$\overline{T}_{max}/T_u$	$\overline{T}_r/T_y$	$\overline{T}_r/T_u$	$(T_0-\overline{T}_r)/T_0$
RPPSC4	0.14	0.744	0.608	0.681	0.557	0.156	0.143	2.26%
RPPSC5	0.18	0.745	0.630	0.682	0.576	0.181	0.166	7.73%
RPPSC6	0.32	0.745	0.651	0.682	0.596	0.327	0.300	6.36%

图2-36 为RPPSC5和RPPSC7两个试件相同位置的中间索和外侧索索力随层间位移角的变化曲线,表2-12列出了试件RPPSC5和RPPSC7钢绞线索力的最大值,表2-13为索力进一步分析结果。其他条件相同时,随着耗能装置螺栓由M20(6个)提高至M24(6个),层间位移角达到0.05时,钢绞线最大索力的平均值从0.576T_u减小至0.554T_u,索力最大值亦从0.682T_u减小至0.666T_u。平均残余索力分别为0.166T_u和0.163T_u,平均预应力降低率从7.73%增大至9.53%,均在10%以内。由此可以看出,耗能装置螺栓预拉力的变化对各项索力指标的影响不显著。

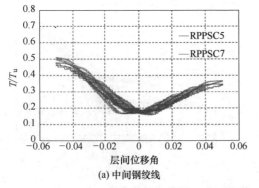
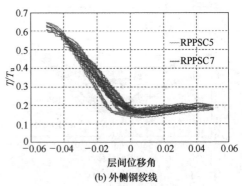

(a) 中间钢绞线　　　　(b) 外侧钢绞线

图2-36 试件RPPSC5和RPPSC7钢绞线索力-层间位移角曲线对比

RPPSC5 和 RPPSC7 钢绞线索力最大值（单位：kN） 表 2-12

索编号	RPPSC5	RPPSC7	索编号	RPPSC5	RPPSC7
索 1	—	271.03	索 9	383.17	372.58
索 2	—	365.39	索 10	301.71	283.1
索 3	306.99	281.24	索 11	304.15	296.86
索 4	—	—	索 12	403.06	403.96
索 5	373.53	369.19	索 13	375.89	332.59
索 6	287.89	283.56	索 14	290.16	275.81
索 7	288.91	276.1	索 15	301.11	284.39
索 8	373.91	376.58	索 16	395.26	393.49

试件 RPPSC5 和 RPPSC7 索力分析结果 表 2-13

试验构件	T_0/T_u	T_{max}/T_y	$\overline{T}_{max}/T_y$	T_{max}/T_u	$\overline{T}_{max}/T_u$	$\overline{T}_r/T_y$	$\overline{T}_r/T_u$	$(T_0-\overline{T}_r)/T_0$
RPPSC5	0.18	0.745	0.630	0.682	0.576	0.181	0.166	7.73%
RPPSC7	0.18	0.727	0.605	0.666	0.554	0.178	0.163	9.53%

4. 应变变化

选取试件 RPPSC5 梁柱节点典型位置的应变值进行考察，如图 2-37～图 2-41 所示，

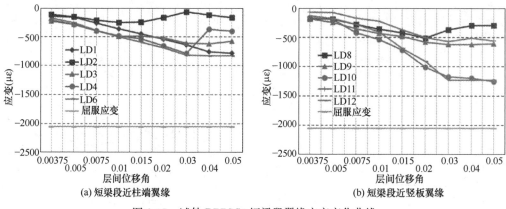

图 2-37 试件 RPPSC5 短梁段翼缘应变变化曲线

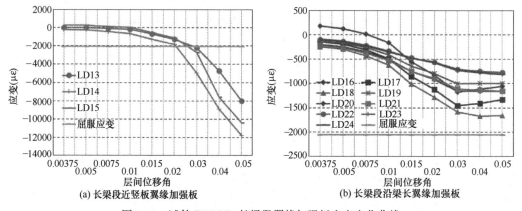

图 2-38 试件 RPPSC5 长梁段翼缘加强板应变变化曲线

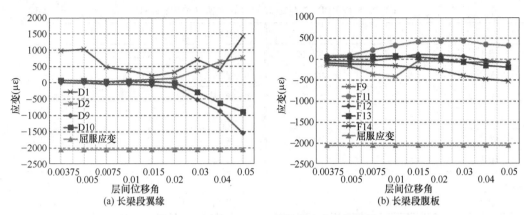

图 2-39　试件 RPPSC5 长梁段应变变化曲线

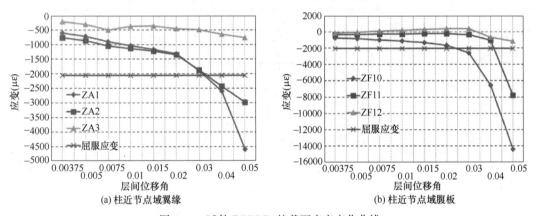

图 2-40　试件 RPPSC5 柱截面应变变化曲线

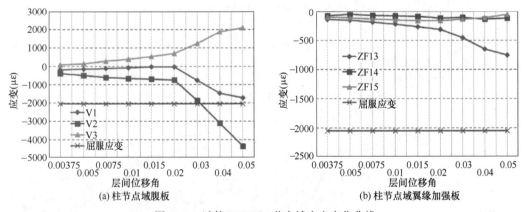

图 2-41　试件 RPPSC5 节点域应变变化曲线

可以发现框架梁无论是短梁段还是长梁段都处于弹性状态，只有长梁段翼缘加强板接近连接竖板位置在层间位移角达到 0.02 之后进入塑性，其他部位仍处于弹性状态。柱节点域、节点域加强板和近节点域翼缘和腹板在层间位移角 0.03 以后开始出现塑性，其中柱近节点域腹板塑性发展最快。到层间位移角 0.05 时，柱节点域及其加强板和柱近节点域翼缘应变值基本为 2 倍屈服应变，完全满足了防止倒塌的性能水准目标。

图 2-42 和图 2-43 分别为 RPPSC5 和 RPPSC7 典型位置应变随层间位移角的变化图，由图对比可知，相比试件 RPPSC5，试件 RPPSC7 除长梁段梁端翼缘加强板较 RPPSC5 晚一些进入塑性外，柱近节点域翼缘、柱腹板、柱节点域进入塑性阶段时间均略早于 RPPSC5 节点。

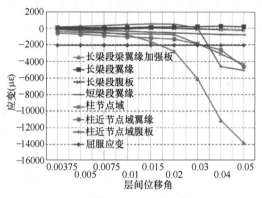

图 2-42　试件 RPPSC5 典型位置应变　　　　图 2-43　试件 RPPSC7 典型位置应变

综合来看，随着试件钢绞线初始预应力度的提高，节点初始刚度、开口临界弯矩、钢绞线最大平均索力、平均残余索力都有不同程度的提高，但钢绞线最大索力值提高不明显。节点开口角度和耗能能力呈下降趋势。提高耗能装置螺栓预拉力，提高了节点消压弯矩，减小了开口大小，降低了节点钢绞线最大索力，钢绞线平均预应力降低程度略有增大，但均控制在 10% 以内。节点的耗能能力有所提高，主要构件塑性应变有所增大。

2.3　自复位梁柱节点的滞回曲线理论模型

首先对装配式预应力自复位梁柱节点的理论模型进行研究。图 2-44 为 RPPSC 节点开口示意图，节点在循环荷载下的弯矩-转角关系（M-θ_r）理论模型如图 2-45 所示。从 0 点到 1 点，节点具有与传统的全焊节点类似的初始刚度，其中加载至 1′点时，梁开口一侧翼缘与连接竖板之间压力恰好减为零，预应力钢绞线的初始预应力被抵消，故 1′点的弯矩

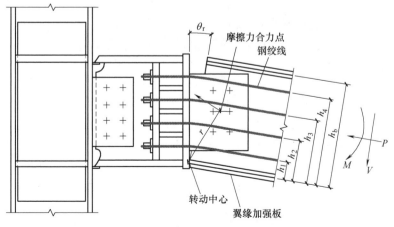

图 2-44　RPPSC 节点开口示意图

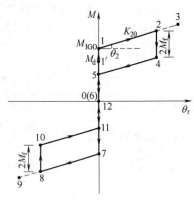

图 2-45 节点理论 M-θ_r 理论模型

称为消压弯矩（decompression moment）。在 1 点处，一旦连接节点克服了临界开口弯矩（M_{IGO}），长梁段受拉侧翼缘就会与连接竖板脱开，节点产生开口。M_{IGO} 为预应力拉索初始应力的消压弯矩 M_d 与克服摩擦力所需的弯矩 M_f 之和。此节点弯矩超过 M_{IGO} 后（1 点~2 点），由于节点产生开口导致拉索伸长，拉索拉力增大，这使得节点弯矩继续增大。3 点开口达到最大，最终导致预应力拉索屈服。2 点~4 点为卸载过程，θ_r 保持不变，但节点弯矩由于腹板摩擦装置中反向摩擦力的作用减小了 $2M_f$。4 点~5 点继续卸载，θ_r 减小到零，即梁受拉侧翼缘与连接竖板表面接触。5 点~6 点继续卸载，节点弯矩减小到 0，梁受拉侧翼缘与连接竖板表面完全压紧。反向加载过程类似。

节点产生开口后，节点开口处弯矩 M 由钢绞线拉力 T 和摩擦力 F_f 提供，分别为 M_{pt} 和 M_f，其关系如下式：

$$M = M_f + M_{pt} \tag{2-1}$$

摩擦弯矩 M_f、摩擦力 F_f 计算如下：

$$M_f = F_f r \tag{2-2}$$

$$F_f = m n_f \mu p \tag{2-3}$$

式中：r——螺栓摩擦的合力点到转动中心的距离；

μ——腹板与黄铜板之间的摩擦系数；

m——高强度螺栓的数量；

p——每个螺栓的压紧力；

n_f——长梁段腹板与黄铜板组成摩擦面的数量。

钢绞线索力提供的弯矩 M_{pt} 计算如下：

$$M_{pt} = \sum_{i=1}^{n} T_i h_i \tag{2-4}$$

式中：T_i——第 i 根钢绞线的索力；

h_i——第 i 根钢绞线至节点开口转动中心的垂直距离。

T_i 计算如下：

$$T_i = T_{0i} + \Delta T_i \tag{2-5}$$

式中：T_{0i}——第 i 根钢绞线的初始索力值；

ΔT_i——加载过程中钢绞线索力的增量。

ΔT_i 计算推导如下：

设钢绞线等距分布，根据钢绞线拉力的增量等于梁轴力增量，得到平衡方程：

$$\sum_{i=1}^{n} [K_{si}(\delta_{si} - \delta_b)] = K_b \delta_b \tag{2-6}$$

$$\delta_b = \frac{\sum_{i=1}^{n} K_{si}\delta_{si}}{\sum_{i=1}^{n} K_{si} + K_b} = \frac{K_s \sum_{i=1}^{n} \theta_r h_i}{K_s + K_b} = \frac{K_s \theta_r h_b}{2(K_s + K_b)} \tag{2-7}$$

式中：δ_{si}——各个钢绞线随着转角增大产生的伸长量，$(i=1, 2, 3, \cdots, n)$；
　　　δ_b——梁产生的压缩变形；
　　　K_{si}——第 i 根钢绞线的轴向刚度；
　　　K_s——所有钢绞线的轴向刚度；
　　　K_b——长梁段钢梁的轴向刚度；
　　　h_b——长梁段钢梁截面高度。

ΔT_i 计算如下：

$$\Delta T_i = K_{si}(\delta_{si} - \delta_b) = K_{si}\theta_r \left[h_i - \frac{K_s h_b}{2(K_s + K_b)} \right] \tag{2-8}$$

由上述推导得出单根钢绞线索力 T_i：

$$\begin{aligned} T_i &= T_{0i} + \Delta T_i = T_{0i} + K_{si}(\delta_{si} - \delta_b) \\ &= T_{0i} + K_{si}\theta_r \left[h_i - \frac{K_s h_b}{2(K_s + K_b)} \right] \end{aligned} \tag{2-9}$$

按钢绞线布置的实际位置计算钢绞线拉力提供的弯矩值 M_{pt}。

$$\begin{aligned} M_{pt} &= \sum_{i=1}^{n}(T_i \cdot h_i) \\ &= \sum \left\{ T_{0i} + K_{si}\theta_r \left[h_i - \frac{K_s h_b}{2(K_s + K_b)} \right] \right\} \cdot h_i \\ &= \sum T_{0i} \cdot h_i + \left[\sum K_{si} h_i - \sum \frac{K_{si} K_s h_b h_i}{2(K_s + K_b)} \right] \cdot \theta_r \\ &= M_d + K_{2\theta} \theta_r \end{aligned} \tag{2-10}$$

式中：M_d——节点消压弯矩；
　　　$K_{2\theta}$——节点开口后转动刚度。

由此可得预应力装配式自复位节点开口处弯矩-转角理论滞回模型计算公式。
如图 2-45 所示，对应于 1 点的弯矩 M_1 为节点开口时的临界弯矩 M_{IGO}。计算如下：

$$M_1 = M_{IGO} = M_f + M_d \tag{2-11}$$

对应于 2 点的弯矩 M_2 计算如下：

$$M_2 = M_1 + K_{2\theta}\theta_2 \tag{2-12}$$

式中：θ_2——2 点的开口转角。

2 点卸载至 4 点，需要克服反向摩擦弯矩 M_f，然后开口闭合，因此 4 点弯矩 M_4 计算如下：

$$\begin{aligned} M_4 &= M_2 - 2M_f \\ &= M_f + M_d + K_{2\theta}\theta_2 - 2M_f \\ &= M_d + K_{2\theta}\theta_2 - M_f \end{aligned} \tag{2-13}$$

4 点继续卸载至 5 点，M_5 计算如下：

$$\begin{aligned} M_5 &= M_4 - K_{2\theta}\theta_4 \\ &= M_4 - K_{2\theta}\theta_2 \\ &= M_d - M_f \end{aligned} \quad (2\text{-}14)$$

式中：θ_4——4 点对应开口转角，在理论模型中与 θ_2 相同。

由理论模型可知，$M_5 > 0$，因此可以得出：

$$M_d > M_f \quad (2\text{-}15)$$

节点有效耗能系数按式（2-16）计算

$$\beta_E = M_f / M_{IGO} \quad (2\text{-}16)$$

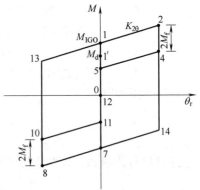

图 2-46 节点有效耗能系数的计算

也可用自复位梁柱节点的弯矩-转角最大滞回环面积与具有相同抗弯能力的理想弹塑性节点滞回环面积的比值（如图 2-46 所示，即图中两个 1—2—4—5 所包围面积与 2—14—8—13 所围面积之比）计算。因此理论上 β_E 最大值为 0.5。

2.4 自复位梁柱节点数值模拟与试验结果及理论分析对比

2.4.1 自复位梁柱节点有限元模型的建立

本节采用有限元软件 ABAQUS 对装配式预应力自复位梁柱节点拟静力试验进行数值模拟。具体模拟内容如下：

1. 单元选用和网格划分

有限元模型主体采用实体单元 C3D8R 八节点六面体线性缩减积分单元，预应力钢绞线采用 T3D3 三维三节点桁架单元。为了兼顾模型的计算精度和计算效率，梁柱节点域与剪切板的网格尺寸定为 2cm 左右，柱子网格尺寸为 5cm 左右，梁的网格尺寸为 3cm 左右，预应力索的网格尺寸为 10cm。

2. 几何非线性和材料非线性

在模型计算中考虑几何非线性和材料非线性的影响。材料的弹性部分通过弹性模量和泊松比来定义，塑性部分数据以应力-应变曲线形式给出，预应力钢绞线弹性模量 $E = 2 \times 10^5$ MPa，泊松比 $\mu = 0.3$，如图 2-47 所示。

3. 高强度螺栓预拉力的建立

利用 Bolt Load（螺栓荷载）对高强度螺栓的预拉力进行模拟，将螺栓预紧力施加在螺杆的中间面上，并在加载的过程中保持预紧力不变。

4. 钢绞线预拉力的建立

采用桁架单元对钢绞线进行模拟，在分析中仅能承受拉力，不能承受压力。在钢绞线材料性能中定义其线膨胀系数，并在初始分析步定义初始温度，通过对钢绞线施加温度荷载使其达到预定的预应力。

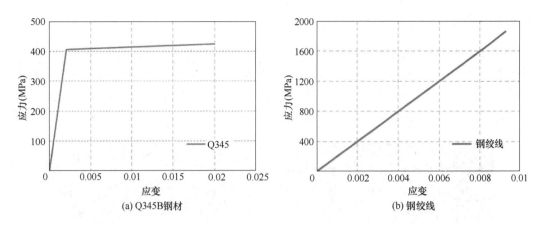

图 2-47 材料应力-应变曲线

5. 接触非线性

通过定义摩擦系数为 0.34 的切向摩擦接触加上法向硬接触来模拟试验中黄铜板的摩擦耗能,将剪切板与梁腹板之间的接触面定义为切向摩擦接触加上法向硬接触,摩擦系数为 0.40。长梁腹板与连接竖板之间接触关系随着节点开合而发生变化,通过定义对应面的法向硬接触,并细化接触面网格,模拟不同节点开口时接触面的实时关系。

6. 边界条件和荷载工况

与试件的边界条件相同,为了模拟柱的反弯点位置,柱底和柱顶为铰接连接,见图 2-48。加载步骤:(1) 创建接触关系;(2) 施加螺栓预拉力;(3) 施加钢绞线预拉力;(4) 施加重力;(5) 对柱子施加轴向力;(6) 按试验加载制度施加往复位移荷载。

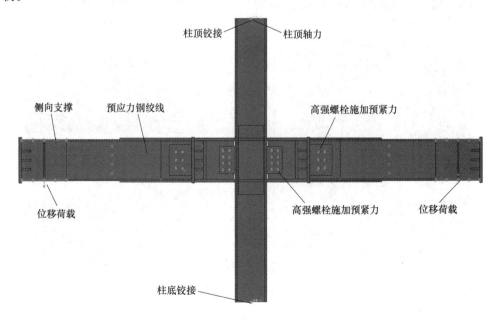

图 2-48 边界条件及荷载示意图

2.4.2 有限元分析和试验现象对比

因篇幅有限,仅列出试件 RPPSC5~RPPSC8 的模拟结果,仍以试件 RPPSC5 为例进行详细介绍。图 2-49 为在循环荷载作用下 RPPSC5 左梁的试验和有限元分析的变形图。如图 2-49 所示,试验和有限元分析表明当层间位移角分别达到 0.006 和 0.0114 时,节点连接竖板与中间梁段脱开;当层间位移角达 0.02 时,最大开口宽度分别为 5.27mm 和

(a) 层间位移角0.006时,开口1.65mm,转角0.38%

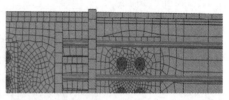
(b) 层间位移角0.0114时,开口1.33mm,转角0.31%

(c) 层间位移角0.02时,开口5.27mm,转角1.21%

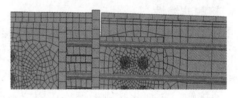
(d) 层间位移角0.02时,开口4.80mm,转角1.11%

(e) 层间位移角0.03时,开口8.73mm,转角2.01%

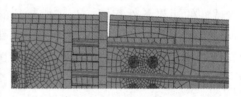
(f) 层间位移角0.03时,开口8.47mm,转角1.95%

(g) 层间位移角0.04时,开口12.11mm,转角2.79%

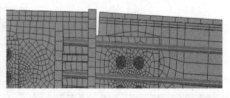
(h) 层间位移角0.04时,开口11.24mm,转角2.59%

(i) 层间位移角0.05时,开口14.83mm,转角3.42%

(j) 层间位移角0.05时,开口13.46mm,转角3.10%

图 2-49 试件 RPPSC5 试验和有限元分析变形图(一)

 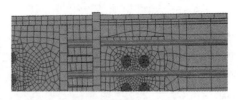

(k) 回到平衡位置，残余开口1.03mm，残余转角0.184%　　(l) 回到平衡位置，残余开口0.139mm，残余转角0.032%

图 2-49　试件 RPPSC5 试验和有限元分析变形图（二）

4.80mm；当层间位移角达 0.03 时，最大开口宽度分别为 8.73mm 和 8.47mm；当层间位移角达 0.04 时，最大开口宽度分别为 12.11mm 和 11.24mm；当层间位移角达到 0.05 时，最大开口宽度分别为 14.83mm 和 13.46mm。加载结束后回到平衡位置，试验和有限元分析表明最大残余开口宽度分别为 1.03mm 和 0.139mm。其余节点的主要试验与有限元分析结果见表 2-14。结果表明，在往复加载过程中，有限元模拟的初始开口对应的层间位移角、初始开口宽度和各级层间位移角的最大开口宽度等变形过程与试验结果非常接近。但试验残余开口宽度大于有限元分析结果，这主要是因为试件制作过程中存在加工偏差所致。

试件 RPPSC5～RPPSC8 试验与有限元分析结果　　表 2-14

试件	研究方法	初始开口对应的层间位移角	初始开口宽度 (mm)	最大开口宽度 (mm)	最大残余开口宽度 (mm)
RPPSC5	试验	0.60%	1.65	14.83	1.03
	有限元	1.14%	1.33	13.46	0.139
RPPSC6	试验	0.81%	1.32	10.48	1.24
	有限元	1.20%	0.76	9.70	0.198
RPPSC7	试验	0.40%	1.67	14.67	0.90
	有限元	0.96%	1.36	13.01	0.625
RPPSC8	试验	0.74%	0.96	12.27	0.86
	有限元	1.20%	1.16	12.02	0.416

2.4.3　有限元分析和试验塑性应变对比

图 2-50 为试验时试件 RPPSC5 典型位置的应变变化，图 2-50（a）为框架柱各板件的塑性应变变化，柱节点域和近节点域翼缘在层间位移角 0.03 以后出现塑性，层间位移角 0.05 时，塑性应变达到约 2.5 倍屈服应变。图 2-50（b）显示框架梁各板件塑性应变的变化，除长梁段翼缘加强板近连接竖板处在层间位移角 0.02 后出现塑性外，短梁段、长梁段和翼缘加强板其他部位基本处于弹性状态。图 2-51 为试件 RPPSC5 柱节点域有限元分析的等效塑性应变云图。从图 2-51（a）可以看出，柱节点域在层间位移角为 0.02 开始进入塑性，柱节点域最大等效塑性应变值为 1.935×10^{-3}，由图 2-51（b）可以看出，层间位移角为 0.05 时，柱节点域最大等效塑性应变值增至 8.183×10^{-2}。图 2-52 为试件 RPPSC5 有限元分析柱近节点域翼缘的等效塑性应变云图。从图 2-52（a）可以看出，柱近节点域翼缘在层间位移角为 0.03 时开始进入塑性，塑性应变数值较小，最大值仅为

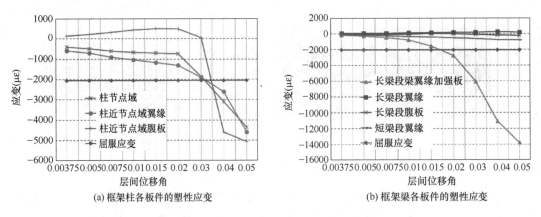

图 2-50 试验 RPPSC5 典型位置的应变变化

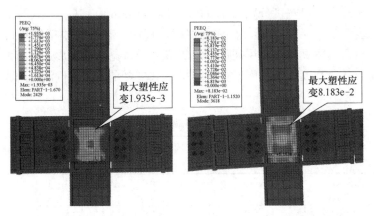

图 2-51 试件 RPPSC5 柱节点域有限元分析等效塑性应变云图

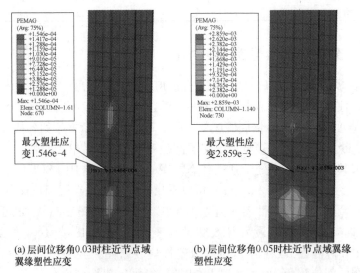

图 2-52 试件 RPPSC5 柱近节点域翼缘有限元分析等效塑性应变云图

$1.546×10^{-4}$。由图 2-52（b）可以看出，层间位移角为 0.05 时，柱近节点域处翼缘塑性应变值为 $2.859×10^{-3}$。图 2-53 为试件 RPPSC5 短梁段有限元分析等效塑性应变云图，如图 2-53（a）所示，短梁段翼缘除靠近柱面处以外基本无塑性，短梁段腹板横纵加劲肋之间区格内从层间位移角 0.03 时开始出现塑性，塑性应变大小为 $2.029×10^{-3}$；如图 2-53（b）所示，层间位移角为 0.05 时，该部位塑性应变增大至 $5.174×10^{-3}$，腹板其他部位基本无塑性。图 2-54 为试件 RPPSC5 长梁段有限元分析等效塑性应变云图，由图可知，长梁段翼缘和腹板处于弹性状态，长梁段翼缘加强板除近连接竖板位置从层间位移角 0.02 时开始进入塑性以外，其他部分整个试验过程基本无塑性发展。从以上数据看，节点有限元分析主要部位应变的变化与试验应变的变化规律基本一致。

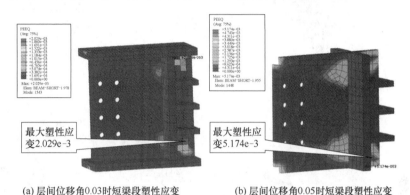

(a) 层间位移角0.03时短梁段塑性应变　　(b) 层间位移角0.05时短梁段塑性应变

图 2-53　试件 RPPSC5 短梁段有限元分析等效塑性应变云图

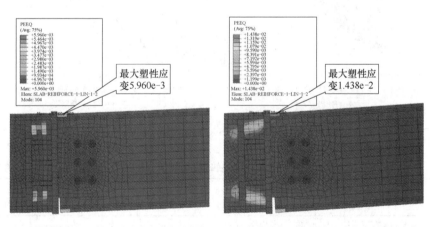

(a) 层间位移角0.02时长梁段与加强板塑性应变　　(b) 层间位移角0.05时长梁段与加强板塑性应变

图 2-54　试件 RPPSC5 长梁段有限元分析等效塑性应变云图

2.4.4　有限元和试验荷载-位移滞回性能对比

试件 RPPSC5～RPPSC8 梁端荷载-位移滞回曲线有限元分析结果与试验结果对比如图 2-55 及表 2-15 所示。仍以试件 RPPSC5 为例，试验和有限元分析分别在层间位移角达到 0.006 和 0.0114 时，梁柱接触面出现开口，此时梁端荷载分别为 203.67kN 和

215.80kN，当层间位移角达到 0.05 时，试验和有限元分析最大承载力达 425.98kN 和 412.35kN。由图 2-56 可以计算得出试验和有限元节点初始刚度（K_1）分别为 8530.1kN/m 和 9902.2kN/m，节点开口后，节点刚度（K_2）降低为 2273.6kN/m 和 2522.2kN/m。表 2-15 为试件 RPPSC4～RPPSC8 梁端荷载-位移滞回曲线基本数据的对比，其中 Δ_{IGO} 分别是开口时的梁端位移，F_{IGO} 和 $F_{0.05}$ 分别是开口和层间位移角 0.05 时的梁端荷载。由表 2-15 和图 2-55 可以看出有限元模拟的梁端荷载-位移滞回曲线与试验结果较为吻合。

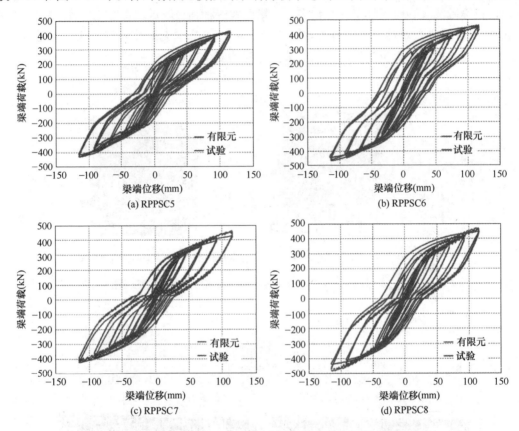

图 2-55　试件 RPPSC5～RPPSC8 有限元与试验荷载-位移滞回曲线

试件 RPPSC5～RPPSC8 试验和有限元分析数据对比　　　表 2-15

试件	方法	Δ_{IGO} (mm)	F_{IGO} (kN)	$F_{0.05}$ (kN)	K_1 (kN/m)	K_2 (kN/m)
RPPSC5	试验	1.65	203.67	425.98	8530.1	2273.6
	有限元	1.33	215.80	412.35	9902.2	2522.2
RPPSC6	试验	1.32	289.86	467.72	9180.4	1593.1
	有限元	1.15	287.89	439.09	10372.9	1602.9
RPPSC7	试验	1.67	249.63	439.38	9837.3	1779.3
	有限元	1.35	222.59	425.91	10984.1	1918.0
RPPSC8	试验	0.96	257.65	460.35	10445.3	2099.2
	有限元	1.16	238.50	445.80	12365.5	2150.2

2.4.5 节点开口处有限元、试验及理论弯矩-转角滞回性能对比

建立节点开口处弯矩-转角滞回性能理论模型是进行可恢复功能整体结构分析的前提，本章第三节已经推导了自复位梁柱节点理论模型，在此处将其计算结果与试验和有限元分析结果进行对比，验证节点开口处弯矩-转角理论模型的可靠性，为下一步可恢复功能预应力钢框架整体分析打下基础。

试件 RPPSC5～RPPSC8 开口处弯矩-转角滞回曲线有限元分析与理论及试验结果对比如图 2-56 所示。表 2-16、表 2-17 为试件 RPPSC5～RPPSC8 滞回性能的进一步分析结果。其中 $\theta_{r,IGO}$ 和 $\theta_{r,0.05}$ 分别是临界开口和层间位移角为 0.05 时的开口处转角，M_{IGO} 是临界开口弯矩，其中 $M_{f,IGO}$ 为临界开口时摩擦阻尼器提供的弯矩，M_d 为临界开口时钢绞线提供的弯矩，即消压弯矩；$M_{p,0.02}$ 和 $M_{p,0.05}$ 是层间位移角达 0.02 和 0.05 时的开口处弯矩，其中 $M_{f,0.02}$ 和 $M_{f,0.05}$ 是层间位移角达 0.02 和 0.05 时的摩擦阻尼器提供的开口处弯矩，$M_{pt,0.02}$ 和 $M_{pt,0.05}$ 是层间位移角达 0.02 和 0.05 时钢绞线提供的开口处弯矩，为了对比数据方便，引入长梁截面塑性弯矩 M_u。仍以试件 RPPSC5 为例，试验、有限元分析临界开口转角分别为 0.38% 和 0.31%，理论开口转角则为 0，试验、有限元分析和理论临界开口弯矩分别为 $0.41M_u$、$0.44M_u$ 和 $0.44M_u$，其中钢绞线提供的弯矩分别为 $0.25M_u$、$0.26M_u$ 和 $0.24M_u$，摩擦阻尼器提供的弯矩分别为 $0.16M_u$、$0.18M_u$ 和 $0.20M_u$。从数值上可以看出，三者结果较为接近，但理论和有限元临界弯矩较试验结果略大。

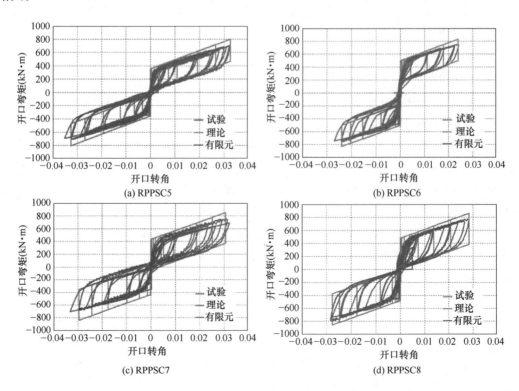

图 2-56　试件 RPPSC5～RPPSC8 试验、有限元和理论弯矩-转角滞回曲线

试件试验、理论和有限元分析数据对比（$\theta_{r,IGO}$）　　　　表 2-16

试件	方法	$\theta_{r,IGO}$ (%)	$M_{f,IGO}/M_u$	M_d/M_u	M_{IGO}/M_u	$\theta_{r,0.02}$ (%)	$M_{f,0.02}/M_u$	$M_{pt,0.02}/M_u$	$M_{p,0.02}/M_u$
RPPSC5	试验	0.38	0.16	0.25	0.41	1.04	0.16	0.43	0.59
	有限元	0.31	0.18	0.26	0.44	1.1	0.18	0.41	0.59
	理论	0	0.2	0.24	0.44	1.04	0.2	0.42	0.62
RPPSC6	试验	0.31	0.17	0.42	0.59	0.4	0.17	0.5	0.67
	有限元	0.26	0.16	0.43	0.59	0.54	0.16	0.5	0.66
	理论	0	0.2	0.42	0.62	0.4	0.2	0.49	0.69
RPPSC7	试验	0.38	0.23	0.28	0.51	0.91	0.23	0.42	0.65
	有限元	0.41	0.23	0.25	0.48	1.1	0.23	0.39	0.62
	理论	0	0.3	0.23	0.53	0.91	0.3	0.38	0.68
RPPSC8	试验	0.22	0.24	0.28	0.52	0.72	0.24	0.39	0.63
	有限元	0.27	0.25	0.28	0.53	0.71	0.25	0.42	0.67
	理论	0	0.3	0.29	0.59	0.72	0.3	0.41	0.71

试件试验、理论和有限元分析数据对比（$\theta_{r,0.05}$）　　　　表 2-17

试件	方法	$\theta_{r,0.05}$ (%)	$M_{f,0.05}/M_u$	$M_{pt,0.05}/M_u$	$M_{p,0.05}/M_u$	β_E	$K_{2\theta}$ (kN·m/rad)
RPPSC5	试验	3.4	0.18	0.66	0.84	0.439	12907.8
	有限元	3.1	0.20	0.64	0.84	0.416	11612.1
	理论	3.4	0.20	0.78	0.98	0.455	13484.8
RPPSC6	试验	2.4	0.18	0.77	0.95	0.311	12780.0
	有限元	2.7	0.20	0.72	0.92	0.257	11644.8
	理论	2.4	0.2	0.82	1.02	0.322	13657.2
RPPSC7	试验	3.4	0.24	0.65	0.89	0.471	12405.6
	有限元	3.0	0.25	0.62	0.87	0.402	10554.9
	理论	3.4	0.3	0.75	1.05	0.559	13510.6
RPPSC8	试验	2.8	0.26	0.68	0.94	0.421	11845.7
	有限元	2.8	0.30	0.61	0.91	0.412	12376.2
	理论	2.8	0.3	0.77	1.07	0.500	13816.4

当层间位移角达到 0.02 时，试验和有限元分析最大开口转角达 1.04%、1.1%，理论分析最大开口值与试验值相同。试验、有限元分析和理论计算开口处的弯矩分别达 $0.59M_u$、$0.59M_u$ 和 $0.62M_u$。其中摩擦阻尼器提供的弯矩分别为 $0.16M_u$、$0.18M_u$ 和 $0.20M_u$，钢绞线提供的弯矩分别为 $0.43M_u$、$0.41M_u$ 和 $0.42M_u$。有限元分析与试验及理论结果较为接近。

当层间位移角达到 0.05 时，试验和有限元分析最大开口转角达 3.4%、3.1%，理论分析最大开口值与试验值相同。试验、有限元分析和理论计算开口处的分别达 $0.84M_u$、$0.84M_u$ 和 $0.98M_u$。其中摩擦阻尼器提供的弯矩分别为 $0.18M_u$、$0.20M_u$ 和 $0.20M_u$，钢绞线提供的弯矩分别为 $0.66M_u$、$0.64M_u$ 和 $0.78M_u$，有限元分析和试验结果较为接近，但理论开口处弯矩较试验结果和有限元分析结果偏大，理论分析大于试验结果 14.3%。对于摩擦阻尼器提供的弯矩，有限元模拟值与理论值相同，与试验数值相差 10%，这主要是因为摩擦阻尼器为了提高耗能效果采用了双剪板，由于螺栓杆较长和加工面不平整，使得双剪板不能完全压紧，造成压紧力往往小于螺栓预拉力设计值，通过后期螺栓压力传感器的测量，剪切板之间的压紧力大约在螺栓预拉力的 85%~95% 之间；对于钢绞线提供的弯矩有限元模拟值与试验值较为接近，理论值与试验数值相差15%，这一点可以从图2-57索力变化曲线和最大索力表2-18中可以得到解释，试件RPPSC5外侧拉索12的试验、有限元和理论最大索力分别为403.06kN、364.14kN和447.89kN，中间拉索3的试

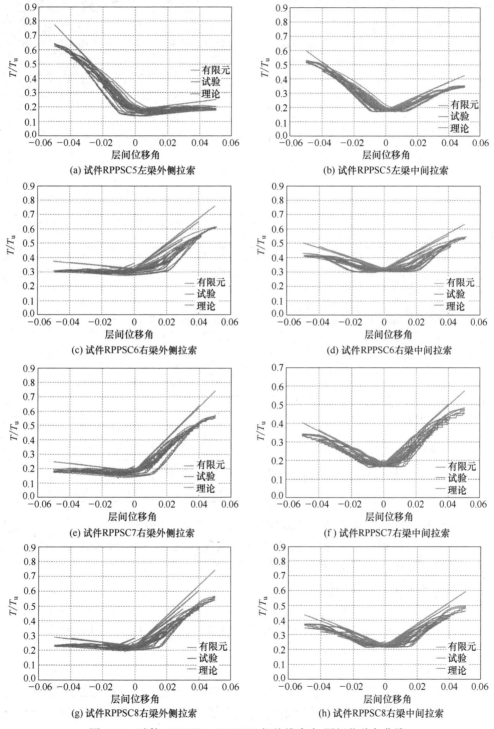

图2-57　试件RPPSC5～RPPSC8钢绞线索力-层间位移角曲线

试件 RPPSC5～RPPSC8 索力最大值（单位：kN）　　　　表 2-18

构件	方法	索力 1	索力 2	索力 3	索力 4	索力 5	索力 6	索力 7	索力 8
RPPSC5	试验	—	—	306.99	—	373.53	287.89	288.91	373.91
	有限元	362.28	293.06	307.15	342.53	362.28	293.06	307.15	342.53
	理论	448.25	347.63	347.37	447.89	448.25	347.63	347.37	447.89
RPPSC6	试验	379.58	—	330.27	393.93	377.21	308.63	316.29	384.10
	有限元	359.97	315.66	330.18	380.86	359.97	315.66	330.18	380.86
	理论	440.10	365.98	365.56	439.50	440.10	365.98	365.56	439.50
RPPSC7	试验	365.39	271.03	281.24	—	369.19	283.56	276.10	376.58
	有限元	329.61	281.39	298.82	351.66	329.61	281.39	298.82	351.66
	理论	429.98	333.17	326.64	416.90	429.98	333.17	326.64	416.90
RPPSC8	试验	370.66	291.02	296.99	381.08	379.39	299.46	294.83	389.22
	有限元	335.03	282.73	271.33	318.61	335.03	282.73	271.33	318.61
	理论	430.54	343.06	338.11	423.53	430.54	343.06	338.11	423.53
构件	方法	索力 9	索力 10	索力 11	索力 12	索力 13	索力 14	索力 15	索力 16
RPPSC5	试验	383.17	301.71	304.15	403.06	375.89	290.16	301.11	395.26
	有限元	340.08	290.95	309.37	364.14	340.08	290.95	309.37	364.14
	理论	448.25	347.63	347.37	447.89	448.25	347.63	347.37	447.89
RPPSC6	试验	385.43	321.28	322.99	403.07	356.75	316.87	320.41	395.97
	有限元	356.76	312.80	333.16	383.54	356.76	312.89	333.16	383.54
	理论	440.10	365.98	365.56	439.50	440.10	365.98	365.56	439.50
RPPSC7	试验	372.58	283.10	296.86	403.96	332.59	275.81	284.39	393.49
	有限元	349.63	296.43	283.73	332.33	349.63	296.43	283.73	332.33
	理论	429.98	333.17	326.64	416.90	429.98	333.17	326.64	416.90
RPPSC8	试验	374.47	292.56	308.78	402.84	329.60	289.11	302.00	396.21
	有限元	315.02	268.27	285.99	338.13	315.02	268.27	285.99	338.13
	理论	430.54	343.06	338.11	423.53	430.54	343.06	338.11	423.53

验、有限元分析和理论计算的最大索力分别为 306.99kN、307.15kN 和 347.37kN；由此可见，有限元分析得到的索力变化与试验结果相对吻合较好。理论计算的最大索力比试验最大索力值平均高 15%。这是因为理论索力的计算没有考虑受力过程中的锚固损失，包括锚固端肋板和张拉端梁截面变形引起的损失。

节点开口后转动刚度分别为 1.29×10^4 kN·m/rad、1.16×10^4 kN·m/rad 和 1.35×10^4 kN·m/rad，理论与试验和有限元数值基本接近，有限元分析开口后刚度比试验和理论数值略低一些。三者耗能系数分别为 0.439、0.416 和 0.455，数值较为接近，说明三者计算的节点耗能能力接近。

由以上数据和图示可以看出最大开口转角、开口处弯矩、摩擦阻尼器及钢绞线在层间位移角 0.02 时试验、有限元分析与理论结果基本吻合，在层间位移角 0.05 时试验、有限元分析与理论结果略有差异。参考《建筑抗震设计规范》GB 50011—2010（2016 年版）

中普通钢框架的弹塑性层间位移角限值 0.02（1/50）的规定，可以判断本论文推导的理论模型应用于预应力装配式钢框架整体结构的分析中是可行的。

2.5 本章小结

本章提出一种可恢复功能预应力装配式钢框架结构体系和典型自复位梁柱节点构造，设计了 8 个装配式预应力自复位梁柱节点，并进行了节点低周往复加载拟静力试验。在此基础上，推导了自复位梁柱节点弯矩-转角的理论滞回模型，采用有限元软件 ABAQUS 对各个节点的试验过程进行数值模拟，将节点开口处弯矩-转角理论滞回模型与试验和有限元分析结果进行对比，验证了节点的理论滞回模型正确性。研究结果表明：

（1）对应于保证生命安全的第二水准，当层间位移角达到 0.035 时，可恢复功能预应力装配式钢框架梁柱节点具有良好的开口闭合机制、耗能能力和震后恢复结构功能的能力，钢绞线最大索力仅为 $0.58T_u$，钢绞线索力降低基本控制在 5% 以内。除梁翼缘加强板近连接竖板处屈服外，梁柱节点主体结构基本保持弹性，结构基本处于无损状态，实现了第二水准保证生命安全和震后恢复结构功能的设计目标。

（2）对应于防止倒塌的第三水准，新型自复位梁柱节点同样具备良好的开口闭合机制，开口处滞回曲线为明显的双旗帜模型。如果设计得当，节点耗能能力均可以达到有效耗能系数大于 0.25 的基本要求。钢绞线最大索力为 $0.682T_u$，均没有超过屈服强度，平均预应力降低基本在 10% 以内。到层间位移角 0.05 时，短梁、除翼缘加强板以外的长梁段均处于弹性状态，柱节点域及其加强板和近柱节点域翼缘应变值基本为 2 倍屈服应变。卸载后节点残余转角均很小，实现了第三水准防止倒塌和震后恢复结构功能的设计目标。

（3）对于装配式预应力自复位梁柱节点，随着节点钢绞线初始预应力度的提高，节点初始刚度、消压弯矩和钢绞线最大索力都有不同程度的提高，最大开口角度和耗能能力呈下降趋势。建议设计时，根据结构和构件性能化设计目标选取适当的钢绞线初始预应力度。

（4）提高耗能装置高强度螺栓预拉力，提高了装配式预应力自复位梁柱节点的消压弯矩，减小了开口大小，降低了节点钢绞线最大索力，提高了节点的耗能能力。钢绞线平均预应力降低幅度略有增大，但均控制在 10% 以内，因此设计时可以通过增大耗能装置螺栓预拉力来提高节点的耗能能力。

（5）装配式预应力自复位梁柱节点有限元分析模拟的开口时间、消压弯矩、最大开口转角、初始刚度、残余转角、塑性应变、耗能能力、钢绞线索力变化等各项指标与试验结果吻合较好，表明有限元分析中高强度螺栓预拉力和钢绞线预应力的施加、节点开口处接触关系、边界条件和荷载工况的定义等有限元模拟方法是可行的。

（6）考虑了钢绞线实际位置推导得到的开口处弯矩-转角滞回曲线的理论模型与试验和有限元结果吻合较好，因此该理论模型可以应用于可恢复功能预应力装配式钢框架整体分析和设计中。

第 3 章

可恢复功能预应力装配式平面钢框架性能研究

本章设计了一榀可恢复功能预应力装配式平面钢框架（RPPSF）拟动力加载试验，研究了其抗震性能和恢复结构功能的能力。同时对可恢复功能预应力装配式平面钢框架进行理论分析，主要从钢绞线索力、自复位梁柱节点受力变化过程的各个状态进行分析阐述，推导出节点开口荷载、节点耗能系数和节点开口前后框架刚度比值的理论计算公式，并与拟动力试验结果进行了对比，检验理论分析的精确性。进一步提出一种可恢复功能预应力全螺栓装配钢框架（ABRPPSF）并进行了拟动力试验研究，对 ABRPPSF 与 RPPSF 平面钢框架拟动力试验结果进行了对比分析。

3.1 可恢复功能预应力装配式平面钢框架拟动力试验

3.1.1 原型结构和试验模型

1. 原型结构

参照国内外研究成果，结合可恢复功能预应力装配式钢框架特点和现行国家规范《建筑抗震设计规范 GB 50011—2010（2016 年版）》，设计了一个采用腹板摩擦耗能的可恢复功能预应力装配式钢框架的 4 层原型结构，设计使用年限为 50 年，安全等级为二级，抗震设防类别为重点设防类，设防烈度为 8 度，设计基本地震加速度为 0.2g，场地类别为Ⅲ类。楼面恒荷载（包括楼板自重）取 7.0kN/m^2，楼面活荷载取 2.0kN/m^2，屋面活荷载取 2.0kN/m^2，雪荷载取北京地区 100 年一遇雪压 0.45kN/m^2。结构平面如图 3-1 所示，横向 3 跨，纵向 5 跨，每跨跨度为 8m，首层层高 4.2m，2～4 层层高均为 3.6m。图 3-1 中方框中的梁柱截面为框架柱和框架梁，梁柱节点为预应力装配式连接方式，框架柱采用箱形截面，截面为 □400×400×34，框架梁截面为 H588×300×12×20，其余梁柱节点采用铰接连接，柱截面为 □400×400×30，梁截面为 H588×300×12×20。耗能用螺栓和梁柱连接螺栓规格为 M24，钢绞线采用 ϕ1mm×19 规格，公称直径为 21.8mm，公称面积为 312.9mm^2，名义极限强度 1860MPa 钢绞线的屈服索力 T_y 和极限索力 T_u 均取实测值，分别为 540kN 和 591kN。单根预应力钢绞线初始预应力取 $0.25T_u$。

2. 试验模型

为采用较大的缩尺比例，本试验采用子结构拟动力试验方法，选取柱脚易出现塑性的底层中间一榀预应力装配式钢框架作为试验子结构，基本处于弹性状态的 2～4 层一榀框架作为计算子结构,如图 3-2 所示。考虑试验条件和相似关系,设计缩尺比例为 0.75:1 的试验模型,试验模型框架柱与原型结构轴压比相同,开口临界弯矩与长梁截面塑性极限弯矩之比相同。试验模型详细尺寸如图 3-3 所示。层高 3.15m,跨度 6m,框架柱截面为 H300×300×20×30,中间梁段截面为 H450×250×14×16,短梁段截面为 H482×250×14×30,柱加劲肋厚为 30mm,短梁横向加劲肋和纵向加劲肋厚度分别为 30mm 和 20mm,连接竖板厚为 30mm,中间梁段翼缘加强板厚为 16mm,长度为 800mm,耗能用螺栓为 8 个 10.9 级 M24 扭剪型高强度螺栓,梁柱连接螺栓为 8 个 10.9 级 M20 扭剪型高强度螺栓。预应力钢绞线采用 8 根 φ1mm×19 的钢绞线,公称直径为 21.8mm。单根预应力钢绞线初始预应力值同样取 $0.25T_u$。

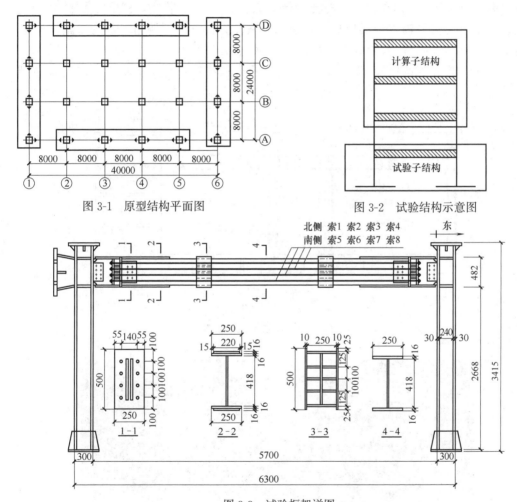

图 3-1 原型结构平面图　　图 3-2 试验结构示意图

图 3-3 试验框架详图

3.1.2 材料性能

可恢复功能预应力装配式平面钢框架试件截面与节点试件截面基本相同。试件、钢绞线和螺栓等材料与节点试件为同一批次、同一规格,其材料性能指标如第 2 章表 2-2、表 2-3 所示。

3.1.3 试验方案

1. 加载装置和输入参数

整个试验采用子结构拟动力试验方案,试验采用由湖南大学郭玉荣教授等人开发的多层结构远程协同拟动力试验平台(NetSLab_MSBSM1.0.0)。由于试验框架跨度较大,试验条件有限,柱顶上不容易施加轴压力,因此柱顶面的轴压力通过预应力竖索施加,钢绞线仍然采用公称直径为21.8mm、极限强度为1860MPa的ϕ1mm×19钢绞线。配合轴压比0.1的要求,施加的索力大小为189kN。侧向力由200t作动器施加,试验加载装置示意图和试验现场如图3-4和图3-5所示。作动器施加的位移来自试验平台结构输入地震波计算的结果,计算子结构需要输入楼层质量和理论层间恢复力模型,楼层质量按照原型楼层质量m和相似关系输入地震质量,理论层间恢复力模型为课题组提供的双旗帜模型,如图3-6所示,试验时输入参数有开口前刚度K_1、开口后刚度K_2、临界开口时的位移d_1和最大开口转角时的位移d_2,具体数值通过平面框架有限元分析获得。具体输入参数见表3-1。

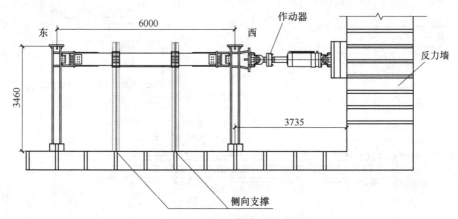

图 3-4 试验加载装置示意图

图 3-5 试验现场

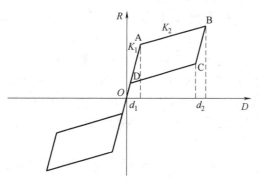

图 3-6 理论层间恢复力模型

拟动力试验输入的参数　　　　　　　　　表 3-1

楼层	M (t)	K_1 (kN/m)	K_2 (kN/m)	d_1 (mm)	d_2 (mm)
4	162	14176.33	3676.926	24	20
3	162	14178.89	3676.023	24.99	20.30
2	162	13376.77	3692.64	21.6	20.30
1	162	28449.07	10988.33	29.03	23.58

2. 加载制度

选取 El-Centro、Taft 和 LOS000 三条地震波进行试验，图 3-7～图 3-9 给出了三条地震波时程曲线，所用地震时程记录幅值与持时满足规范要求。将三条地震波峰值调整至 0.4g，并利用 SeismoSignal 软件将时程曲线转换为加速度反应谱，如图 3-10 所示。原型

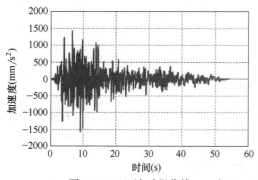

图 3-7　Taft 波时程曲线

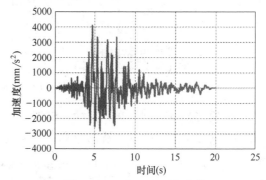

图 3-8　LOS000 波时程曲线

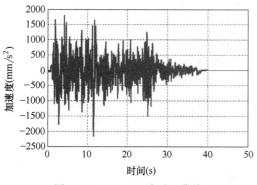

图 3-9　El-Centro 波时程曲线

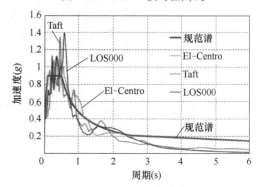

图 3-10　三条地震波加速度反应谱

结构第一周期为 1.23s，反应谱曲线与规范反应谱曲线在自振周期处也基本吻合（当采用 El-Centro 波时两者仅相差 0.48%）。

试验按照 8 度（0.2g）多遇、设防、罕遇和 8 度（0.3g）罕遇四个不同的震级，分别输入不同峰值加速度（0.07g、0.2g、0.4g 和 0.51g）的地震加速度记录，三条地震波时间步长 0.01s，考虑缩尺比例，调整时间步长为 0.0086s，阻尼比取 0.05。输入地震波之前先进行预加载测量试验子结构的实际刚度，作为下一步计算的依据。

3. 测量内容

荷载的测量：作动器自带荷载传感器测量试验过程中往复荷载的变化。

预应力钢绞线索力的测量：采用 16 个 50t 压力传感器实时记录加载过程中梁和柱上的钢绞线索力的变化。

螺栓压紧力的测量：螺栓应变计实时记录加载过程中耗能螺栓压紧力的变化。

位移的测量：作动器自带位移传感器记录加载位置构件侧向位移值。节点开口处设置 8 个直线位移电位计，测量开口宽度。在东侧柱顶布置 1 个量程为 150mm 的位移计记录柱顶位移，在东西两柱底分别布置两个量程为 50mm 的位移计记录柱脚的水平滑移量，如图 3-11 所示。

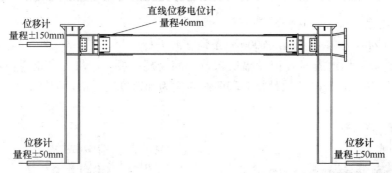

图 3-11 位移计布置示意图

应变的测量：分别在柱翼缘、柱加劲肋、梁上下翼缘及梁腹板纵横方向粘贴应变片，用于测量加载过程中各位置的应变变化，具体布置如图 3-12 所示。

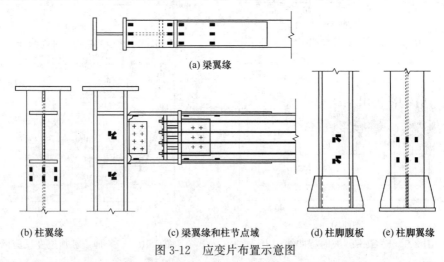

图 3-12 应变片布置示意图

3.1.4 试验结果分析

1. 位移响应

Taft、LOS000 和 El-Centro 三条地震波（以下顺序相同）在不同水准作用下的框架水平位移的时程曲线如图 3-13 所示，主要试验结果见表 3-2。

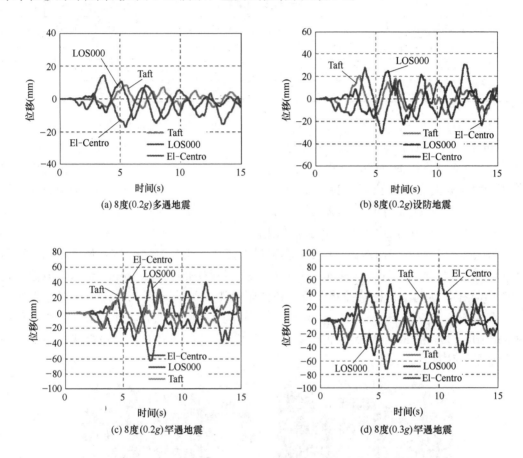

图 3-13　El-Centro、LOS000 和 Taft 地震波作用下框架水平位移时程曲线

试件试验结果　　　　　　表 3-2

地震峰值加速度	地震波	最大位移(mm)		最大层间位移角		最大开口转角(%)		最大残余转角(%)	
		东侧	西侧	东侧	西侧	东侧	西侧	东侧	西侧
0.07g	Taft	8.28	9.28	1/380	1/339	—	—	—	—
	LOS000	12.65	13.34	1/249	1/236	—	—	—	—
	El-Centro	17.21	19.39	1/218	1/162	—	—	—	—
0.2g	Taft	20.28	23.29	1/155	1/135	0.26	0.41	0.02	0.03
	LOS000	24.67	33.85	1/128	1/93	0.41	0.65	0.03	0.07
	El-Centro	30.65	41.08	1/103	1/77	0.63	0.89	0.02	0.03

续表

地震峰值加速度	地震波	最大位移（mm）		最大层间位移角		最大开口转角（%）		最大残余转角（%）	
		东侧	西侧	东侧	西侧	东侧	西侧	东侧	西侧
0.4g	Taft	33.24	44.90	1/95	1/70	0.81	1.06	0.18	0.01
	LOS000	44.02	55.55	1/72	1/57	0.78	1.23	0.06	0.13
	El-Centro	62.20	81.37	1/50	1/39	1.92	2.78	0.04	0.09
0.51g	Taft	43.73	58.10	1/78	1/54	1.04	1.65	0.06	0.02
	LOS000	53.91	66.11	1/58	1/48	1.53	2.00	0.11	0.31
	El-Centro	71.53	91.80	1/44	1/34	2.54	3.23	0.24	0.07

在多遇地震作用下，框架在三条地震波作用下的最大水平位移响应为 8.28mm、12.65mm 和 17.21mm，西侧最大水平位移分别为 9.28mm、13.34mm 和 19.39mm，其中 El-Centro 波作用下位移响应最大。西侧侧移往往大于东侧侧移，这主要是因为作动器作用于西侧梁上，结构刚度不对称。因此以下侧移的讨论均以未加作动器的东侧框架柱为例进行，图 3-13 也仅列出东侧框架柱水平位移。三条波最大层间位移角为 1/218，El-Centro 波作用下框架超出了弹性位移角的限值 1/250。

在 8 度（0.2g）设防地震作用下，框架最大位移响应为 30.65mm，最大层间位移角为 1/103。在 8 度（0.2g）罕遇地震作用下，最大位移响应为 62.2mm，最大层间位移角为 1/50，正好达到了钢框架弹塑性位移角的限值 1/50。在 8 度（0.3g）罕遇地震作用下，最大位移响应为 71.53mm，最大层间位移角为 1/44，已经超出了钢框架弹塑性位移角的限值 1/50。图 3-14 为峰值加速度 0.07g、0.2g、0.4g 和 0.51g 地震波作用下试验框架柱最大位移时的照片。

(a) 8度(0.2g)多遇地震作用下(PGA=0.07g)
(层间位移角1/218，拉)

(b) 8度(0.2g)设防地震作用下(PGA=0.2g)
(层间位移角1/103，拉)

图 3-14 El-Centro 波作用下框架东侧柱最大位移时的试验照片（一）

(c) 8度罕遇地震作用下(PGA=0.4g)
(层间位移角1/50,拉)

(d) 8度罕遇地震作用下(PGA=0.51g)
(层间位移角1/44,拉)

图 3-14　El-Centro 波作用下框架东侧柱最大位移时的试验照片（二）

2. 节点开口

由表 3-2 可知，在 8 度（0.2g）多遇地震作用下，节点无开口。在 8 度（0.2g）设防地震作用下，梁柱节点出现开口，西侧加载端节点开口大于东侧节点开口，最大开口转角为 0.89％（El-Centro 波下作用）。最大的残余转角为 0.07％（LOS000 波作用下）。在 8 度（0.2g）罕遇地震作用下，最大开口转角为 2.78％，最大残余转角为 0.18％。在 8 度（0.3g）罕遇地震作用下，最大开口转角为 3.23％，图 3-18（a）、（b）为框架节点的东、西侧最大开口时的照片。最大残余转角为 0.31％，节点基本回到原始位置，如图 3-15～图 3-18 所示。试验结果说明虽然在 8 度（0.2g）多遇和 8 度（0.3g）罕遇地震时的最大层间位移角超过了规范限值，但地震结束后，框架柱基本恢复到了初始位置，可恢复功能预应力装配式钢框架表现出较好的开口闭合机制，结构具有良好的自动复位能力。同时，试验框架中选用的腹板摩擦耗能装置在不影响楼板和下翼缘空间布置的前提下，取得了良好而稳定的耗能效果。

(a) 东侧节点

(b) 西侧节点

图 3-15　8 度（0.2g）多遇 El-Centro 波作用下节点照片

(a) 东侧节点开口宽度2.73mm，开口转角0.63%

(b) 西侧节点开口宽度3.86mm，开口转角0.89%

(c) 东侧节点开口细部

(d) 西侧节点开口细部

图 3-16　8度（0.2g）设防 El-Centro 波作用下节点开口照片

(a) 东侧节点开口宽度8.32mm，开口转角1.92%

(b) 西侧节点开口宽度12.07mm，开口转角2.78%

(c) 东侧节点开口细部

(d) 西侧节点开口细部

图 3-17　8度（0.2g）罕遇 El-Centro 波作用下节点开口照片

(a) 东侧节点开口11.05mm，开口转角2.54%

(b) 西侧节点开口14.04mm，开口转角3.23%

(c) 东侧节点开口细部

(d) 西侧节点开口细部

图 3-18　8 度（0.3g）罕遇 El-Centro 波作用下节点开口照片

3. 滞回曲线

在多遇地震作用下，滞回图形基本为线性，结构无塑性发展。此时试验框架与刚接框架受力性能基本相同。图 3-19～图 3-22 中列出了 Taft 波、El-Centro 波地震动在 8 度（0.2g）多遇、设防、罕遇和 8 度（0.3g）罕遇地震作用下力-位移曲线。在设防地震作用下，由滞回模型可以看出，滞回环开始出现，这是因为在 8 度（0.2g）设防地震时梁柱节点已有最大宽度 3.86mm 的开口，高强度螺栓开始摩擦耗能。在 8 度（0.2g）罕遇地震作用下，滞回环已基本形成，摩擦耗能较 8 度（0.2g）设防地震时有所增大。在 8 度（0.3g）罕遇地震作用下，滞回环完全形成，框架摩擦耗能较 8 度（0.2g）罕遇地震时又有所增大。

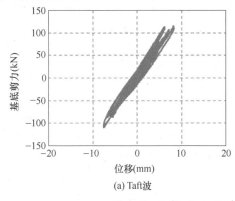
(a) Taft波

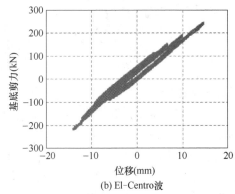
(b) El-Centro波

图 3-19　8 度（0.2g）多遇地震作用下力-位移滞回曲线

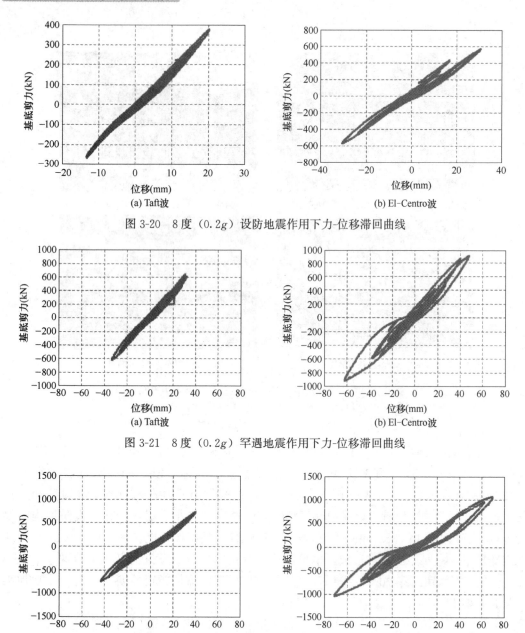

图 3-20　8 度（0.2g）设防地震作用下力-位移滞回曲线

图 3-21　8 度（0.2g）罕遇地震作用下力-位移滞回曲线

图 3-22　8 度（0.3g）罕遇地震作用下力-位移滞回曲线

4. 耗能能力

结构的耗能能力可用等效黏滞阻尼比来定量分析，即指滞回环包围面积与弹性应变能的面积之比与 2π 的比值，各级地震作用下等效黏滞阻尼比如表 3-3 所示。在 8 度（0.2g）多遇地震（PGA=0.2g）作用下，没有形成滞回环，等效黏滞阻尼比为 0。El-Centro 波 8 度（0.2g）设防地震（PGA=0.4g）作用下，梁柱节点发生开口，开始形成滞回环，等效黏滞阻尼比为 0.041，随着地震峰值加速度的增大，等效黏滞阻尼比大体呈上升趋势，8 度（0.3g）罕遇地震（PGA=0.51g）作用下，梁柱节点发生最大开口，形成的滞回环面积最大，框架耗能能力最大，等效黏滞阻尼比最大为 0.088。

试验框架等效黏滞阻尼比和刚度变化　　　　表 3-3

项目		等效黏滞阻尼比			K_1(kN/m)			K_2(kN/m)		
地震峰值加速度		0.2g	0.4g	0.51g	0.2g	0.4g	0.51g	0.2g	0.4g	0.51g
地震波	Taft	0	0.051	0.053	19144.6	18715.9	16093.1	—	—	14904.1
	LOS000	0	0.062	0.065	19450.5	18597.0	15248.1	—	13645.9	12823.1
	El-Centro	0.041	0.086	0.088	19054.6	15113.2	14468.0	—	13410.8	11491.7

5. 结构刚度的退化

结构刚度是结构变形能力的反映。由于试验框架梁柱节点开口，在试验过程中，会发生结构刚度随着试验循环周数和结构变形增大而减小的现象。表 3-3 列出了结构开口前刚度 K_1 和开口后刚度 K_2。由表可以看出，结构开口前从 8 度（0.2g）设防地震增大到 8 度（0.3g）罕遇地震，框架刚度由 19144.6kN/m 退化至 14468.0kN/m，开口后刚度退化至 11491.7kN/m。

6. 钢绞线索力的变化

（1）柱上钢绞线索力的变化

图 3-23 为不同水准地震波作用下柱上钢绞线索力的时程曲线，由图中可以看出，在 8 度（0.2g）多遇、设防、罕遇和 8 度（0.3g）罕遇地震作用下，柱顶轴力的变化最大分别在 0.59%、1.23%、2.87% 和 3.85% 以内，满足试验柱顶施加轴力的要求。

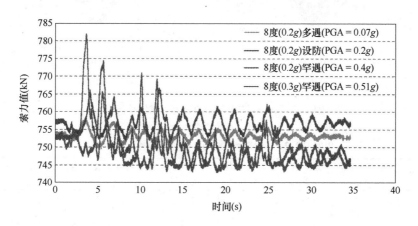

图 3-23　El-Centro 波作用下竖向索力时程曲线

（2）梁上钢绞线索力的变化

8 度（0.2g）多遇地震作用下，节点无开口，钢绞线无伸长，索力无降低。在 8 度（0.2g）设防、罕遇、8 度（0.3g）罕遇地震作用下，试验框架在 El-Centro 波作用下钢绞线索力随平均内转角的变化如图 3-24 所示。

在 8 度（0.2g）设防地震作用下，索力由于开口后钢绞线长度的增大而有所增大。表 3-4 为三条地震波作用下 8 根钢绞线最大索力变化。从图 3-24 和表 3-4 中可以看出，索力最大值为 El-Centro 波作用下的 $0.30T_u$，地震动结束后，索力又恢复到初始索力（$0.25T_u$）的大小，索力基本没有降低。

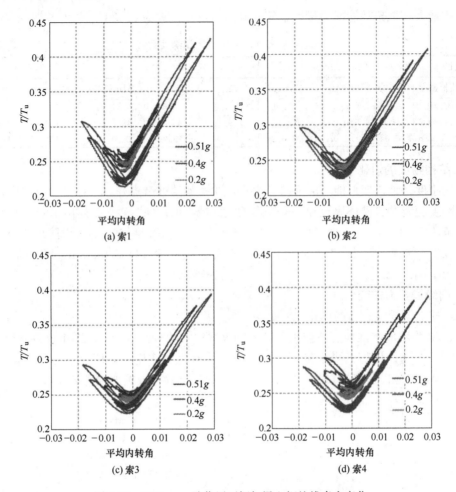

图 3-24 El-Centro 波作用下框架梁上钢绞线索力变化

表 3-4 8度 (0.2g) 设防地震作用下钢绞线各索力变化

地震波	时刻	索1索力 (kN)	索2索力 (kN)	索3索力 (kN)	索4索力 (kN)	索5索力 (kN)	索6索力 (kN)	索7索力 (kN)	索8索力 (kN)
Taft	开始	147.79	145.19	145.35	147.16	146.81	149.91	148.01	148.54
	最大	157.98	153.09	150.17	152.13	153.53	154.82	149.71	150.51
	结束	148.5	146.03	145.92	148.01	147.23	150.47	148.16	149.11
LOS000	最大	170.15	162.41	157.24	158.95	166.11	164.65	156.93	157.14
	结束	149.64	146.03	145.07	146.17	149.33	151.59	147.74	147.42
El-Centro	最大	180.2	169.74	164.74	166.06	176.6	173.22	165.42	164.75
	结束	149.92	145.61	145.35	146.31	149.19	151.31	147.45	146.43
地震波	时刻	$T_{1,\max}/T_u$	$T_{2,\max}/T_u$	$T_{3,\max}/T_u$	$T_{4,\max}/T_u$	$T_{5,\max}/T_u$	$T_{6,\max}/T_u$	$T_{7,\max}/T_u$	$T_{8,\max}/T_u$
Taft	开始	0.25	0.25	0.25	0.25	0.25	0.25	0.25	0.25
	最大	0.27	0.26	0.25	0.26	0.26	0.26	0.25	0.25
	结束	0.25	0.25	0.25	0.25	0.25	0.25	0.25	0.25

续表

地震波	时刻	$T_{1,\max}/T_u$	$T_{2,\max}/T_u$	$T_{3,\max}/T_u$	$T_{4,\max}/T_u$	$T_{5,\max}/T_u$	$T_{6,\max}/T_u$	$T_{7,\max}/T_u$	$T_{8,\max}/T_u$
LOS000	最大	0.29	0.27	0.27	0.27	0.28	0.28	0.27	0.27
	结束	0.25	0.25	0.25	0.25	0.25	0.26	0.25	0.25
El-Centro	最大	0.30	0.29	0.28	0.28	0.30	0.29	0.28	0.28
	结束	0.25	0.25	0.25	0.25	0.25	0.26	0.25	0.25

表 3-5 为三条地震波在 8 度（0.2g）罕遇地震作用下 8 条钢绞线索力的变化。从表 3-5 和图 3-24 中可以看出，索力最大值（0.41T_u）出现在 El-Centro 波作用下，地震波结束后，索力又恢复到初始索力（0.25T_u），索力降低很小。

8 度（0.2g）罕遇地震作用下钢绞线各索力变化   表 3-5

地震波	时刻	索1索力（kN）	索2索力（kN）	索3索力（kN）	索4索力（kN）	索5索力（kN）	索6索力（kN）	索7索力（kN）	索8索力（kN）
	开始	149.92	145.61	145.35	146.31	149.19	151.31	147.45	146.43
Taft	最大	186.57	174.41	168.28	169.04	184.16	179.25	169.94	167.72
	结束	147.94	144.62	143.93	145.6	149.05	152.16	147.03	146.57
LOS000	最大	189.54	177.79	170.83	171.88	187.8	183.61	172.63	170.11
	结束	149.35	146.31	144.64	146.45	148.91	152.72	146.6	145.3
El-Centro	最大	243.17	221.68	217.97	214.93	238.72	234.86	226.38	217.19
	结束	151.61	145.18	145.06	147.01	149.89	153.28	148.86	146.99

地震波	时刻	$T_{1,\max}/T_u$	$T_{2,\max}/T_u$	$T_{3,\max}/T_u$	$T_{4,\max}/T_u$	$T_{5,\max}/T_u$	$T_{6,\max}/T_u$	$T_{7,\max}/T_u$	$T_{8,\max}/T_u$
	开始	0.25	0.25	0.25	0.25	0.26	0.25	0.25	0.25
Taft	最大	0.32	0.30	0.28	0.29	0.31	0.30	0.29	0.28
	结束	0.25	0.24	0.24	0.25	0.25	0.26	0.25	0.25
LOS000	最大	0.32	0.30	0.29	0.29	0.32	0.31	0.29	0.29
	结束	0.25	0.25	0.24	0.25	0.25	0.26	0.25	0.25
El-Centro	最大	0.41	0.38	0.37	0.36	0.40	0.40	0.38	0.37
	结束	0.26	0.25	0.25	0.25	0.25	0.26	0.25	0.25

表 3-6 为 8 度（0.3g）罕遇地震作用下钢绞线索力的变化。从图 3-24 和表 3-6 中可以看出，索力最大值为 El-Centro 波作用下的 0.43T_u，地震动结束后，索力又恢复到初始索力 0.23T_u 或 0.24T_u。三条地震波钢绞线平均预应力降低 2.18%、3.25% 和 3.05%。从试验开始到试验结束，钢绞线索力降低最大 7.95%，平均索力降低 6.12%。说明试验框架钢绞线、锚具性能和预应力张拉方法是可靠的，这也为罕遇地震后结构能够正常使用和承受较大和多次余震作用奠定了良好的基础。

8度（0.3g）罕遇地震作用下钢绞线各索力变化 表3-6

地震波	时刻	索1索力(kN)	索2索力(kN)	索3索力(kN)	索4索力(kN)	索5索力(kN)	索6索力(kN)	索7索力(kN)	索8索力(kN)
Taft	开始	151.1	151.42	151.52	151.27	151.45	151.64	151.69	150.66
Taft	最大	206.53	192.57	193.11	186.59	202.40	195.51	187.57	187.43
Taft	结束	146.65	150.08	148.65	147.09	150.78	147.77	148.38	146.80
LOS000	最大	205.22	196.44	192.33	189.82	200.98	194.58	190.61	188.86
LOS000	结束	141.68	143.51	144.34	142.08	144.88	144.32	143.63	143.47
EL-Centro	最大	251.47	240.46	232.76	228.82	252.39	242.31	236.71	231.79
EL-Centro	结束	135.99	139.54	139.45	137.18	142.43	139.38	138.38	139.03
地震波	时刻	$T_{1,\max}/T_u$	$T_{2,\max}/T_u$	$T_{3,\max}/T_u$	$T_{4,\max}/T_u$	$T_{5,\max}/T_u$	$T_{6,\max}/T_u$	$T_{7,\max}/T_u$	$T_{8,\max}/T_u$
Taft	开始	0.26	0.26	0.26	0.26	0.26	0.26	0.26	0.25
Taft	最大	0.35	0.33	0.33	0.32	0.34	0.33	0.32	0.32
Taft	结束	0.25	0.25	0.25	0.25	0.26	0.25	0.25	0.25
LOS000	最大	0.35	0.33	0.33	0.32	0.34	0.33	0.32	0.32
LOS000	结束	0.24	0.24	0.24	0.24	0.25	0.24	0.24	0.24
Taft	最大	0.43	0.41	0.39	0.39	0.43	0.41	0.40	0.39
Taft	结束	0.23	0.24	0.24	0.24	0.24	0.24	0.23	0.24

7. 应变变化

在8度（0.2g）多遇地震作用下，节点无开口，所有结构构件及预应力钢绞线均处于弹性状态。8度（0.2g）设防地震作用下构件截面最大应变值见表3-7，从表中数据可以看出，在8度（0.2g）设防地震作用下，只有在El-Centro波作用下长梁段翼缘加强板进入塑性，其他主体结构均保持弹性状态。

图3-25为8度（0.2g）罕遇地震El-Centro波作用下框架各个典型部位的应变时程，

8度（0.2g）设防地震作用下构件截面最大应变值（单位：με） 表3-7

序号	地震动记录	短梁段翼缘	长梁段翼缘	加强板	节点域翼缘	节点域腹板	柱脚翼缘	柱脚腹板
1	Taft	1166	263	528	736	772	397	229
2	LOS000	1280	635	1381	800	930	1116	1078
3	El-Centro	1389	822	2350	1333	1189	1327	1103

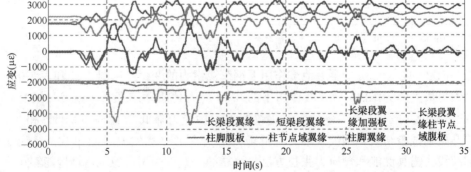

图3-25 8度（0.2g）罕遇El-Centro波作用下典型部位的应变时程曲线

表 3-8 为各个部位的最大应变值。从图 3-25 和表 3-8 来看，结构在 8 度（0.2g）罕遇地震作用下，长梁段近连接竖板处翼缘加强板塑性应变较大，长梁段翼缘、柱节点域腹板处于弹性状态。除此以外，短梁段翼缘、柱节点域翼缘、柱脚翼缘和腹板均进入屈服，但是应变值均未超过 $2\varepsilon_y$（根据材料性能试验，屈服应变 ε_y 为 2000），不会产生明显的残余变形。

8 度（0.2g）罕遇地震作用下构件截面的最大应变值（单位：$\mu\varepsilon$）　　表 3-8

序号	地震波	短梁段翼缘	长梁段翼缘	长梁段翼缘加强板	柱节点域翼缘	柱节点域腹板	柱脚翼缘	柱脚腹板
1	Taft	2037	909	3219	2389	1244	2335	2076
2	LOS000	2396	938	3852	2850	1563	2768	2119
3	El-Centro	3296	1265	4734	2984	1806	2951	2240

图 3-26 为在 8 度（0.3g）罕遇地震 El-Centro 波作用下框架各个典型部位的应变时程，表 3-9 为典型部位最大应变值。从图 3-26 和表 3-9 来看，长梁段翼缘加强板近连接竖板处塑性应变最大，长梁段翼缘处于弹性状态。短梁段翼缘也进入屈服，最大屈服应变达 $2.25\varepsilon_y$。除此以外，柱节点域腹板、柱节点域翼缘、柱脚翼缘和腹板均进入屈服，但是塑性值均没有超过 $2\varepsilon_y$。

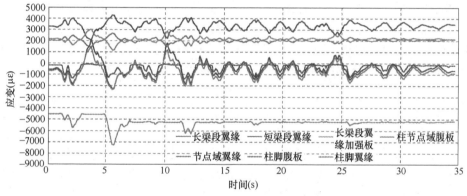

图 3-26　8 度（0.3g）罕遇 El-Centro 地震作用下典型部位的应变时程曲线

8 度（0.3g）罕遇地震作用下构件截面的最大应变值（单位：$\mu\varepsilon$）　　表 3-9

序号	地震波	短梁段翼缘	长梁段翼缘	长梁段翼缘加强板	柱节点域翼缘	柱节点域腹板	柱脚翼缘	柱脚腹板
1	Taft	3797	1400	5914	2611	2155	3009	2417
2	LOS000	4204	1318	5943	2742	2184	3038	2533
3	El-Centro	4507	1394	7273	2695	3094	3167	2663

综上所述，8 度（0.2g）多遇地震作用下，节点无开口，所有结构构件及预应力钢绞线均处于弹性状态，加载结束后，钢绞线索力没有降低，实现了"多遇地震无开口、无损伤"的性能化设计目标。8 度（0.2g）设防地震作用下，节点开口耗能，主体构件及预应力钢绞线全部处于弹性状态，加载结束后，结构恢复到原来的位置，钢绞线索力没有降低，实现了"设防地震开口耗能且主体结构无损伤"的性能化设计目标。8 度（0.2g）罕遇地震作用下，节点开口耗能，主体构件中柱节点域翼缘、柱翼缘和腹板、短梁段翼缘屈服，但应变均在 2 倍屈服应变范围以内，长梁段翼缘、柱节点域腹板及预应力钢绞线处于弹性状态，加

载结束后,结构恢复到原来的位置,钢绞线索力降低很小。8度(0.3g)罕遇地震作用下,节点开口耗能进一步增大,柱节点域、柱脚翼缘和腹板、短梁段翼缘和腹板均已屈服,最大应变值虽较8度(0.2g)罕遇地震值略大,但均在$2\varepsilon_y$左右,长梁翼缘、腹板和预应力索仍处于弹性状态。加载结束后,结构恢复到原来的位置,钢绞线索力降低均在8%以内,实现了"罕遇地震主体结构损伤较小且仍能使用"的性能化设计目标。

同时从表3-9中还可以看出,即使结构在经历过8度(0.3g)罕遇地震的Taft波和LOS000波后,再次承受强度更大的El-Centro波的作用,试验框架仍能实现恢复原位,主体结构的最大残余应变值$3167\mu\varepsilon$也在$2\varepsilon_y$以内,钢材表面未见任何损伤。这本身就说明结构具有震后恢复功能的能力。

3.2 可恢复功能预应力装配式平面钢框架体系理论分析与试验验证

3.2.1 可恢复功能预应力装配式平面钢框架体系理论分析

当可恢复功能预应力装配式钢框架整体受力后,集中力位于上下翼缘截面中心处,中间梁段两端产生反对称开口,分别绕其上下翼缘旋转,不考虑中间梁段竖向荷载及楼板对结构可恢复性能的影响,此时钢绞线呈中心布置。如图3-27所示,以3排钢绞线为例,为简化计算,在自复位梁柱节点开口过程中不考虑中间梁端的压缩变形及预应力损失,可以看作钢绞线索力T始终为线性变化。几何关系表达式如下:

$$L_1+L_3=2L_2 \tag{3-1}$$

$$\Delta s=2L_2 m \tag{3-2}$$

$$T=T_0+mk_s\Delta s \tag{3-3}$$

式中:L_1、L_2、L_3——节点最终开口时钢绞线变化的长度;

Δs——节点最终开口时钢绞线变化总长度;

m——钢绞线的根数;

T_0——节点未开口状态时索力;

k_s——单根钢绞线轴向刚度。

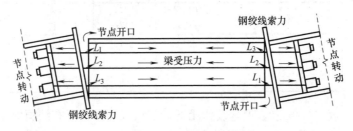

图3-27 节点开口示意图

1. 初始转动中心位置确定

以预应力装配式钢框架体系一端节点为例,假设初始转动中心在截面$h/2$高度处。在外弯矩$M_{外}$增大的过程中,预应力装配式钢框架截面转动中心会向下移动,如图3-28所示,如下式:

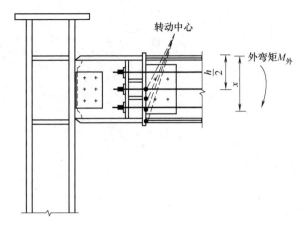

图 3-28 中心位置移动

$$\sigma_c = \frac{M_外 x}{I_x} \tag{3-4}$$

$$I_x = I_0 + A_b\left(x - \frac{h}{2}\right)^2 \tag{3-5}$$

式中：σ_c——外弯矩作用下梁截面距离上翼缘 x 处的应力；

x——转动中心距梁上翼缘距离，且 $0 < x < h$；

h——梁截面高度；

A_b——长梁段截面面积；

I_0——梁关于截面中心中和轴惯性矩；

I_x——梁关于某一时刻截面转动中心中和轴惯性矩。

联立可得：

$$M_外 = \frac{\sigma_c\left[I_0 + A_b\left(x - \frac{h}{2}\right)^2\right]}{x} \tag{3-6}$$

求 $M_外$ 极值，可知 x 在区间 $[0, \sqrt{I_0/A_b + h^2/4}]$ 单调递减，在区间 $[\sqrt{I_0/A_b + h^2/4}, h]$ 单调递增。因加载过程中 $M_外$ 是一直增大的，不存在减小情况，依据最小作用量原理，推知初始转动中心不是位于截面 $h/2$ 高度处，而是位于距梁上翼缘 $\sqrt{I_0/A_b + h^2/4}$ 处。

2. 自复位梁柱节点受力状态分析

在节点受力时，钢绞线与中间梁段腹板内的摩擦装置在外弯矩增大的过程中所发挥的作用均有不同。因摩擦力的产生条件是两个物体相互接触且具有相对滑动或相对运动的趋势，而中间梁段与短梁段之间若有相对滑动或相对运动趋势就必先克服钢绞线的索力，说明该预应力装配式钢框架体系首先随钢绞线索力变化产生开口，随后摩擦装置工作进行耗能。本节以图 3-28 例，对其发展历程下的各个状态进行分析。

Ⅰ状态外弯矩未达到最小消压弯矩 $M_{d,min}$，由上节可知初始转动中心位于距梁上翼缘 $\sqrt{I_0/A_b + h^2/4}$ 处，此时钢绞线索力使梁截面产生均匀分布的压应力 σ_a，当外弯矩产生的应力 σ_c 未能超过初始压应力时，梁截面呈全压状态。当外弯矩增大至Ⅱ状态时，梁上翼缘处压应力刚好为零，此时外弯矩达到最小消压弯矩 $M_{d,min}$，关系式如下：

$$\sigma_a = \frac{T_0}{A_b} = \sigma_c \tag{3-7}$$

$$\sigma_c = \frac{M_{d,\min}\sqrt{\frac{I_0}{A_b}+\frac{h^2}{4}}}{I_{d1}} \tag{3-8}$$

$$I_{d1} = I_0 + A_b\left(\sqrt{\frac{I_0}{A_b}+\frac{h^2}{4}}-\frac{h}{2}\right)^2 \tag{3-9}$$

式中：σ_a——梁截面初始均匀分布压应力；

$M_{d,\min}$——最小消压弯矩；

I_{d1}——梁关于截面转动中心中和轴惯性矩。

联立求解 $M_{d,\min}$ 可得：

$$M_{d,\min} = \frac{\frac{T_0 I_0}{A_b}+T_0\left(\sqrt{\frac{I_0}{A_b}+\frac{h^2}{4}}-\frac{h}{2}\right)^2}{\sqrt{\frac{I_0}{A_b}+\frac{h^2}{4}}} \tag{3-10}$$

Ⅲ状态外弯矩超过最小消压弯矩 $M_{d,\min}$ 但未达到中间消压弯矩 $M_{d,\mathrm{med}}$，梁上翼缘处出现临界状态即梁端面在此点开始被"撕裂"，中间梁段与短梁段间开始有相对运动的趋势。因短梁段的连接端板具有无限刚性能够阻碍相对运动的趋势，使得转动中心从初始位置慢慢向被"撕裂"点关于中心对称的受压点过渡，即转动中心下移。

Ⅳ状态达到中间消压弯矩 $M_{d,\mathrm{med}}$ 的临界状态，此时转动中心位于梁下翼缘边界处，关系式如下：

$$\sigma_c = \frac{M_{d,\mathrm{med}}h}{I_{d2}} \tag{3-11}$$

$$I_{d2} = I_0 + \frac{A_b h^2}{4} \tag{3-12}$$

式中：$M_{d,\mathrm{med}}$——中间消压弯矩；

I_{d2}——梁关于截面下翼缘中和轴惯性矩。

联立求解 $M_{d,\mathrm{med}}$ 可得：

$$M_{d,\mathrm{med}} = \frac{\frac{T_0}{A_b}\left(I_0+\frac{A_b h^2}{4}\right)}{h} \tag{3-13}$$

Ⅴ状态外弯矩达到最大消压弯矩 $M_{d,\max}$，即节点处于临界开口状态，此时短梁段的连接端板阻碍作用消失，摩擦装置开始发挥作用，其主要包括摩擦力关于梁轴线分应力 σ_f 与摩擦力提供的抵抗弯矩 M_F。因节点在中间消压弯矩 $M_{d,\mathrm{med}}$ 与最大消压弯矩之间 $M_{d,\max}$ 仍是没有开口的，所以此过程中摩擦力为静摩擦力，在区间 $[0, F_{\max}]$ 之间变化，关系式如下：

$$\sigma_c = \frac{M_{d,\max}h}{I_{d2}} \tag{3-14}$$

$$F_{\max} = Pn\mu \tag{3-15}$$

$$M_{F,\max}=F_{\max}r \tag{3-16}$$

$$\sigma_e=\frac{M_{F,\max}h}{I_{d2}} \tag{3-17}$$

$$\sigma_f=\frac{F_{\max}\dfrac{h/2}{r}}{A_b}=\frac{F_{\max}h}{2A_b r} \tag{3-18}$$

$$\sigma_a+\sigma_e-\sigma_f=\sigma_c \tag{3-19}$$

式中：$M_{d,\max}$——最大消压弯矩；

$\qquad F_{\max}$——最大静摩擦力；

$\qquad r$——力臂；

$\qquad P$——摩擦装置中高强度螺栓正压力；

$\qquad n$——摩擦面数；

$\qquad \mu$——接触面摩擦系数；

$\qquad M_{F,\max}$——摩擦力抵抗矩最大值；

$\qquad \sigma_e$——摩擦抵抗矩产生的应力；

$\qquad \sigma_f$——摩擦力关于梁轴线分应力。

联立求解 $M_{d,\max}$ 得：

$$M_{d,\max}=M_{F,\max}+\frac{T_0\left(I_0+\dfrac{A_b h^2}{4}\right)}{A_b h}-\frac{F_{\max}\left(I_0+\dfrac{A_b h^2}{4}\right)}{2A_b r} \tag{3-20}$$

Ⅵ状态外弯矩超过最大消压弯矩 $M_{d,\max}$，节点开始产生开口，此后摩擦装置所能提供的抵抗矩在外弯矩未下降之前保持定值。因长梁段两端的开口关于中心对称，所以两端钢绞线伸长量相同，钢绞线提供的截面压应力由 σ_a 均匀变化至 σ_a'，关系式如下：

$$M_{d,\max}=M_{IGO} \tag{3-21}$$

$$\sigma_a'=\sigma_a+\frac{mk_s\Delta s}{A_b} \tag{3-22}$$

$$\sigma_c=\frac{M_\theta h}{I_{d2}} \tag{3-23}$$

$$\sigma_a'+\sigma_e-\sigma_f=\sigma_c \tag{3-24}$$

式中：M_{IGO}——节点临界开口弯矩，与最大消压弯矩 $M_{d,\max}$ 相等；

$\qquad M_\theta$——节点开口为 θ 时外弯矩。

联立得到关系式如下：

$$M_\theta=\frac{mk_s\Delta s\left(I_0+\dfrac{A_b h^2}{4}\right)}{A_b h}+M_{IGO} \tag{3-25}$$

节点产生开口后总抵抗矩由钢绞线与摩擦装置共同提供。一旦外弯矩减小，摩擦力首先产生变化。Ⅶ状态表示外弯矩减小量小于1倍摩擦力所能提供的抵抗矩，静摩擦力开始原向减小；Ⅷ状态外弯矩减小量在1~2倍摩擦力所能提供的抵抗矩内，静摩擦力开始反向增大，直至完全反向增至最大静摩擦力，此过程中节点开口保持不变，可列关系表达式如下：

$$\sigma_c = \frac{M_{IGC}h}{I_{d2}} \tag{3-26}$$

$$\sigma'_a - \sigma_e + \sigma_f = \sigma_c \tag{3-27}$$

式中：M_{IGC}——节点开口即将减小时外弯矩。

联立求解 M_{IGC} 得：

$$M_{IGC} = \frac{(T_0 + mk_s\Delta s)\left(I_0 + \frac{A_bh^2}{4}\right)}{A_bh} + \frac{F_{max}\left(I_0 + \frac{A_bh^2}{4}\right)}{2A_br} - M_{F,max} \tag{3-28}$$

IX 状态外弯矩小于节点开口即将减小时外弯矩 M_{IGC}。此过程中，随着外弯矩的减小，钢绞线索力随之下降，提供的压应力由 σ'_a 均匀变化至 σ''_a，此时摩擦装置提供的摩擦力为最大静摩擦力，弯矩抵抗值为定值。X 和 XI 状态是节点开口闭合后两种情况，此时钢绞线索力变回初始状态，外弯矩为 M_{GC}，不同的是 X 状态 $M_{GC} < M_{d,min}$，截面转动中心位于初始转动中心即距梁上翼缘 $\sqrt{I_0/A_b + h^2/4}$ 处，直至外弯矩减小至 0；XI 状态 $M_{d,min} < M_{GC} < M_{d,med}$，转动中心位于距上翼缘大于 $\sqrt{I_0/A_b + h^2/4}$ 且小于 h 处，随外弯矩的减小转动中心逐渐移向初始位置，当外弯矩减小至最小消压弯矩 $M_{d,min}$ 时，此刻转动中心刚好移动至 $\sqrt{I_0/A_b + h^2/4}$ 处，此后与 X 状态相同直至外弯矩减小至 0。可列关系表达式如下：

$$\sigma_c = \frac{M_{GC}h}{I_{d2}} \tag{3-29}$$

$$\sigma''_a = \sigma_a = \frac{T_0}{A_b} \tag{3-30}$$

$$\sigma''_a - \sigma_e + \sigma_f = \sigma_c \tag{3-31}$$

式中：M_{GC}——节点闭合瞬间外弯矩。

联立求解 M_{GC} 得：

$$M_{GC} = \frac{T_0\left(I_0 + \frac{A_bh^2}{4}\right)}{A_bh} + \frac{F_{max}\left(I_0 + \frac{A_bh^2}{4}\right)}{2A_br} - M_{F,max} \tag{3-32}$$

3. 可恢复功能预应力装配式平面钢框架荷载-位移曲线分析

以外荷载作用下单层单跨可恢复功能预应力装配式钢框架为例，推导出自复位梁柱节点开口前后框架刚度比值计算公式，并对荷载-位移曲线各段进行理论分析。

仅考虑弯曲变形的两端具有转动约束的杆件抗侧刚度公式为：

$$K_L = \frac{6EI_c}{H^3} \cdot \frac{6K_1K_2 + (K_1 + K_2)}{3K_1K_2 + 2(K_1 + K_2) + 1} \tag{3-33}$$

式中：K_1、K_2——杆件两端转动约束刚度系数；
EI_c——杆件抗弯刚度；
H——几何长度。

在预应力装配式钢框架节点开口前，框架柱上端转动约束刚度系数 $K_1 = i_b/i_c$，即梁柱线刚度比；节点开口后处于半刚接状态，引入梁抗弯刚度折减系数 $\gamma = M_F/M_\theta$，折减后转动约束刚度系数 $K'_1 = \gamma i_b/i_c$；下端转动约束刚度系数 $K_2 = K'_2 = \infty$。因此自复位梁柱节点开口前后框架刚度比 ξ 计算公式为：

$$\xi = \frac{(6K_1'+1)(3K_1+2)}{(3K_1'+2)(6K_1+1)} \tag{3-34}$$

图 3-29（a）表示一般可恢复功能预应力装配式钢框架的荷载-位移曲线。0 点表示框架处于初始状态。1 点表示节点达到临界开口状态，此时外弯矩达到临界开口弯矩 M_{IGO}，框架柱侧移为 u_1。2 点表示框架外荷载增至最大值，此时框架侧移与节点开口均达到最大，1—2 段节点产生开口导致结构刚度下降，u_2 为框架柱侧移与节点开口产生的侧移膨胀量总和。3 点表示节点开口即将减小时水平荷载，此时截面外弯矩达到 M_{IGC}。2—3 段摩擦装置提供的摩擦力反向，节点开口不变，只产生框架柱向中心的侧移，u_3 为框架柱侧移和开口位移的总和，u_2-u_3 表示此过程中框架柱的侧移变化量。4 点表示节点开口闭合状态，此时截面外弯矩达到 M_{GC}，框架柱侧移为 u_4，u_3-u_4 表示此过程中框架柱侧移与节点开口位移的变化量。5 点表示框架最终状态，4—5 段表示框架恢复至原始状态。图 3-29（b）表示经合理设计，使得临界开口水平荷载等于因摩擦力反向导致节点开口时的最大值与最小值之差，0、4、5 点重合，此时可恢复功能预应力装配式钢框架的最大耗能能力是理想弹塑性钢框架的一半。

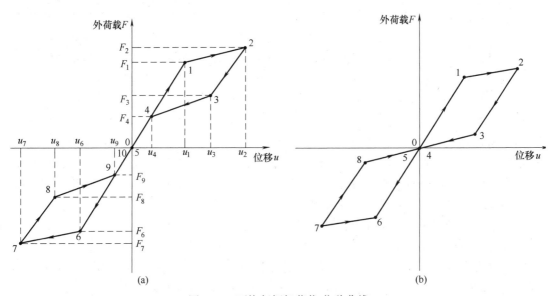

图 3-29 可恢复框架荷载-位移曲线

3.2.2 试验结果验证

本节将 3.1 节中可恢复功能预应力装配式钢框架拟动力试验测得的节点开口荷载 M_θ、节点耗能系数 λ 和节点开口前后框架刚度比值 ξ 与理论计算结果对比，检验理论分析的精确性。

1. 自复位节点开口荷载对比

试验过程中，预应力装配式钢框架节点在不同震级下会产生不同程度的开口位移，在节点处布置电阻式小位移计，通过传感器测得节点开口位移与对应荷载数值。因结构在峰值加速度 $0.07g$、$0.2g$ 的地震波作用下的位移响应较小且试验过程中柱脚应变始终未超

过 $2\varepsilon_y$，所以选取 El-Centro 波与汶川波在 $0.4g$、$0.51g$、$0.62g$、$0.8g$、$1.0g$ 的地震波作用时产生不同开口位移下的荷载试验值与理论计算值 M_θ 进行对比验证，其中理论值 M_θ 由钢绞线根数 m、轴向刚度 k_s、钢绞线变化总长度 Δs、节点未开口时索力 T_0、中间梁段截面面积 A_b、高度 h、惯性矩 I_0、最大静摩擦力 F_{max}、力臂 r 等已知参数代入式中计算，对比结果如表 3-10、表 3-11 所示。

El-Centro 波作用下开口荷载对比　　　　　　表 3-10

峰值加速度	节点开口位移(mm)	试验值(kN·m)	理论值(kN·m)	误差
$0.4g$	0.9	342.1	353.6	3.24%
$0.51g$	1.09	363.3	360.1	0.87%
$0.62g$	1.25	380.7	365.7	4.11%
$0.8g$	2.31	413.9	402.2	2.90%
$1.0g$	3.54	464.4	444.6	4.44%
平均值	—	—	—	3.10%

汶川波作用下开口荷载对比　　　　　　表 3-11

峰值加速度	节点开口位移(mm)	试验值(kN·m)	理论值(kN·m)	误差
$0.4g$	1.34	362.2	368.8	1.79%
$0.51g$	2.21	382.8	398.8	4.01%
$0.62g$	5.01	506.3	495.3	2.21%
$0.8g$	5.59	531.8	515.3	3.20%
$1.0g$	7.00	604.5	563.9	7.19%
平均值	—	—	—	3.68%

由表 3-10 与表 3-11 对比结果可以看出，试验值普遍大于理论值，这可能是由于梁端连接竖板与肋板对节点的紧固作用，使得节点承载力提高，尤其在汶川波 $1.0g$ 作用时现象更为明显。分别用两种波作用时，开口荷载的平均误差均小于 4%，表明理论公式能够较为准确地描述节点受力状态，且采用理论公式设计时更为保守。

2. 自复位梁柱节点耗能系数对比

耗能系数与自复位梁柱节点的耗能能力有关，因汶川波作用下预应力装配式钢框架位移响应更为明显，所以选取该波在 $0.4g$、$0.51g$、$0.62g$、$0.8g$、$1.0g$ 地震波作用时的耗能系数试验值与理论计算值 λ 对比。由理论分析可知耗能系数 λ 主要与节点临界开口弯矩 M_{IGO}、节点闭合瞬间外弯矩 M_{GC} 有关，且 λ 最大值为 0.5，对比结果如表 3-12 所示。

耗能系数 λ 计算　　　　　　表 3-12

地震峰值加速度	M_{IGO}(kN·m)	M_{GC}(kN·m)	耗能系数
$0.4g$	314.6	91.4	0.355
$0.51g$	306.6	121.3	0.302
$0.62g$	333.5	119.7	0.321
$0.8g$	339.1	114.5	0.331
$1.0g$	363.1	130.5	0.320
试验平均值	—	—	0.326
理论计算值	322.6	111.9	0.327

由表 3-12 计算结果可知，试验测得预应力装配式钢框架耗能系数平均值为 0.326，与理论耗能系数 0.327 基本相等，且均小于理论最大值 0.5，因此预应力装配式钢框架在设计时可先通过理论分析计算其节点耗能系数，预测所设计自复位梁柱节点的耗能能力，再调整尺寸。

3. 自复位梁柱节点开口前后框架刚度比值对比

预应力装配式钢框架在较大位移响应时节点产生开口，刚度会产生一定折减。由理论分析可知，刚度比理论值 ξ 主要与 K_1、K_2、K_1' 和 K_2' 有关。如图 3-30 所示，以汶川波在 0.8g 时的荷载-位移曲线为例，其刚度比试验值等于该工况下节点开口后框架正向刚度与负向刚度的平均值与节点开口前框架刚度比值，试验值与理论值对比结果如表 3-13 所示。

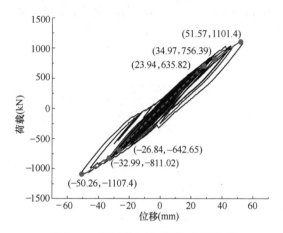

图 3-30 汶川波 0.8g 荷载-位移曲线

自复位梁柱节点开口前后框架刚度比值 ξ　　　　表 3-13

	刚度比值 ξ 计算	
试验值	节点开口后框架正向刚度	20.78kN/m
	节点开口后框架负向刚度	17.14kN/m
	节点开口前框架刚度	25.18kN/m
	ξ	0.75
理论值	$\xi=\dfrac{(6\times0.65+1)(3\times0.28+2)}{(3\times0.28+2)(6\times0.65+1)}=0.77$	

由表 3-13 结果可知，在汶川波 0.8g 作用下，试验测得的节点开口前后框架刚度比值为 0.75，与理论值 0.77 基本相等，表明通过理论分析能够较好地预测节点开口后框架的力学性能，具有较高的精确度。

3.3 两种不同梁柱连接的可恢复功能预应力装配式平面钢框架试验对比研究

本节在课题组研究的基础上进行改进，提出可恢复功能预应力全螺栓装配钢框架 (Resilient Cable Prestressed Prefabricated Steel Frame with All-bolted Connections，简称预应力全螺栓装配钢框架或 ABRPPSF)，对预应力全螺栓装配钢框架（ABRPPSF）进行拟动力试验研究,并与 3.1 节可恢复功能预应力装配式钢框架（RPPSF）拟动力试验结果进行对比,分析两者的位移响应、节点开口、滞回曲线、应变以及索力变化,研究两者的抗震性能。

3.3.1　预应力全螺栓装配钢框架结构构造

预应力全螺栓装配钢框架（ABRPPSF）构造如图 3-31 所示,主要由钢柱和预应力钢梁组成。大、小 L 形钢板通过高强螺栓将钢柱和预应力钢梁上下翼缘连接,钢梁上下翼缘外侧采用大 L 形钢板,上下内侧采用小 L 形钢板,钢柱翼缘与短梁段腹板由盖板通过高强度螺栓进行连接。预应力钢梁则由短梁段、长梁段、预应力钢绞线和摩擦阻尼器等组成。每个短梁段部分包括 H 形钢梁和连接竖板,设置横向和纵向加劲肋,短梁段另一侧通过盖板与长梁段腹板用高强度螺栓连接,且长梁段腹板与盖板之间放置黄铜板,组成摩擦阻尼器。

图 3-31　可恢复功能预应力全螺栓装配钢框架

如图 3-32 所示,预应力钢绞线平行于梁长布置,穿过在长梁段、短梁段的 H 形钢梁腹板上焊接的横向加劲肋作为钢绞线的锚固端,将长梁段和短梁段连接,保证长梁段截面与短梁段连接竖板保持紧密、稳定的接触,同时在横向加劲肋、H 形钢梁腹板和连接竖

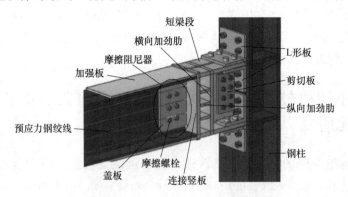

图 3-32　ABRPPSF 节点构造图

板表面焊接小型纵向加劲肋，对横向加劲肋的锚固区域进行加固。加强板焊接在梁端翼缘的外表面，避免梁端翼缘局部屈曲，在长梁段梁腹板上开长孔，允许高强度螺栓滑动。

3.3.2 试验模型

设计采用预应力全螺栓装配钢框架（ABRPPSF）的 4 层原型框架，横向 3 跨纵向 5 跨，其平面布置图如图 3-33 所示。框架首层高度为 4.2m，二到四层的层高均为 3.6m，每跨跨度为 8m，图中方框标记出来的框架采用 ABRPPSF 钢框架或者 RPPSF 钢框架。框架柱和框架梁截面分别为 □400×400×34 和 H588×300×12×20。

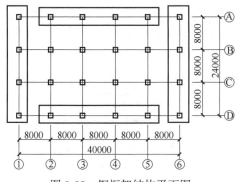

图 3-33 钢框架结构平面图

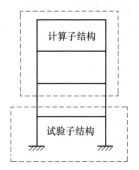

图 3-34 试验结构示意图

图 3-34 为一榀单跨钢框架，为了简化拟动力试验以及最小化试验结果的不利影响，选取第一层作为试验子结构，其他层组成计算子结构。由于实验室条件限制，将原型结构进行缩尺后进行拟动力试验（缩尺比例为 0.75∶1），图 3-35 为试验框架详图。框架柱截面采用与原型结构相应钢柱相同的轴压比确定。表 3-14 为试验构件截面。

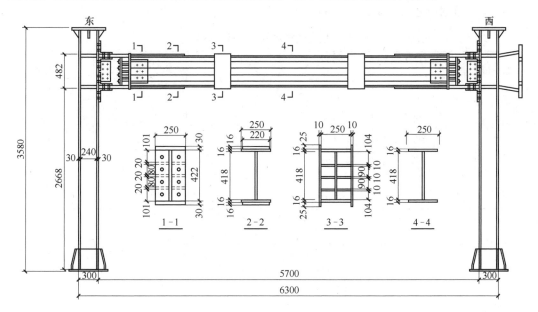

图 3-35 试验框架详图

试验构件截面　　　　　　　　　　表 3-14

构件	构件截面	构件	构件截面
试验框架钢柱	H300×300×20×30	连接竖板	500mm×250mm×30mm
短梁段	H482×250×18×30	大L形钢板	250mm×200mm×24mm
长梁段	H450×250×14×16	小L形钢板	95mm×200mm×24mm
摩擦阻尼器盖板	250mm×330mm×20mm		

为了避免钢柱与短梁段翼缘接触区域局部屈曲，设置厚度 30mm 的加劲肋。在短梁段部分安装的横向和纵向加劲肋厚度分别为 30mm 和 20mm，连接竖板的厚度为 30mm。预应力钢绞线公称直径为 21.8mm，规格为 $\phi 1mm \times 19$，钢绞线实测极限索力 $T_u=580kN$，初始索力 T_0 为 $0.25T_u$，$T_0=145kN$。表 3-31 为钢框架各部位所用高强度螺栓规格和型号。

试验构件高强度螺栓规格　　　　　　　　　　表 3-15

构件	数量	高强度螺栓规格型号
摩擦阻尼器	6	10.9 级 M24 扭剪型
短梁段腹板与钢柱	8	10.9 级 M20 扭剪型
短梁段翼缘与钢柱	12	10.9 级 M20 扭剪型

3.3.3 材料性能

选取试验构件的主要部位钢板留样，试验构件所用钢材均为 Q355B 级，对试验构件所用钢材进行材料性能试验，试验结果如表 3-16 所示。试验所用钢绞线在整个加载过程中始终处于弹性状态，对三组钢绞线进行材料性能试验，试验结果如表 3-17 所示。黄铜板（3mm）与钢板之间的摩擦系数为 0.34。

材料性能试样单轴拉伸试验结果　　　　　　　　　　表 3-16

厚度（mm）	屈服强度（MPa）	抗拉强度（MPa）	伸长率（%）	弹性模量×10^5（MPa）	屈强比
14	384	561	27.0	2.15	1.46
16	392	555	23.3	2.06	1.42
18	381	555	25.3	2.22	1.46
20	384	550	25.7	2.09	1.43
22	388	574	26.8	2.09	1.48
30	350	505	26.5	2.07	1.44

钢绞线材料性能　　　　　　　　　　表 3-17

钢绞线	试件编号	屈服强度(MPa)	抗拉强度(MPa)	弹性模量(GPa)
$\phi 1mm \times 19$	1	1728.3	1894.5	2.03
	2	1727.1	1895.8	2.05
	3	1732.8	1875.4	2.00
	平均值	1729	1899	2.03

3.3.4 试验方案

1. 加载装置和试验设备

拟动力试验加载装置示意图如图 3-36 所示,加载过程由多层结构远程协同拟动力试验平台完成。试验中的水平力由一个 200t 作动器施加,横向作动器两端分别固定在反力墙和钢柱加载端上,固定在反力架上面的三个作动器来施加钢柱和钢梁的竖向荷载。将钢柱固定于底梁,底梁通过锚杆固定在地槽内,同时在每一个底梁上面固定两个压梁。此外,在预应力钢梁两侧对称布置 4 个侧向支撑,以防止结构发生面外失稳,试验装置如图 3-37 所示。

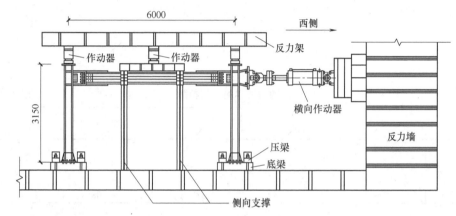

图 3-36 试验装置示意图

图 3-37 试验装置

在试验平台输入楼层质量和理论层间恢复力,楼层质量由原型结构质量和相似关系决定,理论层间恢复力模型为双旗帜模型,如图 3-38 所示。将地震波输入试验平台得出计算结果,控制作动器施加相应位移。通过有限元分析软件 ABAQUS,建立与试验构件尺寸相同的单跨四层有限元模型,对其进行数值模拟,得到各层的力-位移曲线,计算得到刚度和位移数据,作为试验中恢复力模型输入依据,各项数据如表 3-18 所示。

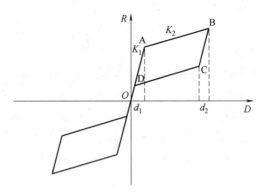

图 3-38 理论层间恢复力模型

K_1—节点开口前刚度；K_2—节点开口后刚度；

d_1—节点临界开口时位移；d_2—节点最大开口转角时位移

拟动力试验输入的参数　　　　　　　　　　表 3-18

楼层	M (t)	K_1 (kN/m)	K_2 (kN/m)	d_1 (mm)	d_2 (mm)
4	162	14176.33	3676.926	24	20
3	162	14178.89	3676.023	24.99	20.30
2	162	13376.77	3692.64	21.6	20.30
1	162	28449.07	10988.33	29.03	23.58

2. 加载制度

选取 El-Centro 波和汶川波两条地震波进行拟动力试验，图 3-39、图 3-40 为两条地震动时程曲线，所用时程记录幅值与持时均满足规范要求。将两条地震动峰值调整为 $0.4g$，利用 SeismoSignal 软件将时程曲线转换为加速度反应谱，如图 3-41 所示。原型结构第一周期为 1.23s，表 3-19 为拟动力试验过程中两条地震波输入峰值加速度数据。

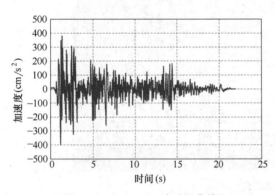

图 3-39 El-Centro 波时程曲线

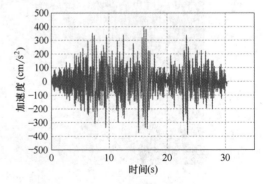

图 3-40 汶川波时程曲线

试验地震波输入峰值加速度数据（单位：Gal）　　表 3-19

地震波	8度(0.2g)多遇	8度(0.2g)设防	8度(0.2g)罕遇	8度(0.3g)罕遇	极罕遇
El-Centro	0.07	0.20	0.40	0.51	—
汶川	0.07	0.20	0.40	0.51	0.62、0.81、1.0、1.2

注："—"表示数据空白。

第3章 可恢复功能预应力装配式平面钢框架性能研究

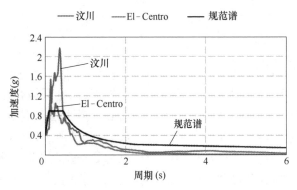

图 3-41 两条地震波加速度反应谱

3. 测量内容

荷载的测量：试验过程中的荷载均由安装在作动器上面的荷载传感器实时记录。

索力的测量：在短梁段的锚固端安装量程为 250kN 的 BK-1 型传感器，通过实验室采集设备实时记录试验过程中的索力变化。

应变的测量：在钢柱柱脚、翼缘、加劲肋以及节点域粘贴应变片和应变花，在 L 形钢板、钢梁腹板、翼缘板粘贴应变片和应变花，在试验加载过程中对各个位置的应变变化进行实时监测，图 3-42 为试件的测点布置图。

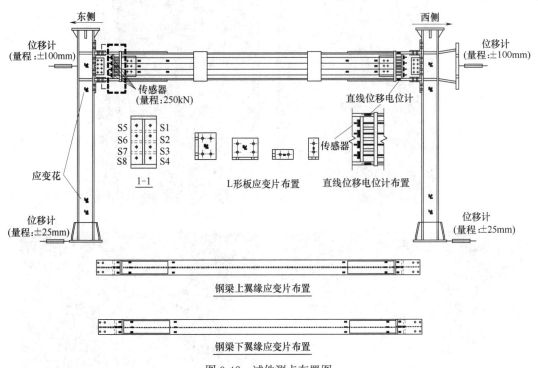

图 3-42 试件测点布置图

位移的测量：钢框架的柱顶位移由布置在两侧的量程为 ±100mm 的位移计记录，同时在柱底两侧各布置一个量程为 ±25mm 的位移计，节点开口位移则由布置在节点开口处的 4 个直线位移电位计来记录。

3.3.5 拟动力试验结果对比分析

1. 试验现象

（1）8度（0.2g）多遇地震

在8度（0.2g）多遇地震作用下，El-Centro波和汶川地震波作用时，预应力全螺栓装配钢框架的最大位移分别为4.95mm和5.67mm，最大层间位移角分别为1/594和1/518，最大水平推力分别为103.6kN和154.43kN。此时由于地震作用较小，梁柱节点未产生开口，结构各典型部位应变均较小，整体结构处于弹性状态，索力在初始索力附近浮动，在El-Centro波和汶川波作用下，最大索力分别为$0.251T_u$和$0.255T_u$，最小索力分别为$0.241T_u$和$0.235T_u$。图3-43为结构在多遇地震8度（0.2g）作用下试验照片。

(a) El-Centro波作用下东侧钢柱　　　　(b) El-Centro波作用下西侧钢柱

(c) 汶川波作用下东侧柱脚　　　　(d) 汶川波作用下西侧柱脚

图3-43　8度（0.2g）多遇地震作用下钢柱最大位移时试验照片

(2) 8度（0.2g）设防地震

图 3-44 为 8 度（0.2g）设防地震作用下预应力全螺栓装配钢框架在两条地震波作用下的位移时程曲线。在 El-Centro 波和汶川波作用下，结构的最大位移分别为 13.34mm 和 17mm，层间位移角分别为 1/220 和 1/173，超过规范的弹性层间位移角限值 1/250，承载力较上一震级增大，最大水平推力分别为 273.6kN 和 422kN。此时，在 El-Centro 地震波作用时，节点未产生开口；当汶川波作用时，节点开口较小，开口转角为 0.12%。结构整体处于弹性状态，长梁段翼缘加强板和长梁段翼缘节点域的应变较大，最大值达到 $-918\mu\varepsilon$ 和 $548\mu\varepsilon$，但均小于屈服应变（$\varepsilon_y = 1800\mu\varepsilon$）。索力变化较小，围绕初始索力上下波动，在 El-Centro 波和汶川波作用下，最大索力分别为 $0.266T_u$ 和 $0.265T_u$，最小索力分别为 $0.237T_u$ 和 $0.229T_u$。图 3-45 为预应力全螺栓装配钢框架在 8 度（0.2g）设防地震作用下的试验照片。

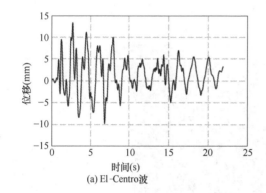 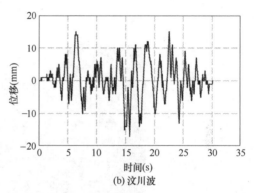

(a) El-Centro波　　　　　　　　　　　　(b) 汶川波

图 3-44　8 度（0.2g）设防地震作用下结构位移时程曲线

(a) El-Centro波作用下东侧柱脚　　　　　　(b) El-Centro波作用下西侧柱脚

图 3-45　8 度（0.2g）设防地震作用下钢柱最大位移时试验照片

(3) 8度（0.2g）罕遇地震

图 3-46 为 8 度（0.2g）罕遇地震作用下预应力全螺栓装配钢框架在两条地震波作用下的位移时程曲线。在两条地震波作用下，结构的最大位移分别达到 20.4mm 和 34mm，层间位移角分别为 1/144 和 1/86，承载力持续增大，最大水平推力分别为 475kN 和 652kN。图 3-47 为结构在 8 度（0.2g）罕遇地震作用下的试验照片。

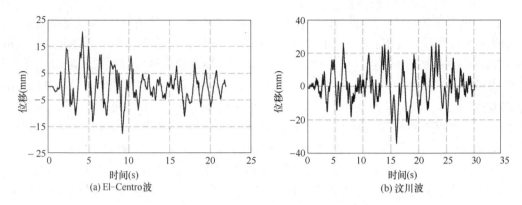

图 3-46　8 度（0.2g）罕遇地震作用下结构位移时程曲线

(a) 整体框架

(b) El-Centro 波作用下东侧钢柱　　(c) El-Centro 波作用下西侧钢柱

图 3-47　8 度（0.2g）罕遇地震作用下最大位移时试验照片（一）

(d) El-Centro波作用下东侧梁柱节点

(e) El-Centro波作用下西侧梁柱节点

(f) 汶川波作用下东侧柱脚

(g) 汶川波作用下西侧柱脚

图 3-47　8 度（0.2g）罕遇地震作用下最大位移时试验照片（二）

在 El-Centro 波作用下，梁柱节点产生开口，节点最大开口转角为 0.14%，在汶川波作用下，梁柱节点最大开口转角与 8 度（0.2g）设防地震作用下开口转角持平，最大开口转角为 0.12%，摩擦阻尼器由于梁柱节点产生开口开始通过摩擦耗散地震能量，结束加载后，开口闭合。此时框架仍处于弹性状态，除长梁段翼缘加强板应变较大，达到 $-1031.3\mu\varepsilon$（未超过屈服应变），其他部位应变均处在较低的水平。预应力钢绞线索力变化范围随着地震等级的增大而扩大，在 EL-Centro 波和汶川波作用下，结构的最大索力分别为 $0.266T_u$ 和 $0.302T_u$，最小索力分别为 $0.252T_u$ 和 $0.232T_u$，最大索力远小于屈服索力，在加载结束后，基本恢复到初始索力。

(4) 8 度（0.3g）罕遇地震

在 8 度（0.3g）罕遇地震作用下，预应力全螺栓装配钢框架在两条地震波作用下的位移时程曲线如图 3-48 所示。结构在 El-Centro 波和汶川波作用下，最大位移分别为 26.6mm 和 43.4mm，层间位移角分别为 1/110 和 1/68，未超过规范的弹塑性层间位移角限值 1/50，结构承载力进一步增大，最大水平推力分别为 544.7kN 和 757.3kN。此时，在 El-Centro 波作用下，梁柱节点开口转角较上一级增量较小，为 0.16%，在汶川波作用下，梁柱节点开口转角较上一级增量较大，达到 0.26%，图 3-49 为钢框架在 8 度（0.3g）罕遇地震作用下的试验照片。在 El-Centro 波和汶川波作用下，最大索力分别为 $0.272T_u$ 和 $0.319T_u$，最小索力分别为 $0.234T_u$ 和 $0.205T_u$，结束加载以后，索力基本恢复到初始索力，节点开口闭合，无残余开口。

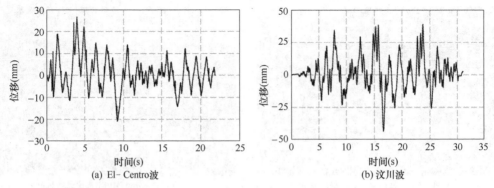

图 3-48　8 度（0.3g）罕遇地震作用下结构位移时程曲线

(a) 汶川波作用下东侧柱脚

(b) 汶川波作用下西侧柱脚

图 3-49　8 度（0.3g）罕遇地震作用下最大位移时试验照片

（5）极罕遇地震作用

将汶川波调幅至不同峰值加速度（PGA）：0.62g、0.8g、1.0g 和 1.2g，对结构施加极罕遇地震作用，以研究其抗震性能。当 PGA=0.62g 时，预应力全螺栓装配钢框架的最大位移为 52.8mm，最大水平推力为 861.5kN，最大层间位移角为 1/56，未超出规范的弹塑性层间位移角限值 1/50。当 PGA=0.81g 时，预应力全螺栓装配钢框架的最大位移达到 63mm，最大水平推力为 981.6kN，最大层间位移角为 1/47，其最大层间位移角超过规范的弹塑性层间位移角限值 1/50，钢框架在震后无残余开口，表现出良好的开口闭合机制。随着地震等级的增大，当 PGA=1.0g 时，钢框架的最大位移为 77.4mm，最大水平推力为 1137.2kN，最大层间位移角为 1/38；当 PGA=1.2g 时，钢框架的最大位移为 103mm，最大水平推力为 1278.4kN，最大层间位移角为 1/29，此时为整个试验过程中的最大层间位移角，在震后结构恢复到初始位置，节点开口闭合，且无残余开口。

图 3-50 为预应力全螺栓装配钢框架在不同震级地震作用下的位移时程曲线，图 3-51 为预应力全螺栓装配钢框架钢柱最大位移时的试验照片。

随着地震等级的增大，梁柱节点开口转角逐渐增大，当 PGA=0.81g 时，最大开口转角为 0.40%，残余开口转角为 0.12%，开口均较小；当 PGA=1.0g 时，最大开口转角为 0.45%；PGA=1.2g 时，最大开口转角为 0.48%，达到整个试验过程中的最大转角，在试验结束后钢框架的残余开口为 0，表现出良好的开口闭合机制。

当 PGA=0.62g 时，预应力全螺栓装配钢框架的最大应变出现在长梁段翼缘加强板部位，最大应变值为 $-1529.5\mu\varepsilon$，钢框架保持弹性状态，且具有良好的可恢复能力；当

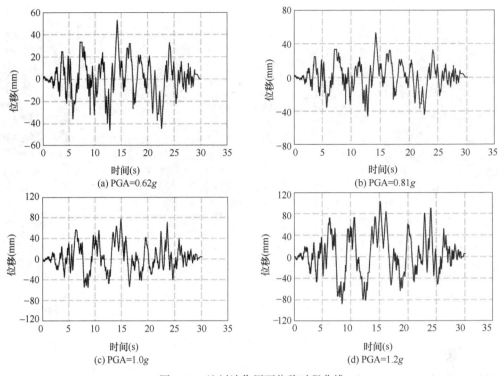

图 3-50 汶川波作用下位移时程曲线

PGA 为 0.81g 和 1.0g 时，钢框架长梁段翼缘加强板开始进入塑性，最大应变达到 $-1960.3\mu\varepsilon$，其他典型部位处于弹性状态；当 PGA=1.2g 时，预应力全螺栓装配钢框架的最大应变部位为节点域区域，最大应变值为 $2746.2\mu\varepsilon$，此时钢框架的柱脚翼缘仍处于弹性状态，具有良好的抗震性能。

当 PGA=0.62g，预应力全螺栓装配钢框架的最大索力为 $0.330T_u$，最小索力为 $0.223T_u$；当 PGA=0.81g 时，钢框架的最大索力为 $0.346T_u$，最小索力为 $0.207T_u$。随

(a) PGA=0.62g
东侧钢柱

(b) PGA=0.62g
西侧钢柱

(c) PGA=0.81g
东侧钢柱

(d) PGA=0.81g
西侧钢柱

图 3-51 汶川波作用下钢柱最大位移试验照片（一）

(e) PGA=1.0g 东侧钢柱　　(f) PGA=1.0g 西侧钢柱　　(g) PGA=1.2g 东侧钢柱　　(h) PGA=1.2g 西侧钢柱

图 3-51　汶川波作用下钢柱最大位移试验照片（二）

着地震等级增大，索力变化也随之增大；当 PGA=1.0g 时，钢框架的最大索力为 $0.336T_u$，最小索力为 $0.212T_u$；当 PGA=1.2g 时，钢框架的最大索力为 $0.419T_u$，最小索力为 $0.207T_u$。在试验过程中，钢绞线的索力变化较小，节点开口闭合机制良好，说明试验的预应力钢绞线的张拉和锚固方法是可靠的，设定的初始索力值是可以满足要求的。

2. 位移响应

图 3-52 为 ABRPPSF 和 RPPSF 在 El-Centro 波不同震级作用下的位移响应，从图中可以看出，两者表现出大致相同的变化趋势。表 3-20 为在 El-Centro 波作用下 ABRPPSF 和 RPPSF 的最大位移响应和层间位移角。在 8 度（0.2g）多遇地震作用下，ABRPPSF 和 RPPSF 的最大位移均处于较低的水平，分别为 4.95mm 和 3.74mm，相应的层间位移角分别为 1/594 和 1/786。在 8 度（0.2g）设防地震作用下，ABRPPSF 的最大位移为 13.34mm，层间位移角为 1/220，而此时 RPPSF 的最大位移要相对小一些，为 9.37mm，层间位移角为 1/334。在 8 度（0.2g）罕遇地震作用下，两种钢框架位移响应均较大，ABRPPSF 和 RPPSF 的最大位移分别为 20.4mm 和 18.06mm，层间位移角分别为 1/144 和 1/163。在 8 度（0.3g）罕遇地震作用下，ABRPPSF 和 RPPSF 的最大位移分别为 26.6mm 和 23.36mm，层间位移角分别为 1/110 和 1/126。

结果表明，相对于 RPPSF，ABRPPSF 在不同震级 El-Centro 波作用下的位移响应均有所增大，表明 ABRPPSF 的横向刚度要小于 RPPSF。在 8 度（0.3g）罕遇地震作用下，ABRPPSF 和 RPPSF 的最大层间位移角分别为 1/110 和 1/126，两者的最大层间位移角均不超过规范的弹塑性层间位移角限值 1/50，在试验加载后，均回到初始位置，两种结构均较为安全。

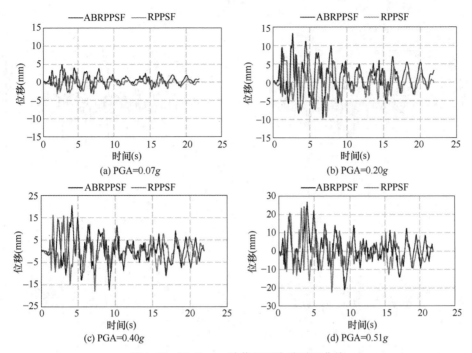

图 3-52 El-Centro 波作用下位移时程曲线

不同震级地震波作用下 ABRPPSF 和 RPPSF 的位移和层间位移角　　表 3-20

地震波	PGA	最大位移(mm)		最大层间位移角	
		ABRPPSF	RPPSF	ABRPPSF	RPPSF
El-Centro	0.07g	4.95	3.74	1/594	1/786
	0.20g	13.34	9.37	1/220	1/314
	0.40g	20.4	18.06	1/144	1/163
	0.51g	26.6	23.36	1/110	1/126
汶川	0.07g	5.67	5.56	1/518	1/529
	0.20g	17	17.21	1/173	1/171
	0.40g	34	27.96	1/86	1/105
	0.51g	43.4	36.37	1/68	1/81
	0.62g	52.8	45.68	1/56	1/65
	0.81g	63	52.29	1/47	1/56
	1.0g	77.4	65.05	1/38	1/45
	1.2g	103	87.69	1/29	1/34

图 3-53 为两种钢框架在汶川波作用下的位移响应。从 8 度（0.2g）多遇地震到 8 度（0.2g）罕遇地震，可以看出，由于 ABRPPSF 的侧向刚度小于 RPPSF，ABRPPSF 具有更大的位移响应。相对于 El-Centro 波，汶川波作用下的两种钢框架的位移响应均明显增大，在不同震级的汶川波作用下 RPPSF 和 ABRPPSF 的最大位移和最大层间位移角如表 3-20 所示。如图 3-53（d）～（h）和表 3-20 所示，在 8 度（0.3g）罕遇地震作用下，两种钢框架的位移响应变化趋势基本相同，且 ABRPPSF 的最大位移较大。为研究两种钢框架在极罕遇地震作用下的抗震性能，将汶川波峰值加速度调整到 0.62g、0.81g、1.0g 和 1.2g

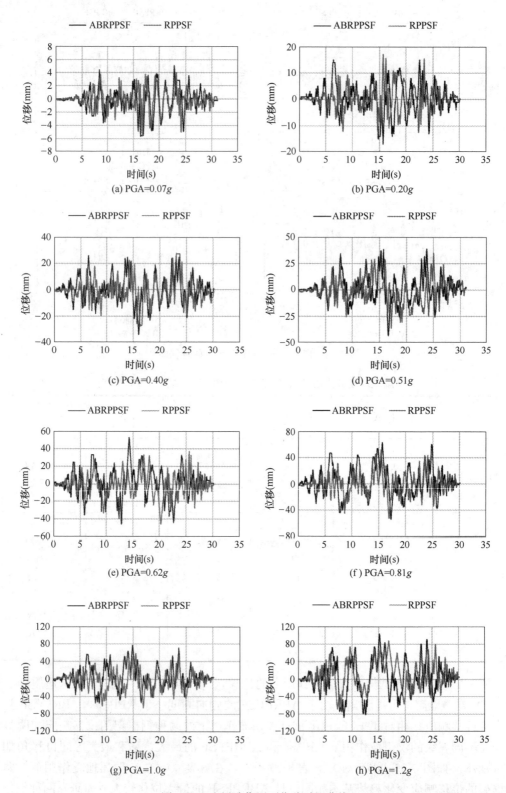

图 3-53 汶川波作用下位移时程曲线

然后输入到设备当中。当 PGA＝0.62g 时，ABRPPSF 和 RPPSF 的最大位移分别为 52.8mm 和 45.68mm，最大层间位移角分别为 1/56 和 1/47，ABRPPSF 的最大位移较 RPPSF 增大了 15.6%；当 PGA＝0.81g 时，两种钢框架的最大位移分别为 63mm 和 52.29mm，最大层间位移角分别为 1/47 和 1/56，ABRPPSF 较 RPPSF 增大了 20.5%，其最大层间位移角超过规范的弹塑性层间位移角限值 1/50，但两种钢框架在震后均基本恢复到初始位置。随着地震震级的增大，ABRPPSF 较 RPPSF 每一级的最大位移增大量基本在 20% 左右波动，当 PGA＝1.0g 时，两种钢框架的最大位移分别为 77.4mm 和 65.05mm，最大层间位移角分别为 1/38 和 1/45；当 PGA＝1.2g 时，两种钢框架的最大位移分别为 103mm 和 87.69mm，最大层间位移角分别为 1/29 和 1/34，ABRPPSF 和 RPPSF 的最大位移分别增大 18.98% 和 17.46%。由此可以得出，两种钢框架的位移响应表现出相似的变化趋势，改进后的 ABRPPSF 的侧向刚度小于 RPPSF，且其位移响应更大。

3. 节点开口

表 3-21 为 El-Centro 波和汶川波作用下的两种钢框架梁柱节点开口数据。由此可知，RPPSF 较 ABRPPSF 具有更大的节点开口。随着地震等级的增大，两种钢框架在两条地震波的作用下梁柱节点开口的趋势更加明显。在同一等级水平地震作用下，ABRPPSF 的梁柱节点开口要小于 RPPSF，且两种钢框架的残余开口转角均较小或者无残余开口，说明两种结构均具有良好的开口闭合机制，在地震作用下通过梁柱节点产生开口进行摩擦耗能，震后通过预应力钢绞线实现结构功能可恢复，有效保护主体结构不受损坏。

不同震级地震波作用下两种钢框架的最大开口转角和残余开口转角　　表 3-21

地震波	地震等级	最大开口转角		残余开口转角	
		ABRPPSF	RPPSF	ABRPPSF	RPPSF
El-Centro	PGA＝0.07g	0.04%	0.03%	0.00%	0.00%
	PGA＝0.20g	0.06%	0.07%	0.00%	0.01%
	PGA＝0.40g	0.14%	0.21%	0.01%	0.03%
	PGA＝0.51g	0.16%	0.32%	0.02%	0.07%
汶川	PGA＝0.07g	0.03%	0.05%	0.01%	0.00%
	PGA＝0.20g	0.12%	0.21%	0.00%	0.13%
	PGA＝0.40g	0.12%	0.38%	0.00%	0.06%
	PGA＝0.51g	0.26%	0.58%	0.00%	0.02%
	PGA＝0.62g	0.38%	1.23%	0.00%	0.01%
	PGA＝0.81g	0.40%	1.38%	0.00%	0.01%
	PGA＝1.0g	0.45%	1.68%	0.12%	0.02%
	PGA＝1.2g	0.48%	1.96%	0.00%	0.00%

4. 滞回曲线

图 3-54（a）～（d）为在 El-Centro 波作用下两种钢框架滞回曲线的对比。在 8 度（0.2g）多遇和 8 度（0.2g）设防地震作用下，滞回曲线呈线性变化，两种钢框架均处于弹性状态。从 8 度（0.2g）罕遇地震开始，两榀钢框架梁柱节点开始出现开口，进行摩擦耗能，出现滞回环。在 8 度（0.3g）罕遇地震作用下，梁柱节点开口继续增大，耗能

增大，滞回环面积达到最大，此时 ABRPPSF 和 RPPSF 的最大层间位移角分别为 1/100 和 1/126，小于规范的弹塑性层间位移角限值 1/50。从图中可以看出，ABRPPSF 在震级较小时承载力低于 RPPSF，随着震级增大，ABRPPSF 的承载力逐渐与 RPPSF 持平，且 ABRPPSF 延性和耗能能力更好。两种钢框架均可在震后回到初始位置，表现出良好的可恢复能力。

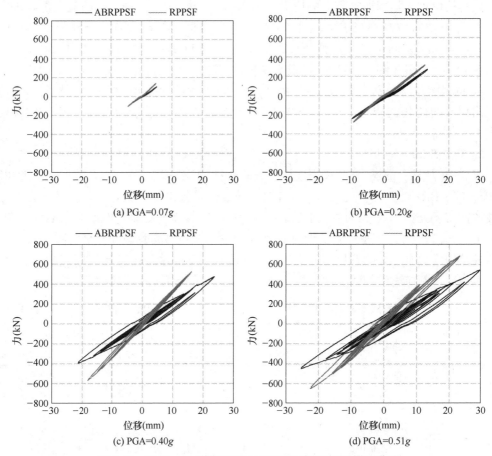

图 3-54 El-Centro 波作用下 ABRPPSF 和 RPPSF 滞回曲线

图 3-55 为汶川波作用下 ABRPPSF 和 RPPSF 滞回曲线。在 8 度（0.2g）多遇地震作用下，两种钢框架滞回曲线呈线性变化。在 8 度（0.2g）设防地震作用下，两种钢框架的梁柱节点开口出现，开始出现滞回环。在 8 度（0.2g）罕遇地震作用下，滞回曲线开始出现滞后现象，随着梁柱节点开口的增大，耗能逐渐增大。在 8 度（0.3g）罕遇地震作用下，由于 RPPSF 柱脚产生滑移，致使滞回曲线发生突变，此时两种钢框架耗能均有所增大。在极罕遇地震作用下，当 PGA=0.62g 时，两榀钢框架的承载力均有所提高，耗能继续增大。当 PGA 为 0.81g、1.0g 和 1.2g 时，两种钢框架的滞回环面积持续增大，当 PGA=1.2g 时，ABRPPSF 和 RPPSF 的承载力均达到试验过程中的最大值，且未达到峰值，两种钢框架最大层间位移角分别为 1/29 和 1/34，虽超过规范的弹塑性层间位移角限值 1/50，但两种钢框架在震后均恢复到初始位置。从图中可以看出，ABRPPSF 在震级较小时承载力低于 RPPSF，随着震级增大，ABRPPSF 的承载力逐渐与 RPPSF 持平甚至超越。

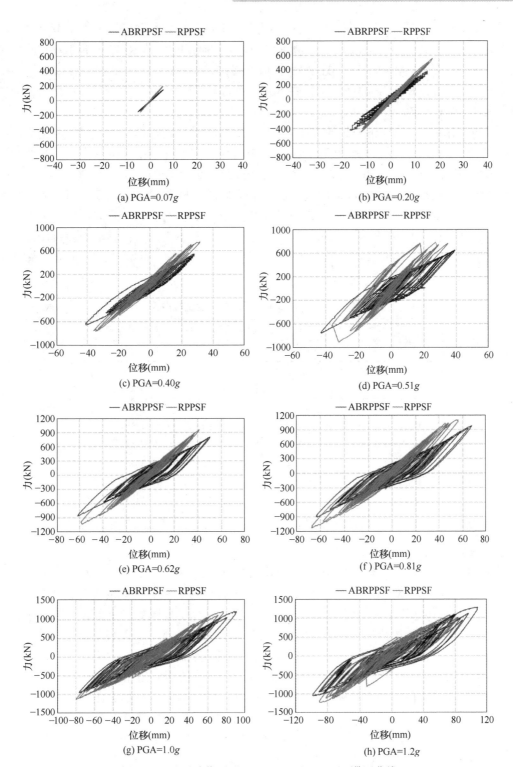

图 3-55 汶川波作用下 ABRPPSF 和 RPPSF 滞回曲线

5. 耗能能力

表 3-22 为两种钢框架在 El-Centro 波和汶川波作用下的等效黏滞阻尼系数和能量耗散

数据。El-Centro 波作用时，两种钢框架的等效黏滞阻尼系数和耗能随着梁柱节点开口增大而逐渐增大，在 8 度（0.2g）罕遇地震作用下，ABRPPSF 和 RPPSF 的等效黏滞阻尼系数分别为 0.131 和 0.055，能量耗散值分别为 4591kN·mm 和 1793kN·mm，ABRPPSF 耗能是 RPPSF 的 2.5 倍，在 8 度（0.3g）罕遇地震作用下，ABRPPSF 耗能是 RPPSF 的 1.8 倍。

汶川波作用时，ABRPPSF 的等效黏滞阻尼系数在前期有小范围的波动，后期有所提高，RPPSF 的等效黏滞阻尼系数随着地震等级的增大基本处于增长的状态，但始终要小于 ABRPPSF。ABRPPSF 的能量耗散值在各个震级一直大于 RPPSF，当 PGA=1.2g 时，ABRPPSF 和 RPPSF 的等效黏滞阻尼系数和能量耗散值均达到最大，此时两者的等效黏滞阻尼系数分别为 0.301 和 0.267，能量耗散值分别为 124359kN·mm 和 92079kN·mm，ABRPPSF 能量耗散值是 RPPSF 的 1.35 倍。结果表明，两种钢框架通过梁柱节点开口耗散地震能量，从而保护主体结构，且梁柱节点都具有良好的开口闭合机制，震后无残余开口，且 ABRPPSF 的耗能能力要优于 RPPSF。

两种钢框架等效黏滞阻尼系数和能量耗散值   表 3-22

地震波	地震等级	等效黏滞阻尼系数		能量耗散值(kN·mm)	
		ABRPPSF	RPPSF	ABRPPSF	RPPSF
El-Centro	PGA=0.40g	0.131	0.055	4591	1793
	PGA=0.51g	0.167	0.093	8486	4716
汶川	PGA=0.20g	0.131	0.0668	2902	1984
	PGA=0.40g	0.172	0.136	14581	11536
	PGA=0.51g	0.229	—	23321	—
	PGA=0.62g	0.215	0.131	36156	24054
	PGA=0.81g	0.227	0.175	47644	41899
	PGA=1.0g	0.207	0.178	61718	54452
	PGA=1.2g	0.301	0.267	124359	92079

6. 应变分析

在 8 度（0.2g）多遇地震作用下，两种钢框架梁柱节点未产生开口，试件和预应力钢绞线处于弹性状态。对 ABRPPSF 和 RPPSF 两种钢框架在 8 度（0.2g）设防地震和 8 度（0.2g）罕遇地震作用下的应变发展情况进行对比，研究了柱脚翼缘上部、柱节点域、长梁段翼缘加强板、短梁段翼缘、柱脚翼缘下部、柱脚翼缘上部和长梁段翼缘梁这些典型部位的应变发展。根据完成的材料性能试验，图中屈服应变 $\varepsilon_y = 1800\mu\varepsilon$。

在 El-Centro 波作用下，在 8 度（0.2g）设防地震和 8 度（0.3g）罕遇地震作用下，两种钢框架典型部位的应变时程曲线如图 3-56 和图 3-57 所示。可以看出，两种钢框架基本在同一水平，应变都相对较低，除了加强板，RPPSF 的柱脚翼缘上部和下部的应变要大于 ABRPPSF 相对应部位的应变。同时，峰值应变出现在 ABRPPSF 的加强板处，达到 $-1132.7\mu\varepsilon$，但仍低于屈服应变，两种钢框架在加载过程中均保持弹性状态。

图 3-58～图 3-63 为两种钢框架在汶川波作用下典型部位的应变时程曲线，具体数据见表 3-23。当地震作用较小时，两种钢框架典型部位的应变均处于弹性状态，应变值较小。在极罕遇地震作用下，当 PGA=0.62g 时，ABRPPSF 和 RPPSF 的最大应变出现在

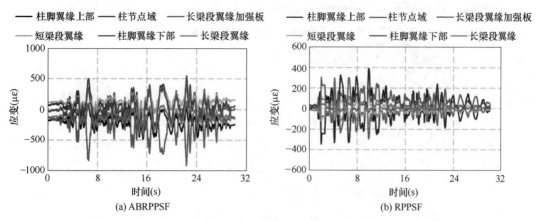

图 3-56　El-Centro 波作用下典型部位的应变时程曲线 （PGA＝0.20g）

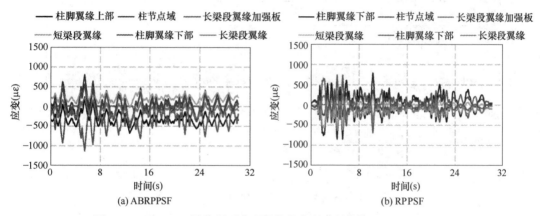

图 3-57　El-Centro 波作用下典型部位的应变时程曲线 （PGA＝0.51g）

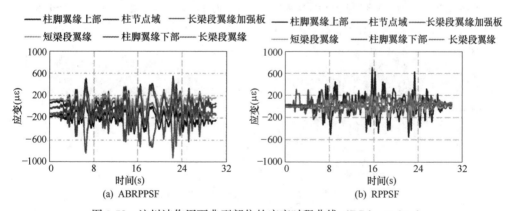

图 3-58　汶川波作用下典型部位的应变时程曲线 （PGA＝0.20g）

节点域和柱脚翼缘，最大应变值分别为 －1529.5με 和 －1522.9με，未超过屈服应变，两种钢框架均保持弹性状态，且具有良好的可恢复能力。当 PGA＝0.81g 时，ABRPPSF 柱脚翼缘下部开始进入塑性，但 RPPSF 的同位置仍然处于弹性状态，此时两者的最大层间位移角分别达到 1/47 和 1/56。当 PGA＝1.2g 时，ABRPPSF 的最大应变出现在节点域而 RPPSF 的最大应变出现在柱脚翼缘，最大应变值分别为 2746.2με 和 －2198.8με，最大

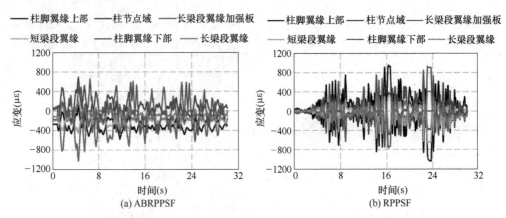

图 3-59　汶川波作用下典型部位的应变时程曲线（PGA=0.40g）

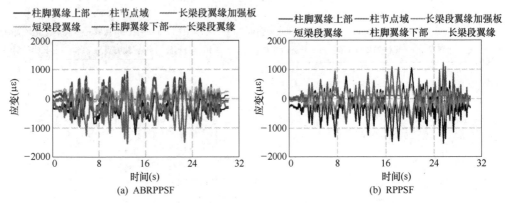

图 3-60　汶川波作用下典型部位的应变时程曲线（PGA=0.62g）

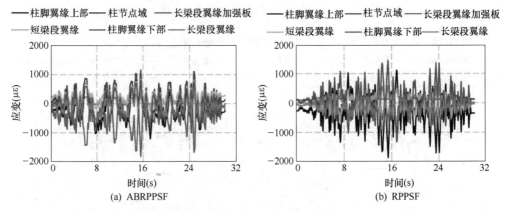

图 3-61　汶川波作用下典型部位的应变时程曲线（PGA=0.81g）

层间位移角分别为 1/29 和 1/34，超过了规范的弹塑性层间位移角限值 1/50，此时 ABRPPSF 的柱脚翼缘仍处于弹性状态。两种钢框架均在震后回到初始位置，具有良好的抗震性能。

在整个加载过程中，大 L 形钢板和小 L 形钢板均处于弹性状态，其最大应变均出现在汶川波作用下，当 PGA=1.2g 时，两者的最大应变分别为 1392.2$\mu\varepsilon$ 和 1049.3$\mu\varepsilon$，始终处于弹性状态，且无明显变形，表明全螺栓连接的梁柱节点是可靠的。

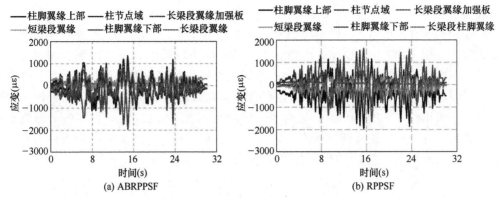

图 3-62 汶川波作用下典型部位的应变时程曲线（PGA=1.0g）

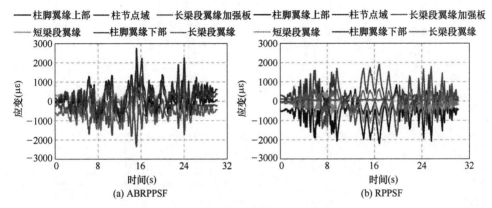

图 3-63 汶川波作用下典型部位的应变时程曲线（PGA=1.2g）

汶川波作用下两种钢框架典型区域最大应变（单位：με）　　表 3-23

钢框架	PGA	柱脚翼缘上部	节点域	加强板	短梁段翼缘	柱脚翼缘下部	大L形钢板	小L形钢板
ABRPPSF	0.07g	271.3	202.3	87.68	126.94	201.96	208.6	119.5
	0.20g	487.0	548.0	−918.0	377.0	448.0	387.0	313.0
	0.40g	580.3	700.0	−1031.3	451.0	666.0	707.0	671.0
	0.51g	1090.1	808.7	−1132.7	580.4	745.5	861.5	984.6
	0.62g	−1218.4	−899.4	−1529.5	685.0	823.8	958.4	1039.5
	0.81g	1214.1	1168.8	−1820.7	863.8	843.4	1021.5	1148.1
	1.0g	1267.8	1364.6	−1960.3	974.4	1035.3	1140.9	1119.1
	1.2g	1746.7	2746.2	2349.7	1079.9	1615.6	1392.2	1049.3
RPPSF	0.07g	236.5	98.6	27.2	65.1	182.2	—	—
	0.20g	700.1	307.5	144.0	278.2	569.9	—	—
	0.40g	1044.1	385.8	487.8	666.5	932.2	—	—
	0.51g	1136.2	472.4	764.4	732.0	1031.1	—	—
	0.62g	−1522.9	536.1	1148.3	882.5	1229.3	—	—
	0.81g	1854.6	605.2	1320.7	995.01	1458.6	—	—
	1.0g	1944.8	640.4	1643.4	1053.6	1624.9	—	—
	1.2g	−2198.8	745.5	1809.4	1235.5	1904.8	—	—

7. 索力变化

两种钢框架在 8 度（0.2g）罕遇和 8 度（0.3g）罕遇 El-Centro 波作用下钢绞线的索力变化如图 3-64 和图 3-65 所示，图中纵坐标表示索力与极限索力（$T_u=580$kN）的比值。两种钢框架的初始索力 T_0 为 $0.25T_u$，既能够提供足够的可恢复能力，又可以避免钢绞线屈服的潜在问题。在 El-Centro 波作用下，钢绞线索力值变化始终处于较小的范围，最大索力出现在 8 度（0.3g）罕遇地震作用时，达到 $0.272T_u$，且在各个震级地震作用结束后，索力基本恢复到初始索力附近，节点无残余开口。表 3-24 为两种钢框架在两条不同震级地震波作用下的最大索力与极限索力的比值。

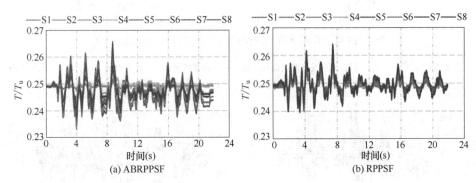

图 3-64　在 El-Centro 波作用下索力变化（PGA=0.40g）

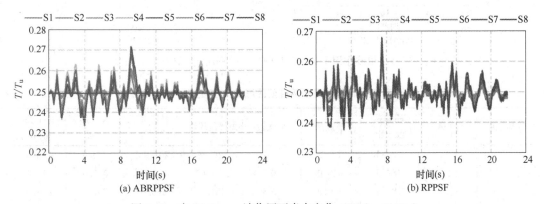

图 3-65　在 El-Centro 波作用下索力变化（PGA=0.51g）

图 3-66～图 3-71 为两种钢框架在 8 度（0.2g）罕遇、8 度（0.3g）罕遇以及极罕遇地震作用下的索力变化。与 El-Centro 波作用下相似，在 8 度（0.2g）设防地震作用下，索力的变化范围较小，围绕初始索力波动。随着梁柱节点开口的增大，索力的变化幅度也随之增大。在 8 度（0.2g）罕遇地震作用下，ABRPPSF 和 RPPSF 的最大索力分别为 $0.302T_u$ 和 $0.281T_u$，在 8 度（0.3g）罕遇地震作用下，两者的最大索力分别为 $0.319T_u$ 和 $0.278T_u$，变化较小。

在极罕遇地震作用下，当 PGA=0.62g 时，ABRPPSF 和 RPPSF 的最大索力分别为 $0.330T_u$ 和 $0.323T_u$。当 PGA=0.81g 时，ABRPPSF 和 RPPSF 的最大索力分别增大到 $0.305T_u$ 和 $0.336T_u$。随着地震等级增大，索力变化也随之增大。当 PGA=1.0g 时，ABRPPSF 和 RPPSF 的最大索力分别增大到 $0.336T_u$ 和 $0.359T_u$。当 PGA=1.2g 时，

ABRPPSF 和 RPPSF 的最大索力分别增大到 $0.419T_u$ 和 $0.364T_u$。在 PGA＝$0.62g$～$1.2g$ 时，在汶川波作用下，两种钢框架的索力变化如表 3-24 所示，可以看出，总体上 ABRPPSF 的最大索力要小于 RPPSF，这是由于 L 形钢板的弹性变形以及短梁段盖板和长梁段腹板连接处的高强度螺栓的滑移，但总体的趋势表现相同，说明试验的预应力钢绞线的张拉和锚固方法是可靠的，设定的初始索力值是可以满足要求的，两种钢框架在地震作用下的最大索力要远小于极限索力，且试验结束后无残余开口。

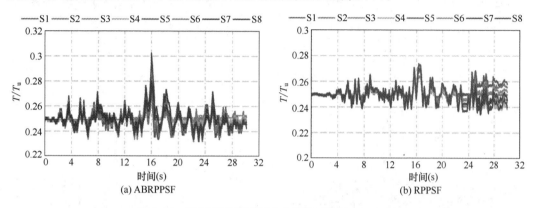

图 3-66　在汶川波作用下索力变化（PGA＝$0.40g$）

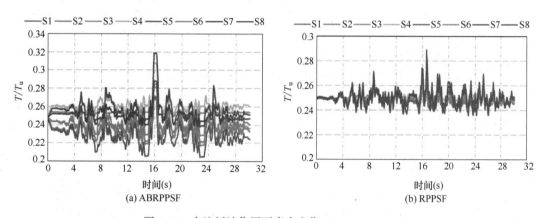

图 3-67　在汶川波作用下索力变化（PGA＝$0.51g$）

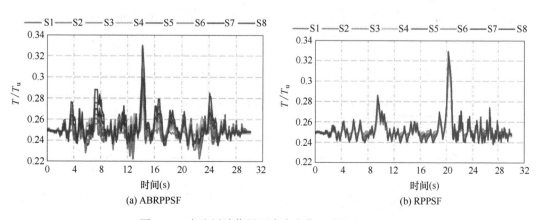

图 3-68　在汶川波作用下索力变化（PGA＝$0.62g$）

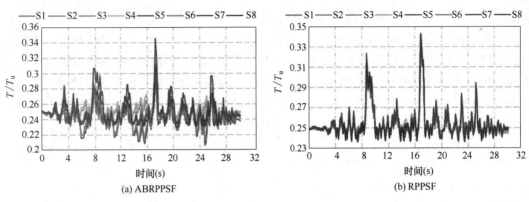

图 3-69 在汶川波作用下索力变化（PGA=0.81g）

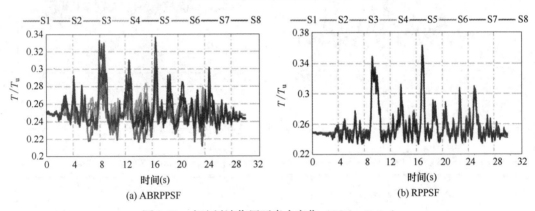

图 3-70 在汶川波作用下索力变化（PGA=1.0g）

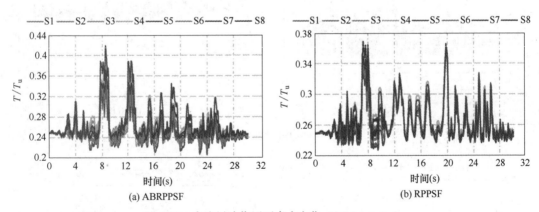

图 3-71 在汶川波作用下索力变化（PGA=1.2g）

在不同震级地震波作用最大索力与极限索力比值　　　　　表 3-24

钢绞线编号	钢框架	El-Centro		汶川				
		0.40g	0.51g	0.51g	0.62g	0.81g	1.00g	1.2g
S1	ABRPPSF	0.263	0.258	0.269	0.300	0.304	0.295	0.343
	RPPSF	0.260	0.263	0.277	0.320	0.335	0.358	0.364
S2	ABRPPSF	0.258	0.252	0.272	0.293	0.300	0.287	0.349
	RPPSF	0.258	0.261	0.274	0.317	0.331	0.354	0.359

续表

钢绞线编号	钢框架	El-Centro		汶川				
		0.40g	0.51g	0.51g	0.62g	0.81g	1.00g	1.2g
S3	ABRPPSF	0.252	0.261	0.285	0.292	0.307	0.291	0.366
	RPPSF	0.262	0.265	0.281	0.318	0.332	0.351	0.355
S4	ABRPPSF	0.259	0.270	0.208	0.311	0.329	0.313	0.391
	RPPSF	0.263	0.268	0.288	0.329	0.341	0.361	0.364
S5	ABRPPSF	0.266	0.268	0.270	0.307	0.307	0.306	0.349
	RPPSF	0.262	0.264	0.279	0.318	0.335	0.356	0.361
S6	ABRPPSF	0.264	0.261	0.282	0.306	0.312	0.306	0.363
	RPPSF	0.258	0.259	0.273	0.313	0.327	0.348	0.354
S7	ABRPPSF	0.257	0.272	0.288	0.300	0.312	0.303	0.372
	RPPSF	0.263	0.264	0.279	0.318	0.332	0.351	0.357
S8	ABRPPSF	0.265	0.249	0.319	0.330	0.346	0.336	0.419
	RPPSF	0.264	0.268	0.289	0.329	0.343	0.364	0.369

3.4 本章小结

本章3.1节和3.2节对一榀可恢复功能预应力装配式平面钢框架进行了拟动力试验研究，研究了钢框架在地震作用下的抗震性能，并进行了可恢复功能预应力装配式钢框架体系的理论分析与试验验证，得出以下结论：

（1）可恢复功能预应力装配式平面钢框架在相当于8度（0.2g）多遇、设防、罕遇和8度（0.3g）罕遇地震作用下，最大层间位移角分别为1/218、1/103、1/50和1/44，其中8度（0.2g）多遇和8度（0.3g）罕遇地震作用下最大层间位移角虽已超出了普通钢框架的弹性和弹塑性限值，但地震动后框架柱恢复到了初始位置，表现出了良好的开口闭合机制。

（2）可恢复功能预应力装配式平面钢框架试验结束后的钢绞线索力降低在8%以内，说明钢绞线、锚具性能和钢预应力的施加方法是可靠的。这也为罕遇地震后结构能够正常使用和承受较大和多次余震作用奠定了良好的基础。

（3）从整个可恢复功能预应力装配式平面钢框架典型部位的应变时程和最大塑性应变值来看，在8度（0.2g）多遇、设防地震作用下，结构无塑性、无损伤；在罕遇地震作用下除长梁段翼缘加强板塑性应变较大外，柱节点域腹板、柱节点域翼缘、柱脚翼缘、柱脚腹板和短梁翼缘等主体结构的应变值均未超过屈服应变的2倍，主体结构仍能正常使用，整个结构实现了震后自动复位和恢复结构功能的目标。

（4）将自复位梁柱节点开口荷载、耗能系数、节点开口前后框架刚度比值的理论计算值与试验值进行对比，结果表明理论值与试验值基本相等，表明理论分析合理，且理论公式具有较高的精确性。

本章3.3节提出了一种可恢复功能预应力全螺栓装配钢框架并进行了拟动力试验研究，对比分析了两类可恢复功能预应力钢框架的抗震性能，得出以下结论：

（1）在8度（0.2g）多遇地震作用下，两种钢框架在地震作用下均保持弹性状态，滞回曲线呈线性，预应力钢绞线索力在初始索力附近波动，可恢复功能预应力全螺栓装配钢框架的侧向刚度要略小于可恢复功能预应力装配式钢框架。两种钢框架均达到在多遇地震作用下无节点开口和损坏设计目标。

（2）在 8 度（0.2g）设防地震作用下，两种钢框架的梁柱节点开口均保持在较低的水平。加载结束后，梁柱节点开口闭合，无残余开口，两种结构均处于弹性状态。达到"在设防地震作用下梁柱节点开口耗散能量，不破坏主体结构"的设计目标。

（3）在 8 度（0.2g）罕遇和 8 度（0.3g）罕遇地震作用下，可恢复功能预应力全螺栓装配钢框架和可恢复功能预应力装配式钢框架的位移响应、索力变化与应变发展等结果呈现出相似的趋势，表明可恢复功能预应力全螺栓装配钢框架能达到与可恢复功能预应力装配式钢框架相似的性能，两种钢框架表现出良好的抗震性能，可恢复功能预应力全螺栓装配钢框架与可恢复功能预应力装配式钢框架性能基本一致。可恢复功能预应力全螺栓装配钢框架可实现全装配，具有安装更加高效简捷的优势。

第 4 章

可恢复功能预应力平面钢框架减震体系性能研究

本章对带有单、双中间柱的可恢复功能预应力装配式平面钢框架减震体系子结构进行了拟动力试验，开展了可恢复功能预应力装配式平面钢框架-中间柱型阻尼器减震体系理论分析。进一步设计了一个8层带中间柱的可恢复功能预应力钢框架，选取两层子结构进行拟动力试验和拟静力试验，分析了框架整体侧移、节点开口、中间柱滑动、索力变化及螺栓预紧力变化、应力应变分布趋势等，研究该体系的抗震性能及其震后恢复结构功能的能力。同时设计了一榀带有开缝钢板剪力墙的可恢复功能预应力装配式钢框架并进行拟静力试验，研究结构的滞回性能、刚度退化、复位性能以及结构在往复荷载作用下的破坏模式和特征等力学性能。利用有限元软件ABAQUS对拟静力试验进行了数值模拟，并将数值模拟结果与试验结果进行了对比验证。

4.1 RPPSF平面钢框架不同减震体系拟动力试验对比研究

本节对带有单、双中间柱的可恢复预应力装配式减震平面钢框架减震体系进行拟动力子结构试验对比研究。按照8度（$0.2g$）多遇、设防、罕遇和8度半罕遇（$0.3g$）四个不同的震级以及更高等级地震作用，分别将汶川波和El-Centro波调幅至不同峰值加速度（$0.07g$、$0.2g$、$0.4g$和$0.51g$，$0.62g$，$0.8g$，$1.0g$）。从结构整体侧移、节点开口、中间柱滑动、索力变化、螺栓预紧力变化及应力应变分布趋势等方面研究结构力学性能。

4.1.1 试验模型

根据可恢复功能预应力装配式钢框架的特性以及《建筑抗震设计规范》GB 50011—2010（2016年版），设计一个4层3×5跨使用年限为50年的可恢复功能预应力装配式钢框架，安全等级二级，设计基本地震加速度为$0.2g$，北京地区设防烈度为8度，场地类别为Ⅲ类，楼面恒荷载取$7.0kN/m^2$，楼面活荷载和屋面活荷载均取$2.0kN/m^2$，雪荷载取北京地区100年一遇雪风$0.45kN/m^2$。结构平面图如图4-1所示。

图中方框内为可恢复功能预应力装配式钢框架，内部为普通钢框架且梁柱采用铰接连接。框架梁截面为H588×300×12×20，框架柱截面为□400×400×34。首层层高4.2m，其余层高3.6m。钢绞线采用$\phi 1mm \times 19$规格，直径21.6mm，公称面积$285mm^2$，名义极限强度1860MPa。中间柱截面为H300×250×16×18，与摩擦阻尼器连接处每侧选用6个M20的高强度螺栓。

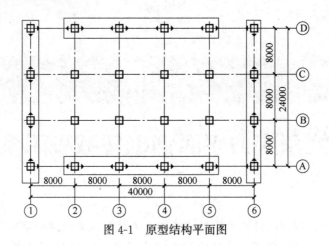

图 4-1 原型结构平面图

设计制作两个试验模型，分别为可恢复功能预应力装配式钢框架-单中间柱型阻尼器（Resilient Cable Prestressed Prefabricated Steel Frame with One Intermediate Column Friction damper，以下简称 OICRPPSF）及可恢复功能预应力装配式钢框架-双中间柱型阻尼器（Resilient Cable Prestressed Prefabricated Steel Frame with Two Intermediate Column Friction damper，以下简称 TICRPPSF），两个试验模型除中间柱摩擦阻尼器数量不同外，其余各部分尺寸、构造均相同。选取原型结构底部中间一层柱脚易出现塑性变形的一榀可恢复功能钢框架作为试验子结构（缩尺比例为 0.75：1），层高 3.15m，跨度 6m，框架梁长梁段截面为 H450×250×14×16，短梁段截面为 H482×250×14×30，框架柱截面为 H300×300×20×30，柱加劲肋厚为 30mm，短梁因承担锚具压力所需的横向加劲肋和纵向加劲肋厚度分别为 30mm 和 20mm，与长梁挤压贴合的连接竖板厚为 30mm，长梁段翼缘加强板长 800mm，厚 16mm，耗能用螺栓为 6 个 M24 高强度螺栓，梁柱连接螺栓为 8 个 M20 扭剪型高强度螺栓，强度等级均为 10.9 级。每根框架梁采用 8 根国标 1860MPa、规格 $\phi1mm×19$ 的钢绞线，公称直径为 21.8mm，公称面积为 285mm²。单根预应力钢绞线初始索力值取 $0.25T_u$，T_u 为极限索力，取实测值 590kN。中间柱摩擦阻尼器尺寸为 300mm×250mm×16mm×18mm，中间柱摩擦阻尼器选用 4×M16 的摩擦型高强度螺栓，OICRPPSF 模型和 TICRPPSF 模型的构造如图 4-2 所示。

4.1.2 材料性能

试验模型均采用 Q345B 钢材，板件的厚度分别是 12mm、14mm、16mm、18mm、20mm、30mm，根据《金属材料 拉伸试验 第1部分：室温试验方法》GB/T 228.1—2021 完成材料性能试验，得到基本材料性能参数，见表 4-1。

材料性能试验 表 4-1

钢材型号	厚度(mm)	弹性模量($×10^5$N/mm²)	屈服强度(N/mm²)	抗拉强度(N/mm²)	伸长率(%)
Q345	12	2.08	435	570	27
	14	2.05	384	561	24.15
	16	2.1	392	555	24.05
	18	2.09	381	555	24.5
	20	2.1	384	550	26.95
	30	2.07	350	505	28.05

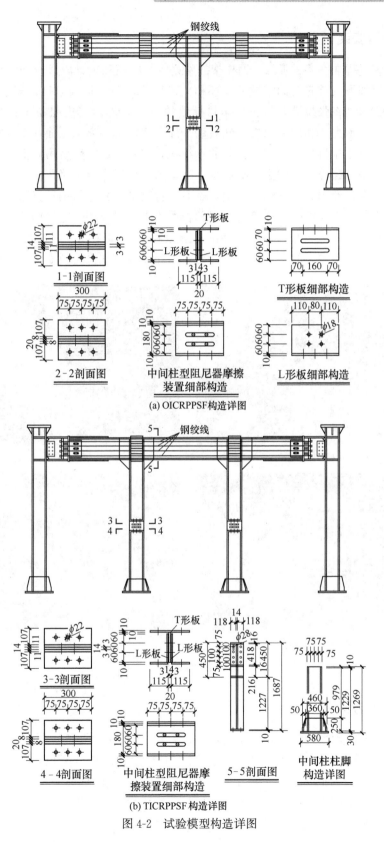

图 4-2 试验模型构造详图

4.1.3 模型安装过程

模型安装过程如图4-3所示，钢框架的梁是由长梁段和短梁段通过钢绞线张拉组装成的。张拉过程如下：首先对固定端的锚环和夹片用千斤顶进行预紧楔，安装索力传感器，依据中心对称原则将张拉端开始张拉至目标值的70%，然后二次张拉至目标值，之后在张拉端依次放入承力架和承力垫板，然后用千斤顶将螺母拉离承压面，转动螺母调整其旋出或旋进距离至张拉目标值，切割多余的钢绞线，完成张拉。然后吊装框架放在与地锚连接的底座上，初拧螺栓暂时固定，随后将长梁段与框架柱进行拼接，在激光尺进行定位后将梁与柱在梁腹板处用高强度螺栓连接，然后进行梁上下翼缘与钢柱翼缘的焊接。最后进行中间柱的安装，中间柱的上连接构件跟随长梁段先行安装，下连接构件与底座相连。安装摩擦阻尼器时先将两侧的黄铜板放置在L形板和T形板之间，并将L形板固定在下连接构件上，之后拧紧中间的摩擦耗能螺栓。安装完成后的试验模型如图4-4所示。

(a) 固定端夹片预紧楔　　(b) 调节索力值

(c) 柱与底座连接　　(d) 拼接梁柱

图4-3　张拉钢绞线全过程

4.1.4 加载方案

根据实验室的现场条件，置于反力墙上的200t水平作动器负责提供计算机输出的荷载和位移指令。试验模型框架柱取与原型结构一致的轴压比（0.11），对应轴力大小为756kN，利用200t竖向作动器对框架柱施加恒定轴力。中间柱型阻尼器设计思路为在框架安装、楼板浇筑完成后安装，因此不承担竖向恒荷载，仅承担活荷载，根据原型结构计算得到中间柱轴力为96kN，利用分配梁和100t竖向作动器对中间柱位置施加恒定轴力。

(a) TICRPPSF试验模型

(b) TICRPPSF试验模型

图 4-4 试验模型

试验加载装置如图 4-5 所示。本试验采用多层结构远程协同拟动力实验平台（NetSLab_MSBSM1.0.0），通过在计算中心中输入层质量和理论层间滞回模型进行模拟计算子结构。通过有限元分析平面框架得到其余重要参数：梁柱节点开口前、后的框架刚度 K_1、K_2，节点处于临界开口时框架的位移 d_1，节点处于最大开口时框架的位移 d_2，具体数值见表 4-2。

拟动力试验输入参数　　　　　　表 4-2

模型	楼层	M (t)	K_1 (kN/m)	K_2 (kN/m)	d_1 (mm)	d_2 (mm)
OICRPPSF	4	170	31600	4990	16.2	29.2
	3	170	34327	6087	16.2	29.2
	2	170	32295	8839	16.2	29.2
	1	170	38313	10512	12.5	25
TICRPPSF	4	170	67422	22387	10.8	19.2
	3	170	63886	20905	10.8	19.2
	2	170	60900	20856	10.8	19.2
	1	170	81259	31818	12.5	25

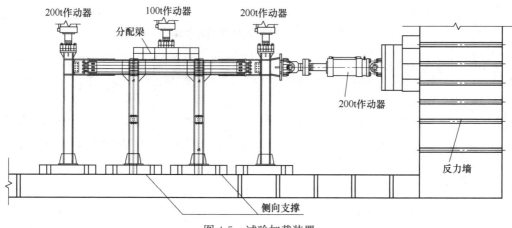

图 4-5 试验加载装置

选取 El-Centro 波、汶川波进行拟动力试验。参照《建筑抗震设计规范》GB 50011—2010（2016 年版）所规定 8 度（0.2g）多遇、设防、罕遇和 8 度（0.3g）半罕遇 4 个不同的震级和更高等级的地震作用，将 El-Centro 波和汶川波的峰值加速度分别调幅至 0.07g、0.2g、0.4g 和 0.51g、0.62g、0.8g、1.0g。由于模型结构缩尺比例为 0.75∶1，故将初始步长（0.01s）调整为 0.0086s，取阻尼比为 0.05。图 4-6（a）和图 4-6（b）分别为两条地震波（0.4g）的加速度时程曲线。

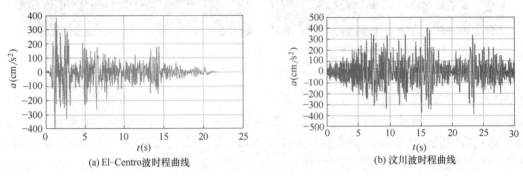

(a) El-Centro 波时程曲线　　(b) 汶川波时程曲线

图 4-6　地震波加速度时程曲线

4.1.5　测点布置

通过作动器自带荷载传感器测量地震波加载过程中的荷载变化，通过在锚具前布置专门设计的压力传感器得到钢绞线在梁柱节点开口时的索力变化。TICRPPSF 及 OICRPPSF 的位移计和应变片的测点布置情况如图 4-7 和图 4-8 所示。位移测量内容主要

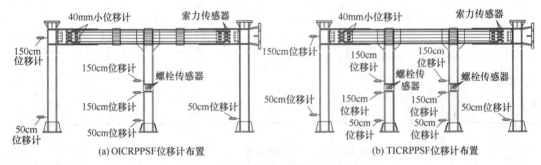

(a) OICRPPSF 位移计布置　　(b) TICRPPSF 位移计布置

图 4-7　试验模型位移计测点布置

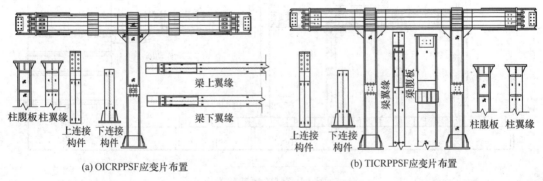

(a) OICRPPSF 应变片布置　　(b) TICRPPSF 应变片布置

图 4-8　试验模型应变片测点布置

有：在框架柱柱脚放置 50mm 位移计，框架柱上部翼缘放 150mm 大位移计，测量框架整体侧移；将 40mm 的电阻式小位移计固定在长梁的上下翼缘内侧测量梁柱节点之间的开口；在中间柱柱脚处放置 50mm 位移计测量中间柱的侧移；摩擦阻尼器的开口位移则用放置在中间柱上下连接构件的 150mm 大位移计的差值表示。根据结构设计并结合课题组之前相关试验，重点在框架柱柱脚翼缘、中间柱柱脚、柱节点域腹板、开口处的长梁和短梁的翼缘加强板处、中间柱上下连接构件在靠近摩擦阻尼器的位置、框架梁与中间柱上连接构件相连接的区域、靠近开口端长梁腹板处进行应变片测点布置。

4.1.6 拟动力试验对比结果分析

1. 试验现象对比

在 8 度（0.2g）设防地震作用（PGA=0.2g）下，主体结构位移较小，OICRPPSF 和 TICRPPSF 两榀框架均能恢复到初始位置，如图 4-9 所示；在 8 度（0.2g）罕遇地震作用（PGA=0.4g）下，主体结构位移增大，两榀框架仍能恢复到初始位置，如图 4-10 所示；在 9 度罕遇地震作用（PGA=0.62g）下，主体结构位移继续增大，两榀框架依然能恢复到初始位置，如图 4-11 所示。

(a) OICRPPSF　　　　　　　　　　　　(b) TICRPPSF

图 4-9　0.2g 试验结束后整体框架

(a) OICRPPSF　　　　　　　　　　　　(b) TICRPPSF

图 4-10　0.4g 试验结束后整体框架

2. 位移响应

图 4-12 和图 4-13 为 OICRPPSF 和 TICRPPSF 在不同地震波作用下的层间位移角曲线以及位移响应时程曲线，两榀框架的位移响应数据均列于表 4-3，由于汶川波作用下的

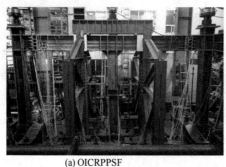
(a) OICRPPSF

(b) TICRPPSF

图 4-11 0.62g 试验结束后整体框架

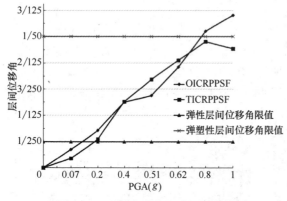

图 4-12 不同地震波的层间位移角

位移响应比 El-Centro 波作用下的大，故将汶川波用于分析比较。从表 4-3 数据分析可见，在早期地震作用较小时，中间柱型阻尼器未滑移，两种框架刚度相差较大，随着地震作用增大，中间柱型阻尼器开始滑移，两种框架刚度相差不大，位移响应也基本接近。从图 4-12 可以看到，在 PGA=0.07g 地震作用下两榀框架最大层间位移角分别为 1/359 和 1/684，均未超过弹性

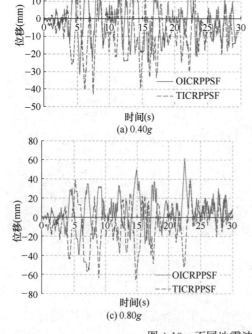

图 4-13 不同地震波作用下的位移时程曲线

位移角限值 1/250，此时两榀框架的中间柱阻尼器未滑动，主要提供附加刚度且双中间柱摩擦阻尼器的刚度更大。在 PGA=0.2g 地震作用下两者的最大位移响应为 19.6mm 和 12.9mm，最大层间位移角分别为 1/150 和 1/228，此时两榀框架的中间柱阻尼器开始轻微滑动，提供附加阻尼及一定的刚度。在 PGA=0.4g 地震作用下两榀框架的最大层间位移角分别为 1/100 和 1/99，相差不大，说明由于两榀框架的中间柱阻尼器滑动量较大，此时主要提供附加阻尼。在 PGA=0.62g 地震作用下，两榀框架的最大位移响应为 45.4mm 和 48.3mm，最大层间位移角分别为 1/65 和 1/61，仍小于限值 1/50，甚至在更大的 PGA=0.8g 地震作用下，TICRPPSF 模型的层间位移仍能满足规范的限值（1/50）要求，OICRPPSF 模型的略大于 1/50。

位移响应对比 表 4-3

汶川波峰值加速度	OICRPPSF				TICRPPSF			
	正向(mm)	层间位移角	负向(mm)	层间位移角	正向(mm)	层间位移角	负向(mm)	层间位移角
0.07g	7.0	1/420	8.2	1/359	3.9	1/754	4.1	1/684
0.20g	19.6	1/150	16.8	1/175	12.9	1/228	12.3	1/239
0.40g	29.3	1/100	26.9	1/109	19.4	1/152	29.6	1/99
0.51g	32.4	1/91	31.5	1/93	25.2	1/117	40.0	1/74
0.62g	45.4	1/65	30.8	1/95	33.2	1/89	48.3	1/61
0.80g	61.8	1/48	39.8	1/74	48.3	1/61	56.1	1/52
1.0g	68.9	1/43	57.2	1/51	52.0	1/57	53.3	1/55

3. 节点开口

表 4-4 列出了两榀框架在不同等级汶川波作用下的梁柱节点开口及残余开口，图 4-14 为不同地震波作用下节点开口。单从每榀框架来看，随着地震作用的增强，节点开口呈增长趋势，在汶川波作用下比 El-Centro 波作用下的响应要剧烈，故用汶川波进行分析。在 PGA=0.07g 地震作用下，两榀框架的节点均未产生开口，此时的外荷载不足以使节点处的弯矩达到临界开口弯矩。在 PGA=0.2g 地震作用下两榀框架的最大开口转角均很小，在 PGA=0.4g 地震作用下两榀框架的最大开口转角分别为 0.29% 和 0.09%，均为轻微开口。在 PGA=0.8g 地震作用下最大开口转角分别为 0.42% 和 0.16%，开口增大，如图 4-14 所示。即使在 a_{max}=0.8g 时，最大开口转角分别为 0.62% 和 0.44%。所有工况下，两榀框架卸载后的最大残余转角均为 0.02%，震后两榀框架的节点均可回到初始位置。以上结果表明，中间柱摩擦阻尼器可恢复功能钢框架具有良好的开口闭合机制，节点能够实现自闭合，具有很强的可恢复能力，且 TICRPPSF 的可恢复能力更强。

(a) OICRPPSF
(0.40g)

(b) TICRPPSF
(0.40g)

(c) OICRPPSF
(0.62g)

(d) TICRPPSF
(0.62g)

图 4-14 两模型在不同地震波作用下的节点开口

框架节点开口　　　　　　　　　　　表 4-4

框架	地震峰值加速度 (g)	地震波	最大开口转角 (%)		最大残余转角 (%)	
			拉	推	拉	推
OICRPPSF	0.2	El-Centro	0.11	0.03	0	0
		汶川	0.13	0.07	0	0
	0.4	汶川	0.29	0.11	0	0.01
	0.51	汶川	0.34	0.16	0	0
	0.62	汶川	0.42	0.24	0	0
	0.80	汶川	0.62	0.43	0.01	0.02
TICRPPSF	0.2	El-Centro	0.02	0.02	0	0
		汶川	0.04	0.04	0	0
	0.4	汶川	0.09	0.11	0.02	0
	0.51	汶川	0.13	0.16	0	0
	0.62	汶川	0.16	0.2	0.02	0.02
	0.80	汶川	0.44	0.27	0	0

4. 中间柱摩擦阻尼器滑动分析

图 4-15 为不同地震作用下两榀框架中间柱摩擦阻尼器滑动试验现象，表 4-5 列出了不同地震作用下两榀框架的中间柱摩擦阻尼器的滑动量。PGA=0.07g 地震作用下，OICRPPSF 中间柱摩擦阻尼器最大滑动为 1.36mm，TICRPPSF 中间柱摩擦阻尼器最大滑动为 0.47mm，滑动量均很小，表明中间柱摩擦阻尼器此时主要提供附加刚度。PGA=0.2g 地震作用下，OICRPPSF 模型中间柱摩擦阻尼器滑动增大至 4.38mm，TICRPPSF

(a) OICRPPSF(0.20g)
(最大滑动量:4.38mm)

(b) TICRPPSF(0.20g)
(最大滑动量:1.49mm)

(c) OICRPPSF(0.40g)
(最大滑动量:12.16mm)

(d) TICRPPSF(0.40g)
(最大滑动量:9.22mm)

(e) OICRPPSF(0.62g)
(最大滑动量:24.8mm)

(f) TICRPPSF(0.62g)
(最大滑动量:28.25mm)

图 4-15　中间柱滑动

中间柱摩擦阻尼器最大滑动为 1.49mm，表明此时中间柱摩擦阻尼器为框架提供一定刚度的同时又提供附加阻尼耗散地震能量。PGA＝0.4g 地震作用下，两榀框架的中间柱摩擦阻尼器最大滑动分别增长至 12.16mm 和 9.22mm。在 PGA＝0.62g 地震作用下，两榀框架的中间柱摩擦阻尼器出现了较大的滑动，最大滑动分别增长至 24.58mm 和 28.25mm。可以看出中间柱阻尼器的滑动量随着地震作用的增强而增大。

图 4-16 为 TICRPPSF 的中间柱摩擦阻尼器在不同地震波作用下的滑动时程曲线，位移在虚线附近表示中间柱摩擦阻尼器处于主要提供附加刚度的工作状态，距离虚线较远时充当阻尼器的功能。随着地震作用的增大，中间柱滑移量增大，摩擦耗能增大。

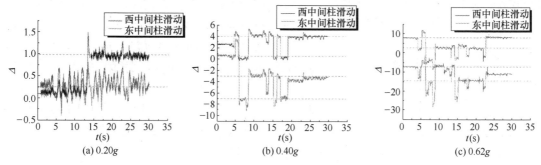

图 4-16 模型 TICRPPSF 中间柱滑动时程

中间柱摩擦阻尼器的滑动量　　　　　　　　　　表 4-5

地震波	地震峰值加速度	OICRPPSF 滑动量（mm）		TICRPPSF 滑动量（mm）			
				西柱		东柱	
		正	负	正	负	正	负
El-centro	0.07g	1.21	−0.82	0.47	−0.41	0.47	−0.62
汶川	0.07g	1.36	−0.52	0.24	−0.22	0.35	−0.37
El-centro	0.20g	0.77	−1.32	0.63	−0.19	0.73	−0.43
汶川	0.20g	4.38	−1.48	1.49	−0.02	0.81	−0.4
汶川	0.40g	8.99	−12.16	5.42	−0.31	3.61	−9.22
汶川	0.51g	8.6	−10.5	7.45	−4.8	1.95	−17.71
汶川	0.62g	24.58	−12.64	11.88	−8.7	−0.97	−28.25
汶川	0.80g	41.36	−8.54	27.5	−18.55	16.14	−34.38

5. 中间柱摩擦阻尼器滑动分析

图 4-17 为两榀框架在不同地震作用下的累积滞回耗能-峰值加速度（E_h-PGA）曲线，由图可见，PGA＝0.4g 地震之前两榀框架的累积滞回耗能相差不大，之后 TICRPPSF 的耗能明显更大。

图 4-18 为两榀框架在 PGA 为 0.2g、0.4g、0.51g、0.62g 的汶川波地震作用下的剪力-位移（V-Δ）滞回曲线。由图可见，多遇地震作用下，两榀框架的滞回曲线呈线性关系，均处于弹性状态，拟合试验曲线得到两榀框架的初始刚度分别为 48.2kN/mm、71.6kN/mm，TICRPPSF 的初始刚度更大。8 度（0.2g）设防地震作用下两榀框架均出现微小的滞回环，这是由梁柱节点轻微开口导致的，表明此时节点受到的弯矩小于节点的

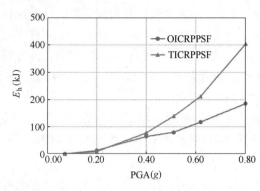

图 4-17 两模型累积滞回耗能曲线

临界开口弯矩，此时中间柱并未滑动。在 PGA＝0.4g 地震作用下，两模型初步形成较为饱满的滞回环且面积相近，其主要是由中间柱摩擦阻尼器的滑动耗能所致，这说明中间柱摩擦阻尼器主要提供附加阻尼，发挥了耗散地震能量的消能作用。在 PGA＝0.62g 地震作用下，两榀框架滞回环的面积越来越大，TICRPPSF 比 OICRPPSF 的滞回环的形状更饱满，这是因为由于节点开口持续变大，中间柱摩擦阻尼器滑动量不断增大，耗散了更多的地震能量。随着地震作用的增大，两榀框架滞回曲线的锯齿感越来越强烈，这主要由中间柱摩擦阻尼器的不连续滑动所致，TICRPPSF 的滞回曲线中的锯齿状比 OICRPPSF 的更少，说明其单根中间柱的滑动更小，抗侧刚度更大。从图中可以看出，PGA＝0.4g 地震作用下，TICRPPSF 的极限承载力略大，在 PGA＝0.62g 地震作用下，TICRPPSF 的极限承载力明显更大。

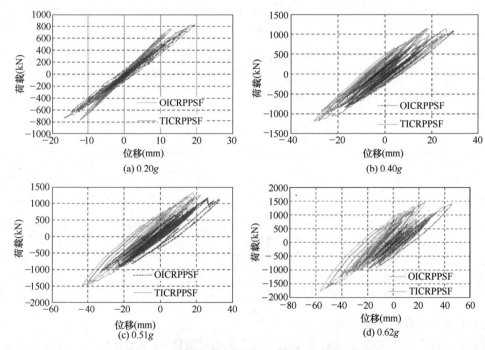

图 4-18 不同地震波作用下的荷载-位移滞回曲线

6. 索力分析

表 4-6 为两榀框架索力在不同汶川波地震作用下的变化值，表中 T_{ave} 表示平均索力，T_u 表示极限索力。由表 4-6 可知，在 PGA＝0.7g 地震作用下，两榀框架的节点未开口，钢绞线未伸长，索力降低。在 PGA＝0.2g 地震作用下，外弯矩大于临界开口弯矩，两榀框架节点轻微开口，钢绞线伸长，索力略增大，索力降低。PGA＝0.4g 地震作用下，两榀框架的最大索力值分别为 $0.28T_u$ 和 $0.26T_u$，地震波结束后均恢复至初始索力

$0.25T_u$。PGA=$0.62g$ 地震作用下，两榀框架的最大索力值分别为 $0.28T_u$ 和 $0.27T_u$，均恢复至初始索力。在 $a_{max}=0.8g$ 时，两榀框架的最大索力值均为 $0.29T_u$，远小于钢绞线的屈服强度，地震动结束后，两榀框架依旧能基本恢复至初始索力值。试验结束后，两榀框架的索力分别降低 0.81% 和 8.00%。可以得出，最大索力值与节点开口规律一致，由于两榀框架的节点开口均很小，故索力值变化也很小。以上结果表明预应力钢绞线的锚固和安装工艺是可靠的。带中间柱的可恢复功能钢框架经历多次地震作用后仍能维持正常的工作性能，为承受余震奠定基础。

索力（T_{ave}/T_u）变化   表 4-6

框架	时刻	0.20g	0.40g	0.51g	0.62g	0.80g
OICRPPSF	初始	0.26	0.25	0.25	0.25	0.25
	最大	0.27	0.28	0.28	0.28	0.29
	最小	0.24	0.24	0.24	0.24	0.24
	结束	0.25	0.25	0.25	0.25	0.25
TICRPPSF	初始	0.25	0.25	0.25	0.24	0.24
	最大	0.26	0.26	0.26	0.27	0.29
	最小	0.24	0.23	0.23	0.23	0.22
	结束	0.25	0.25	0.24	0.24	0.23

7. 应变分析

表 4-7 列出了两榀框架典型位置在不同地震水准下的最大应变值，可以看到随着输入地震波的增强，模型各部位的应变值均在增大。TICRPPSF 应变值比 OICRPPSF 更小，说明其通过中间柱的滑动耗散的能量更多。由材料性能试验测得的钢材屈服应变 ε_y 为 $2000\mu\varepsilon$，PGA=$0.07g$ 和 PGA=$0.2g$ 地震作用下，两榀框架的所有构件均处于弹性状态，结构无损伤。PGA=$0.2g$ 地震作用下，OICRPPSF 的节点区腹板接近屈服，两榀框架主体结构无损伤；PGA=$0.4g$ 地震作用下，柱节点区应变值较大，OICRPPSF 节点区腹板的主应变达到 $4898\mu\varepsilon$，已进入屈服，TICRPPSF 的柱节点区应变为 $1905\mu\varepsilon$，接近屈服，两榀框架的结构损伤较小；PGA=$0.51g$ 地震作用下，两榀框架的柱节点域已全部进入塑性；PGA=$0.62g$ 地震作用下，OICRPPSF 的梁腹板接近屈服，除柱节点域腹板处其他构件仍保持弹性状态，两榀框架的结构损伤小且能够正常使用。从表中可以看出，柱节点域腹板处的主应变强度最为强烈，应在设计中采取适当加强措施来保证节点的强度和刚度。

构件截面最大应变值   表 4-7

PGA	框架	柱脚翼缘	柱节点域腹板	梁翼缘加强板	梁腹板
0.07g	OICRPPSF	−256	909	165	561
	TICRPPSF	−410	410	113	145
0.2g	OICRPPSF	−1006	1876	567	1174
	TICRPPSF	−636	782	856	528
0.4g	OICRPPSF	−1280	4898	751	1523
	TICRPPSF	−698	1905	786	730

续表

PGA	框架	柱脚翼缘	柱节点域腹板	梁翼缘加强板	梁腹板
0.51g	OICRPPSF	−1375	5817	826	1671
	TICRPPSF	−671	2727	543	809
0.62g	OICRPPSF	−1527	13851	914	1946
	TICRPPSF	−717	4971	498	861

4.2 可恢复功能预应力装配式平面钢框架-中间柱型阻尼器减震体系理论分析

4.2.1 力学简化模型

中间柱型摩擦阻尼器主要依靠连接件将主结构内力传至该处并达到最大静摩擦力后开始滑动，设计时应充分考虑连接件刚度的选取。一方面，从摩擦阻尼器的起滑荷载来看，连接构件刚度过小，则传递荷载未达到起滑荷载前就已发生较大变形，且荷载主要集中在框架柱上，造成摩擦阻尼器不滑移或难滑移，失去第一道防线的意义。另一方面，从摩擦阻尼器的功能来看，连接件刚度过大，不能保证在摩擦阻尼器在传递荷载的同时保持弹性工作状态，造成不利影响。

摩擦阻尼器力学简化模型如图 4-19 所示，其在达到起滑力后会从刚体变为滑动支座且滑动支座可沿主结构侧移方向运动。此时，摩擦阻尼器的中间柱整体刚度为连接构件与摩擦阻尼器刚度串联之和，其整体刚度表达式如下：

图 4-19 力学简化模型

$$K_z = \frac{1}{\frac{1}{K_c} + \frac{1}{K_e}} \tag{4-1}$$

式中：K_z——带有摩擦阻尼器中间柱整体刚度；
K_c——连接件抗侧刚度；
K_e——摩擦阻尼器等效刚度。

4.2.2 可恢复功能预应力装配式平面钢框架-中间柱型阻尼器力-位移曲线分析

以一层一跨结构为例说明，可恢复功能预应力装配式钢框架-中间柱型阻尼器在外荷载下的力-位移曲线如图 4-20 所示。O 点表示原点，处于初始状态。1 点表示摩擦阻尼器达到起滑荷载，中间柱开始侧移，由于上下连接件由竖直状态转为倾斜状态，中间柱提供的附加刚度突然消失，因此外荷载突降，下降值等于摩擦阻尼器的起滑荷载，如 2、5、7 点所示；3 点表示节点开始产生开口，3—4 段结构整体刚度下降；6 点表示框架达到最大外荷载与最大侧移；8 点表示摩擦阻尼器达到反向起滑荷载，附加刚度消失使得外荷载突升，11 点同理；10 点表示节点开口开始闭合，直至 13 点开口完全闭合，最终返回初始状态 14 点。

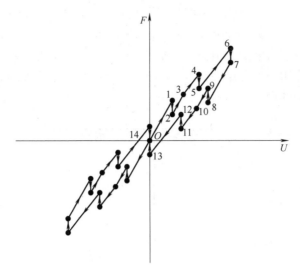

图 4-20 理论力-位移曲线

O—原点；1、4—中间柱滑动荷载；2、5、7—荷载突降；3—长短梁开口荷载；6—最大荷载；
8、11—反向滑动荷载；9、12—反向荷载突升；10—反向长短梁开口荷载；3—零位移；14—终点。

从整体来看，在中间柱摩擦阻尼器刚度合理时，可恢复功能预应力装配式钢框架-中间柱型阻尼器力-位移曲线呈锯齿状，且中间柱摩擦阻尼器刚度与原框架柱刚度相差越大，锯齿状减弱程度越明显。当中间柱型摩擦阻尼器刚度无穷小时曲线近乎于原框架的曲线，无锯齿状；当中间柱型摩擦阻尼器刚度无穷大时曲线近乎于摩擦阻尼器的方形曲线。此外，连接件刚度过大而摩擦阻尼器起滑荷载很小或连接件刚度过小而摩擦阻尼器起滑荷载很大，都无法使摩擦阻尼器正常发挥其功能。因此在设计时，应确保中间柱摩擦阻尼器刚度和摩擦阻尼器的起滑荷载处于合理设计范围内。

图 4-21 表示带中间柱型阻尼器的可恢复功能预应力装配式钢框架和带中间柱的普通钢框架滞回曲线之间的对比，可以看到在相同承载力下带中间柱型阻尼器的可恢复功能预应力装配式钢框架的滞回曲线包裹的面积比普通框架的大，说明其吸收地震能量的能力

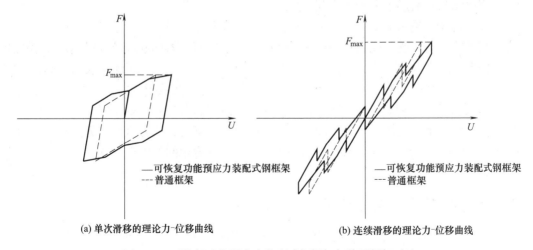

(a) 单次滑移的理论力-位移曲线　　　　(b) 连续滑移的理论力-位移曲线

图 4-21 可恢复功能预应力装配式钢框架与普通框架对比

强。这是因为当可恢复功能预应力装配式钢框架梁柱节点产生开口时,位于长梁段腹板的摩擦耗能装置能够工作,进一步提高了框架的整体性能。

在可恢复功能预应力装配式钢框架内放置了中间柱后,摩擦阻尼器的摩擦力对梁柱节点开口弯矩有拖延作用,外弯矩除抵消原框架的开口临界弯矩之外还需要抵消中间柱摩擦阻尼器处摩擦力带来的弯矩,如图4-22所示。

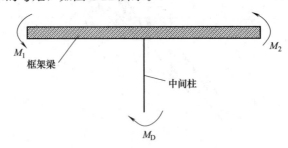

图 4-22 节点临界开口

假定钢梁刚度无限大,可列下式:

$$\frac{F_1 \cdot K_z}{K_z + 2K_c} = F_{\max} \tag{4-2}$$

$$F_{\max} \cdot \left(d_{c1} + \frac{h_d}{2}\right) \cdot \frac{1}{2} + M_{IGO} = \frac{F_2 \cdot K_c}{K_z + 2K_c} \cdot \left(d_{c1} + \frac{h_d}{2}\right) \tag{4-3}$$

式中:F_1——外荷载1;
F_2——外荷载2;
K_c——框架柱的抗侧刚度;
M_{IGO}——可恢复功能预应力装配式框架的原有的开口临界弯矩。

当 $F_1 > F_2$ 时梁柱节点先开口,中间柱后滑动;当 $F_1 < F_2$ 时则中间柱先滑动,梁柱节点后开口。

上述结论有适用条件,因为上连接构件必须有足够的刚度传递弯矩,刚度过小易产生变形,因此结论只适用于大刚度中间柱情况。

综上,首先明确前提条件是:中间柱的附加刚度和摩擦阻尼器的起滑荷载应该处于一种合理设计范围内,既不能连接构件的尺寸很大但摩擦阻尼器的起滑荷载很小,亦不能连接构件的尺寸正常或者很小而摩擦阻尼器的起滑荷载很大,这些情况都无法使中间柱摩擦阻尼器正常发挥功能。对于刚度特别小的中间柱,其滞回曲线近乎于原框架时的滞回曲线,锯齿状不明显;对于特别大刚度的中间柱,其滞回曲线近乎于摩擦阻尼器的滞回曲线(呈方形);对于刚度比较适中的中间柱,其滞回曲线呈锯齿状,且刚度越远离框架的刚度(不论是越大还是越小),锯齿状程度会减弱。另外小刚度中间柱的残余位移小于大刚度中间柱的残余位移。

4.2.3 中间柱型阻尼器细节设计及保证条件

T形板和L形板分别与下连接构件和上连接构件之间有缝隙,对于本章中的中间柱,可根据几何关系求得该缝隙的最低标准值。

如图4-23所示,在旋转过程中A、B至少不能碰触,可列表达关系式为:

$$\sqrt{\left(\frac{W_d}{2}\right)^2+d_{c2}^2}+\sqrt{\left(\frac{W_d}{2}\right)^2+(d_{c1}+h_d-\delta)^2} \leqslant d_{c1}+d_{c2}+h_d \quad (4-4)$$

$$d_{c1}=d_{c2} \quad (4-5)$$

式中:d_{c1}——上连接构件长度;
d_{c2}——下连接构件长度;
W_d——中间柱的宽度;
h_d——中间柱摩擦阻尼器高度;
δ——T型板与下连接构件缝隙。

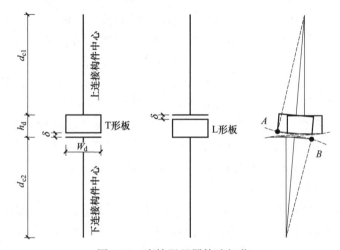

图4-23 摩擦阻尼器构造细节

联立式(4-4)、式(4-5)可得:

$$\delta \geqslant d_{c1}+h_d-\sqrt{\left(2d_{c1}+h_d-\sqrt{\left(\frac{W_d}{2}\right)^2+d_{c1}^2}\right)^2-\left(\frac{W_d}{2}\right)^2}, \delta \leqslant h_d \quad (4-6)$$

另外,考虑实际情况中构件安装误差以及偶然压力作用和梁柱节点开口之后的框架梁的微倾旋转等因素,建议缝隙在最低标准值的情况下+3mm。同理L形板与上连接构件的缝隙与T形板一致。

T形板以及L形板应能够保证最大起滑荷载的传递,不致出现剪切变形。应保证:

$$\frac{3F_{max}}{2t_T \cdot W_d}<f_v$$

$$\frac{3F_{max}}{4t_L \cdot W_d}<f_v \quad (4-7)$$

式中:t_T——T形板厚度;
t_L——L形板厚度;
f_v——钢材抗剪强度设计值。

此外T形板与L形板自身的焊缝强度也应进行验算,保证在焊缝设计强度范围内。框架梁和柱在一定意义上也属于中间柱型阻尼器连接构件的一部分,具有传递力和弯矩的功能，框架梁柱仍为可恢复功能预应力装配式框架开口机制的重要组成部件，应根据耗能能力设计，保证弹性工作状态。

4.3 双层可恢复功能预应力钢框架-中间柱型阻尼器试验研究

本节设计了一个8层采用中间柱型阻尼器的双层可恢复功能预应力钢框架，并对其进行了两层子结构拟动力试验和拟静力试验，研究该体系的抗震性能及震后恢复结构功能的能力。

4.3.1 试验模型

试验原型结构设计使用年限为50年，安全等级为二级，抗震设防类别为重点设防类，设防烈度为8度，设计基本地震加速度为0.2g，场地类别为Ⅲ类。楼面恒荷载（包括楼板自重）取 7.0kN/m²，楼面活荷载取 2.0kN/m²，屋面活荷载 2.0kN/m²，雪荷载取北京地区100年一遇雪压 0.45kN/m²。结构平面横向3跨，纵向5跨，跨度为10m，首层层高3.9m，2~8层层高均为3.6m。框架柱采用□650×650×32，框架梁采用 H750×350×30×24。其余梁柱节点采用铰接连接，柱采用□500×500×24，梁采用 H650×300×12×20。中间柱采用 H500×350×14×20，摩擦阻尼器耗能螺栓为6个 M20 螺栓。梁柱连接螺栓为12个10.9级 M24 高强度螺栓，钢绞线为极限强度1860MPa的 ϕ1mm×19 钢绞线，公称直径21.8mm，极限索力 T_u 取实测值590kN 单根预应力钢绞线初始预应力值取 $0.4T_u$，共12根。

本试验先进行子结构拟动力试验，然后进行拟静力试验。试验模型同原型结构，将底部两层中间一榀中间柱可恢复功能预应力钢框架作为试验子结构，其余六层作为计算子结构，如图4-24所示。考虑试验条件，试验模型缩尺比例为0.4:1。试验模型一层层高1.68m，二层层高1.56m，跨度4m，框架柱采用 H300×300×16×20，梁采用 H300×

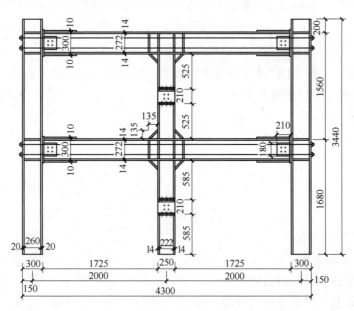

图 4-24 试件尺寸图

200×12×14，中间柱采用 H250×200×12×14，梁加劲肋和斜向腋板厚为 10mm，梁柱节点耗能用螺栓为 4 个 10.9 级 M20 扭剪型高强度螺栓，中间柱摩擦阻尼器耗能螺栓为 4 个 10.9 级 M16 扭剪型高强度螺栓。钢绞线采用极限强度 1860MPa 的 ϕ1mm×19 钢绞线，公称直径 21.8mm，单根预应力钢绞线初始预应力值取 $0.3T_u$。试件主要尺寸见图 4-24，图 4-25 为试验构件拼装过程示意图。

(a) 安装中间柱

(b) 试件拼装完成

图 4-25　试验构件拼装照片

4.3.2　材料性能

试件钢绞线为极限强度 1860MPa 的 ϕ1mm×19 结构钢绞线，材料性能试验结果见表 4-8。主要受力构件的厚度分别为 12mm、14mm、16mm、20mm 四种，钢材的牌号为 Q345B。试件材料力学性能试验结果见表 4-9。螺栓采用 10.9 级扭剪型高强度螺栓，黄铜板与钢板之间的摩擦系数经测试为 0.34～0.38。

钢绞线材料性能试验　　　　　　　　　　　　表 4-8

钢绞线		屈服强度(N/mm^2)	抗拉强度(N/mm^2)	弹性模量($\times 10^5 N/mm^2$)
ϕ1mm×19	试验值	1732	1891	1.98
		1735	1890	1.98
		1705	1882	1.95
	平均值	1724	1888	1.97

标准板状试样拉伸试验数据　　　　　　表 4-9

厚度 (mm)		屈服强度 (N/mm²)	抗拉强度 (N/mm²)	弹性 (×10⁵N/mm²)	断后伸长率 (%)
12	试验值	355	490	1.98	35.0
		355	495	2.04	32.0
		350	490	2.06	33.5
	平均值	353.33	491.67	2.02	33.5
14	试验值	385	535	1.96	30.0
		370	530	1.98	30.5
		370	535	2.03	28.0
	平均值	375.00	533.33	1.99	29.5
16	试验值	345	540	2.06	24.5
		345	545	2.06	25.0
		345	540	2.05	25.5
	平均值	345.00	541.67	2.06	25.0
20	试验值	345	550	2.01	28.0
		345	560	2.00	28.0
		345	555	2.04	28.5
	平均值	345.00	555.00	2.02	28.2

4.3.3 试验方案

1. 加载装置和试验设备

整个试验采用子结构拟动力试验方案，试验采用由湖南大学郭玉荣教授等人开发的多层结构远程协同拟动力实验平台（NetSLab_MSBSM1.0.0）。柱顶由两台 100t 千斤顶施加轴压力，轴压比取 0.16，与原型结构相同。侧向力由两台 200t 的作动器施加，试验加载装置示意图和照片如图 4-26、图 4-27 所示。作动器施加的位移来自试验平台对结构输入地震波计算的结果，计算子结构需要输入楼层质量和层间恢复力模型，楼层质量按照原型楼层质量和相似关系输入，计算子结构的层间恢复力模型为双旗帜模型。输入参数为分析计算所得，一二层只需要输入一个初始刚度，其他参数由试验获得。具体数据详见表 4-10。

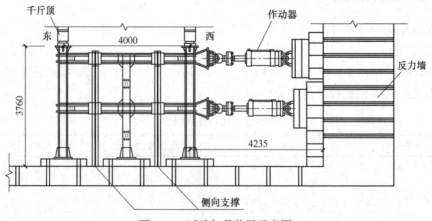

图 4-26　试验加载装置示意图

图 4-27 试验加载装置示意图

拟动力试验输入的参数 表 4-10

楼层	M(t)	K_1(kN/m)	K_2(kN/m)	d_1(mm)	d_2(mm)
8	66	21779.04	2923.462	15.6	15.032
7	66	14296.05	2344.095	15.2198	15.032
6	66	14718.63	2330.792	14.6497	15.032
5	66	14546.22	1822.348	15.6	15.032
4	66	13739.59	1752.664	14.8814	11.564
3	66	17325.36	2195.083	13.1931	11.5634
2	66	50000	—	—	—
1	66	88400	—	—	—

2. 加载制度

拟动力试验选取 El-Centro（E-W）和什邡八角（E-W）两条地震波进行试验，由于什邡八角（E-W）原始记录历时较长，因此选取了其中加速度波峰较为集中的 35s 进行试验。图 4-28 和图 4-29 给出了两条地震波时程，利用 SeismoSignal 软件将时程波转换为加速度反应谱（图 4-30），并与大震时规范谱进行比较。原型结构第一周期为 2.0s，可见所用地震时程记录幅值与持时满足规范要求，反应谱曲线与规范反应谱曲线在第一周期处也基本吻合。

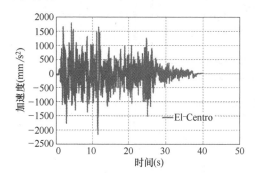

图 4-28 El-Centro 波时程曲线

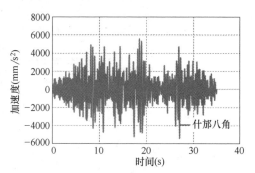

图 4-29 什邡八角波时程曲线

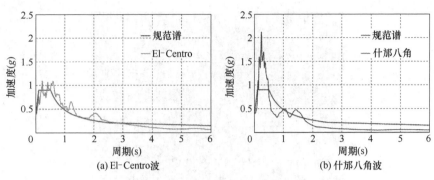

图 4-30 两条地震波加速度反应谱

试验按照 8 度（0.2g）多遇、设防、罕遇和 8 度（0.3g）罕遇、9 度罕遇、极罕遇震级分别输入峰值 0.07g、0.2g、0.4g、0.51g、0.62g 和 0.8g 的地震加速度记录，El-Centro 波时间步长 0.01s，考虑缩尺比例，试验时间步长为 0.0063s，什邡八角波时间步长 0.005s，试验时间步长为 0.0032s。阻尼比取 5%。输入地震波之前先测量试验子结构的实际刚度，输入后作为下一步计算的依据。

3. 测量内容

荷载的测量：作动器荷载传感器测量试验过程中往复荷载的变化。

预应力钢绞线索力的测量：采用 8 个 50t 压力传感器分别实时记录加载过程中梁钢绞线索力的变化。

螺栓压紧力的测量：螺栓应变计实时记录加载过程中梁柱节点耗能螺栓和中间柱摩擦耗能阻尼器耗能螺栓压紧力的变化。

位移的测量：作动器位移传感器记录加载位置构件侧向位移值。每个梁柱节点开口处设置 4 个直线位移电位计，测量开口宽度。在东、西侧柱各布置 2 个量程为 100mm 的位移计记录各层位移，在东西柱底及中间柱柱底分别布置 3 个量程为 25mm 的位移计记录柱脚水平滑移量。在一层和二层上、下中间柱之间布置量程为 50mm 的位移计，记录上下柱的相对位移，也是中间柱摩擦阻尼器的滑开距离，如图 4-31 所示。

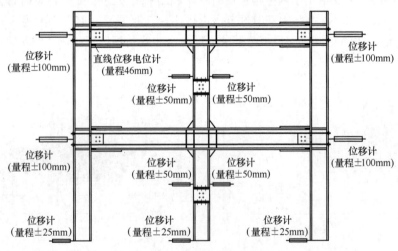

图 4-31 位移计布置示意图

应变的测量：分别在柱翼缘、柱加劲肋、梁上下翼缘、梁腹板纵横方向、中间柱与梁连接处及中间柱摩擦耗能件 L 形钢板粘贴应变片，用于测量加载过程中各位置的应变变化，具体布置如图 4-32 所示。

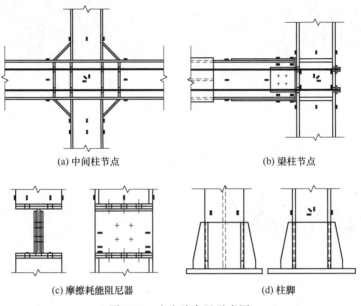

图 4-32 应变片布置示意图

4.3.4 拟动力试验结果分析

1. 楼层位移响应

在两条地震波作用下，框架一、二层在峰值加速度为 $0.07g \sim 0.4g$ 的水平位移时程曲线如图 4-33（a）～（f）所示，具体数据如表 4-11 所示。由此可以看出，地震波峰值加速度为 $0.07g$ 时，一、二层位移响应峰值为 El-Centro 波作用下的 3.55mm 和 7.63mm，此时层间位移角为 0.19% 和 0.26%，远小于规范弹性位移角限值 1/250。地震波峰值加速度为 $0.2g$ 时，一、二层位移响应峰值为 El-Centro 波作用下的 5.64mm 和 12mm，此时层间位移角为 0.30% 和 0.47%。地震波峰值加速度为 $0.4g$ 时，一、二层位移响应峰值

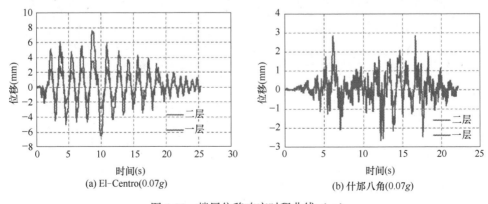

图 4-33 楼层位移响应时程曲线（一）

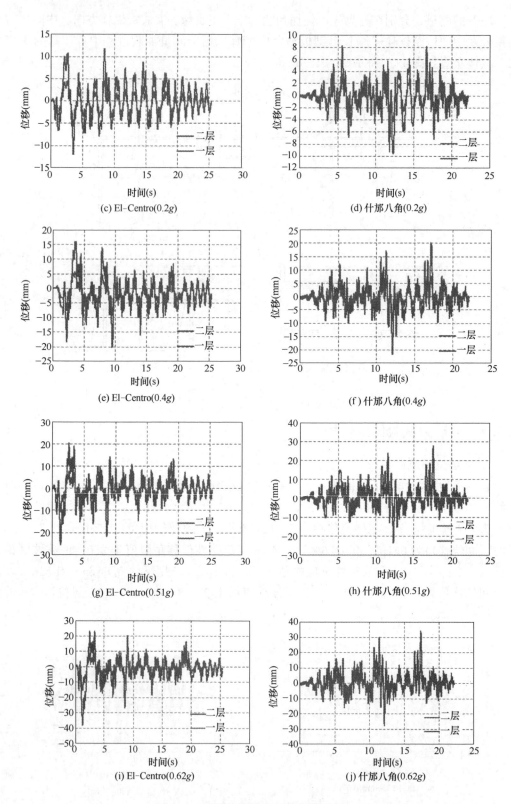

图 4-33 楼层位移响应时程曲线（二）

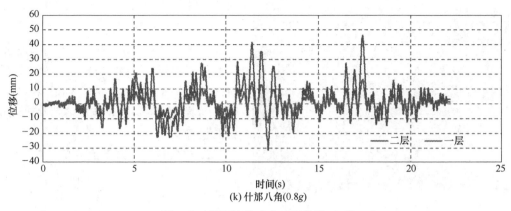
(k) 什邡八角(0.8g)

图 4-33 楼层位移响应时程曲线（三）

为什邡八角波作用下的 9.06mm 和 21.93mm，此时层间位移角为 0.49%（1/204）和 0.83%（1/120），远小于《建筑抗震设计规范》GB 50011—2010（2016 年版）弹塑性位移角的限值 1/50，但此时计算子结构三层层间位移角最大已达到 1/50。

为了进一步研究可恢复功能预应力平面钢框架-中间柱型阻尼器在高震级地震作用下的抗震性能，探寻中间柱的开口滑移机制，继续对试验框架施加更大峰值加速度 0.51g、0.62g 和 0.8g 的地震波。一、二层在峰值加速度 0.51g、0.62g 和 0.8g 时的水平位移时程曲线如图 4-33（g）~（k）所示，具体试验数据详见表 4-11。

试验框架最大位移和层间位移角　　　　表 4-11

地震峰值加速度	地震波	一层最大位移（mm）		一层最大位移角		二层最大位移（mm）		二层最大位移角	
		正向	反向	正向	反向	正向	反向	正向	反向
0.07g	El-Centro	3.55	−2.88	0.19%	−0.15%	7.63	−6.52	0.26%	−0.23%
	什邡八角	1.35	−1.08	0.07%	−0.06%	2.9	−2.67	0.10%	−0.10%
0.2g	El-Centro	4.5	−5.64	0.24%	−0.30%	11.83	−12.0	0.47%	−0.41%
	什邡八角	3.72	−4.23	0.20%	−0.23%	8.41	−9.54	0.30%	−0.34%
0.4g	El-Centro	5.75	−9.05	0.31%	−0.49%	16.52	−20.19	0.69%	−0.71%
	什邡八角	7.76	−9.06	0.42%	−0.49%	20.26	−21.93	0.80%	−0.83%
0.51g	El-Centro	7.61	−10.7	0.41%	−0.58%	20.41	−25.48	0.82%	−0.95%
	什邡八角	9.7	−9.88	0.52%	−0.53%	27.62	−23.6	1.15%	−0.88%
0.62g	El-Centro	8.84	−15.2	0.48%	−0.82%	23.27	−38.14	0.93%	−1.47%
	什邡八角	12.3	−11.8	0.66%	−0.63%	34.41	−27.87	1.42%	−1.03%
0.8g	什邡八角	16.4	−12.9	0.88%	−0.69%	46.5	−31.84	1.93%	−1.22%

地震波峰值加速度为 0.51g 时，一、二层位移响应峰值为什邡八角波作用下的 9.88mm 和 27.62mm，层间位移角为 0.53%（1/196）和 1.15%（1/87），仍然小于层间位移角限值 1/50。地震波峰值加速度为 0.62g 时，一、二层位移响应正向峰值为什邡八角波作用下的 12.3mm 和 34.41mm，负向峰值为 El-Centro 波作用下的 15.2mm 和 38.14mm。为节省篇幅，仅列出什邡八角波最大位移时的试验照片，如图 4-34 所示。此时最大层间位移角为 0.82%（1/122）和 1.47%（1/68）。当地震波峰值加速度增至 0.8g

图 4-34 什邡八角（0.62g）作用下试验
框架最大位移响应时的照片

时，因柱脚翼缘出现了塑性，所以只完成了什邡八角波作用下的试验。一、二层位移最大值为 16.4mm 和 46.50mm，此时层间位移角为 0.88%（1/114）和 1.93%（1/52）。从不同震级的框架位移响应来看，随着震级的提高，响应峰值呈现出前移的趋势。

2. 中间柱滑移及节点开口

表 4-12 和表 4-13 为试验中各层中间柱最大开口和各节点最大开口，图 4-35 为各层中间柱型摩擦阻尼器相对滑移的时程曲线。在峰值加速度为 0.07g 地震作用下，中间柱型摩擦阻尼器滑移和梁柱节点处开口数值很小，可以忽略不计。在峰值加速度为 0.2g 地震波作用下，中间柱型摩擦阻尼器滑移量较小，最大为 2.46mm，梁柱节点处仍然几乎无开口。峰值加速度为 0.4g 地震作用下，中间柱型摩擦阻尼器滑移量最大达到 9.05mm，是 0.2g 地震波时的 3.68 倍，此时梁柱节点最大开口为 1.83mm。在峰值加速度为 0.51g 地震波作用下，对比图 4-14 和图 4-16 可以看出，开口峰值时间与层间位移角时程曲线峰值时间基本相同。中间柱摩擦阻尼器滑移量最大达到了 13.97mm，梁柱节点最大开口 2.68mm，此时中间柱滑移和节点开口的试验照片如图 4-36 和 4-37 所示。随着震级的提高，中间柱型摩擦阻尼器滑移量及梁柱节点开口进一步增大，在峰值加速度为 0.62g 地震作用下，中间柱型摩擦阻尼器摩擦板滑移量最大达到 21.35mm，梁柱节点最大开口 3.78mm，此时中间柱滑移和节点开口的试验照片如图 4-38 和图 4-39 所示。在峰值加速度为 0.8g 地震波作用下，中间柱型摩擦阻尼器滑移量最大达到 27.69mm，梁柱节点最大开口 5.11mm，此时中间柱滑移和节点开口的试验照片如图 4-40 和图 4-41 所示。

中间柱滑移最大值　　表 4-12

地震峰值加速度	地震波	一层中间柱		二层中间柱	
		正向	反向	正向	反向
0.07g	El-Centro	0.1	−0.24	0.47	−0.4
	什邡八角	0.13	−0.14	0.07	−0.29
0.2g	El-Centro	0.35	−0.57	2.46	−2.28
	什邡八角	0.11	−1.24	0.53	−1.39
0.4g	El-Centro	1.42	−2.4	5.39	−8.37
	什邡八角	2.18	−4.74	8.26	−9.05
0.51g	El-Centro	1.03	−5.61	7.9	−11.85
	什邡八角	5.07	−6	13.97	−10.24
0.62g	El-Centro	1.28	−13.91	9.2	−21.35
	什邡八角	9.05	−9.18	19.6	−12.78
0.8g	什邡八角	16.07	−10.71	27.69	−16.48

梁柱节点开口最大值（单位：mm）　　　　　表 4-13

地震峰值加速度	地震波	一层东侧		一层西侧		二层东侧		二层西侧	
		正向	反向	正向	反向	正向	反向	正向	反向
0.07g	El-Centro	0.38	−0.42	0.62	−0.26	0.16	−0.14	0.25	−0.30
	什邡八角	0.14	−0.13	0.18	−0.11	0.06	−0.06	0.09	−0.09
0.2g	El-Centro	0.87	−0.75	0.95	−0.60	0.44	−0.50	0.52	−0.59
	什邡八角	0.50	−0.53	0.56	−0.45	0.22	−0.41	0.30	−0.46
0.4g	El-Centro	1.72	−1.16	1.68	−1.04	0.28	−1.77	0.71	−1.52
	什邡八角	1.73	−1.64	1.50	−1.83	0.98	−1.52	1.12	−1.56
0.51g	El-Centro	1.91	−2.16	1.71	−2.28	1.04	−1.86	1.20	−1.97
	什邡八角	2.68	−1.76	2.19	−2.04	1.59	−1.76	1.80	−1.86
0.62g	El-Centro	2.34	−3.42	1.99	−3.78	1.32	−3.60	1.47	−3.68
	什邡八角	3.50	−2.40	2.91	−2.67	2.39	−2.28	2.62	−2.39
0.8g	什邡八角	5.11	−3.16	4.42	−3.34	4.07	−2.98	4.47	−2.97

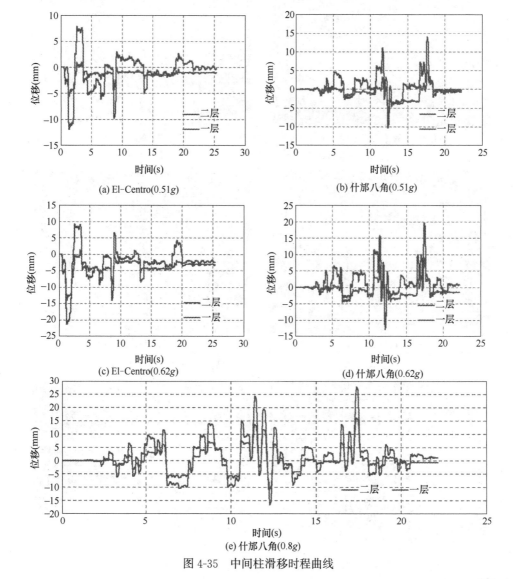

图 4-35 中间柱滑移时程曲线

(a) 一层滑移5.07mm　　　　　　　　(b) 二层滑移13.97mm

图 4-36　什邡八角（0.51g）正向峰值中间柱滑移照片

(a) 一层东侧开口2.68mm　　　　　　(b) 二层东侧开口1.59mm

图 4-37　什邡八角（−0.51g）正向峰值梁柱开口照片

(a) 一层滑移−13.91mm　　　　　　　(b) 二层滑移−21.35mm

图 4-38　El-Centro（0.62g）正向峰值中间柱滑移照片

(a) 一层东侧开口−3.42mm　　　　　　(b) 二层东侧开口−3.60mm

图 4-39　El-Centro（−0.62g）负向峰值梁柱开口照片

(a) 一层滑移16.07mm　　　　　　　　(b) 二层滑移27.69mm

图 4-40　什邡八角 0.8g 正向峰值中间柱滑移照片

(a) 一层东侧开口5.11mm　　　　　　　(b) 二层东侧开口4.07mm

图 4-41　什邡八角（-0.8g）正向峰值梁柱开口照片

每次加载结束后，框架都恢复到原来的位置，中间柱滑动残余位移和梁柱节点残余转角数据列于表 4-14 中，从中可以看出，梁柱节点残余开口几乎为 0；中间柱残余滑移量也相对较小，最大值仅为 3.1mm，对整个结构性能的影响很小，结构并无任何可观察到的损伤。

中间柱残余位移和节点残余开口（单位：mm）　　　　表 4-14

地震峰值加速度	地震波	中间柱		节点			
		一层中间	二层中间	一层东侧	一层西侧	二层东侧	二层西侧
0.07g	El-Centro	0.03	0.04	0.01	0.01	0.00	0.01
	什邡八角	0.01	-0.11	0.01	0.01	0.00	0.01
0.2g	El-Centro	0.02	1.52	0.07	-0.02	0.02	0.03
	什邡八角	-0.56	-0.62	0.01	-0.01	-0.01	-0.01
0.4g	El-Centro	-1.15	-1.14	0.11	0.19	-0.60	-0.33
	什邡八角	0.19	-0.66	-0.08	-0.10	-0.05	-0.08
0.51g	El-Centro	-1.01	-0.21	-0.05	-0.06	-0.03	-0.06
	什邡八角	-0.15	-0.62	-0.06	-0.09	-0.04	-0.05
0.62g	El-Centro	-3.1	-2.36	-0.13	-0.13	-0.07	-0.13
	什邡八角	-1.44	0.73	0.02	-0.10	0.00	-0.01
0.8g	什邡八角	-0.68	1.17	0.03	0.07	0.08	0.17

3. 滞回性能

图 4-42 为不同峰值加速度地震波作用下试验框架的层剪力-层位移的滞回曲线，在峰

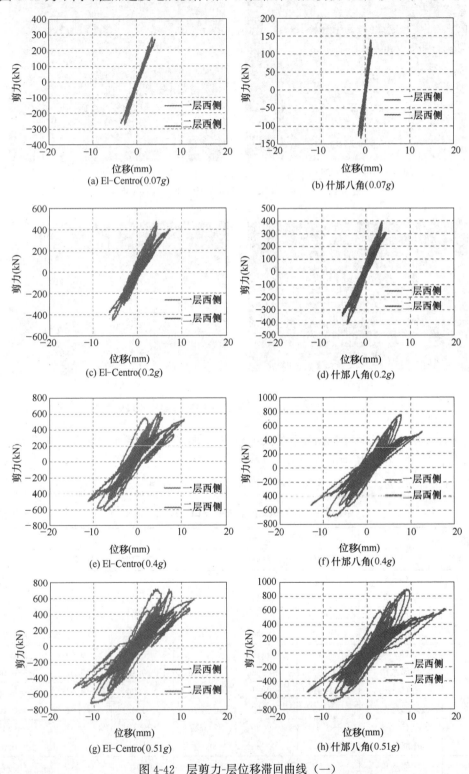

图 4-42 层剪力-层位移滞回曲线（一）

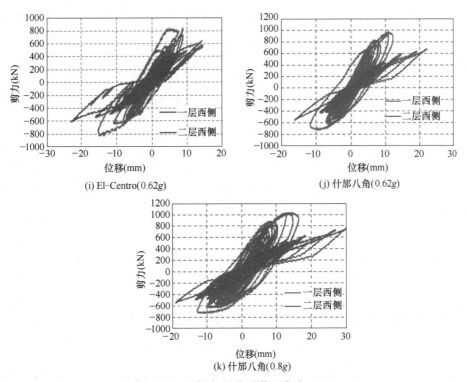

图 4-42 层剪力-层位移滞回曲线（二）

值加速度为 $0.07g$ 的地震波作用下，滞回曲线在往复加载过程中形状比较稳定，荷载和位移之间基本呈线性变化，无刚度退化现象，试件仍处于弹性工作状态。地震波峰值加速度增大至 $0.2g$ 时，中间柱开始滑动耗能，滞回环初步形成，但其包围的面积较小。随着地震波峰值加速度的增大，框架摩擦耗能机制逐步发挥，滞回曲线包围的面积逐渐增大。地震波峰值加速度增大到 $0.8g$ 时，二层双旗帜滞回环特征已经非常明显。

采用耗能系数来定量分析结构耗能状况，各级地震作用下结构各层耗能系数如表 4-15 所示。在多遇地震作用下，没有形成滞回环，能量耗散系数为 0。随着地震峰值加速度的增大，耗能系数呈上升趋势，最大为什邡八角动 $0.8g$ 作用下的 1.456。

试验框架耗能系数　　　　　　　表 4-15

地震峰值加速度	El-Centro		什邡八角	
	一层	二层	一层	二层
$0.2g$	0.6652	0.5823	0.6494	0.5281
$0.4g$	1.1070	0.7273	0.9376	0.6412
$0.51g$	1.1076	0.7888	1.1834	0.7025
$0.6g$	1.2973	0.8426	1.3793	0.7024
$0.8g$	—	—	1.4561	0.8108

表 4-16 列出了结构开口前刚度 K_1 和开口后刚度 K_2。由此可以看出从 8 度（$0.2g$）多遇地震到 8 度（$0.3g$）罕遇地震，框架一层开口前刚度由 121796.8kN/m 退化至 82957.9kN/m，下降了 32%；框架二层开口前刚度由 78172.6kN/m 退化至 45335.2kN/m，下降了 42%，开口后刚度也有所退化。

试验框架刚度变化　　　　　　　　　　　　　表 4-16

峰值加速度	K_1 (kN/m)				K_2 (kN/m)	
	什邡八角		El-Centro		什邡八角	El-Centro
	一层	二层	一层	二层	二层	二层
0.07g	121796.8	78172.6	97930.0	68313.1	—	—
0.2g	101136.1	65937.4	95341.3	56934.1	—	—
0.4g	97160.8	57331.7	93966.8	56299.9	29404.6	32351.5
0.51g	86644.4	53408.3	93127.6	54664.6	25866.8	25534.6
0.62g	86109.1	52134.7	91241.8	49954.4	25269.2	22250.6
0.8g	82957.9	45335.2	—	—	23185.2	—

4. 应变变化

图 4-43 为试件在什邡八角（输入峰值加速度为 0.8g）时的应变时程曲线，表 4-17 和表 4-18 为两条地震波各震级试件主要部位的最大应变数值。由图 4-43 和表 4-17、表 4-18 数据来看，在 0.62g 地震波作用下，结构除梁翼缘加强板出现塑性以外，其他主体结构仍保持弹性状态，柱脚翼缘应变值相对较大。峰值加速度为 0.8g 时，最大层间位移角达到 1/52 时，柱脚翼缘个别部位开始出现塑性，最大应变值为 2647$\mu\varepsilon$。

El-Centro 各震级最大应变值（单位：$\mu\varepsilon$）　　　　　表 4-17

位置	0.07g	0.2g	0.4g	0.51g	0.62g
梁翼缘加强板	476	835	1485	2336	2563
梁翼缘	549	848	1038	1322	1600
梁腹板	423	658	844	976	1151
边柱翼缘	219	371	608	689	935
边柱腹板	89	115	167	241	296
柱节点域翼缘	171	319	858	1225	1438
柱节点域腹板	302	452	628	655	793
柱脚翼缘	352	593	851	959	1431
柱脚腹板	217	273	397	515	687
中间柱翼缘	661	904	1154	1308	1824
中间柱腹板	114	186	336	382	414
摩擦板	339	476	494	555	527

什邡八角各震级最大应变值（单位：$\mu\varepsilon$）　　　　　表 4-18

位置	0.07g	0.2g	0.4g	0.51g	0.62g	0.8g
梁翼缘加强板	904	1444	2211	2405	2694	3616
梁翼缘	959	1191	1454	1665	1867	1668
梁腹板	398	594	798	928	1054	1092
边柱翼缘	296	436	711	825	906	961
边柱腹板	259	282	313	310	388	427
柱节点域翼缘	959	1066	1293	1426	1474	1666
柱节点域腹板	401	660	825	850	976	1015
柱脚翼缘	467	752	1076	1241	1512	2647
柱脚腹板	361	454	540	640	632	732
中间柱翼缘	643	829	971	1051	1265	1485
中间柱腹板	520	636	695	795	849	919
摩擦板	198	274	403	415	490	470

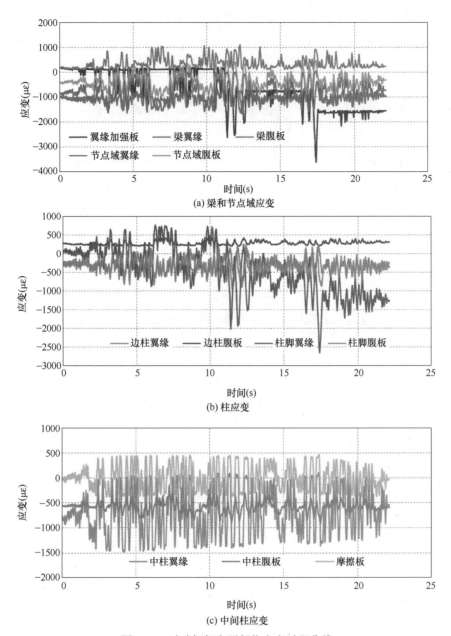

图 4-43 试验框架主要部位应变时程曲线

5. 钢绞线索力的变化

试验各个阶段钢绞线索力变化时程曲线如图 4-44 所示,由图中可以看出,在峰值加速度为 $0.07g$ 和峰值加速度为 $0.2g$ 地震波作用下,由于梁柱节点尚未开口,索力值变化很小,最大索力仅为 189.3kN,相当于 $0.32T_u$,在峰值加速度为 $0.4g$、$0.51g$、$0.62g$ 和 $0.8g$ 地震波作用下,最大索力分别达到 196.4kN、204.8kN、212.3kN 和 228.7kN,相当于 $0.33T_u$、$0.35T_u$、$0.36T_u$ 和 $0.39T_u$。试验结束后索力降低在 5% 以内,这主要是由于试验框架梁柱节点处开口较小,最大仅为 5.11mm,钢绞线伸长小故而索力变化不大,预应力钢绞线提供了良好的复位机制。

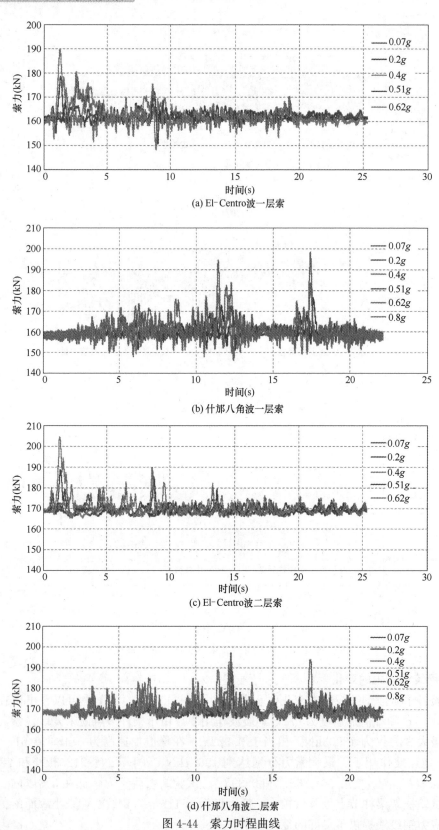

图 4-44 索力时程曲线

4.3.5 拟静力试验方案及结果分析

试验框架在拟动力试验结束后,仅柱脚翼缘个别部位应变值刚刚超过屈服应变,其他主体结构仍然保持弹性,结构损伤较小。接着对试件进行了拟静力试验,研究该体系层剪力-位移的滞回性能、耗能能力和刚度变化等性能。

1. 加载制度

参考 FEMA350 以层间位移角控制加载。加载历程为:(1) 0.00375,2 个循环;(2) 0.005,2 个循环;(3) 0.0075,2 个循环;(4) 0.01,2 个循环;(5) 0.015,2 个循环;(6) 0.02,2 个循环。

2. 试验现象

以正向为例,层间位移角在 0.00375~0.005 之前,中间柱摩擦耗能器尚未滑开,梁柱节点亦未开口。当层间位移角达到 0.0075 时,一层中间柱滑移不足 1mm,二层中间柱滑移 2.66mm,此时东侧节点开口不足 1mm。继续加载至层间位移角 0.01 时,一层中间柱滑移 2.88mm,二层滑移 8.05mm,此时东侧一、二层梁柱节点开口分别为 1.99mm 和 1.19mm。当层间位移角达到 0.015 时,一层中间柱滑移 9.57mm,二层滑移 17.49mm,此时东侧一层、二层梁柱节点开口分别为 3.86mm 和 2.83mm。当层间位移角达到 0.02 时,一层中间柱滑移 20.56mm,二层 28.78mm,此时东侧一、二层梁柱节点开口分别为 5.74mm 和 4.65mm。层间位移角为 0.02 时的试验照片如图 4-45 所示,详细数据见

(a) 一层中间柱滑移20.56mm

(b) 二层中间柱滑移28.78mm

(c) 一层东侧节点开口5.74mm

(d) 二层东侧节点开口4.65mm

图 4-45 层间位移角 0.02 时的试验照片

表4-19。试验结束时,梁柱节点恢复到初始位置,而一、二层中间柱残余滑移为7.72mm和14.58mm,卸载后可以通过放松中间柱摩擦阻尼器上的高强度螺栓使其恢复原位。

各级层间位移角中间柱滑移距离和节点开口　　　　　表4-19

层间位移角	加载方向	一层中间柱滑移距离(mm)	二层中间柱滑移距离(mm)	一层东侧节点开口(mm)	一层西侧节点开口(mm)	二层东侧节点开口(mm)	二层西侧节点开口(mm)
0.0075	正	0.94	2.66	0.92	1.83	0.56	0.99
	负	-2.12	-2.34	-1.97	-1.35	-1.21	-1.26
0.01	正	2.88	8.05	1.99	2.47	1.19	1.47
	负	-1.5	-4.54	-2.86	-2.30	-1.80	-2.06
0.015	正	9.57	17.49	3.86	4.13	2.83	2.82
	负	-10.83	-14.72	-4.25	-3.61	-3.32	-3.81
0.02	正	20.56	28.78	5.74	5.78	4.65	4.84
	负	-16.52	-29.33	-6.30	-5.96	-5.56	-6.02
结束		-7.72	-14.58	-0.4	0.13	-0.135	-0.18

3. 滞回曲线

图4-46为框架一层和二层的试验层间剪力-位移滞回曲线,从试验曲线来看,一层滞回曲线因柱脚刚接呈现梭形,二层滞回曲线仍为双旗帜形模型,只是当剪力为零时,位移因中间柱摩擦阻尼器的残余位移问题而没有完全回到原点。同时采用有限元软件ABAQUS对试验进行了有限元分析模拟,得到一层和二层的层间剪力-位移滞回曲线,如图4-46浅色曲线所示。从有限元分析得到的一、二层层间剪力-位移滞回曲线与试验滞回曲线的对比可以看出,两曲线基本吻合。今后在进行中间柱预应力钢框架拟动力试验时,可利用该有限元方法对拟试验的框架进行分析,得到可恢复功能预应力钢框架-中间柱型阻尼器理论的层间剪力-位移的滞回模型,作为计算子结构的参数。这就为进一步进行该体系的拟动力试验研究打下基础。

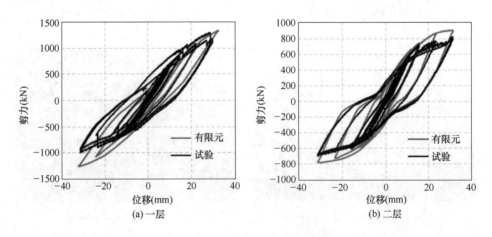

图4-46　层剪力-层位移滞回曲线

4. 索力变化

图 4-47 为框架两层 4 根钢绞线的索力-层间位移角关系曲线。表 4-20 为试验过程中索力变化情况由表中数据可知，最大索力达到 239.9kN，相当于 $0.41T_u$。由于试验结束时摩擦板未能完全回到初始平衡位置，所以试验结束时个别钢绞线的索力略大于初始索力。

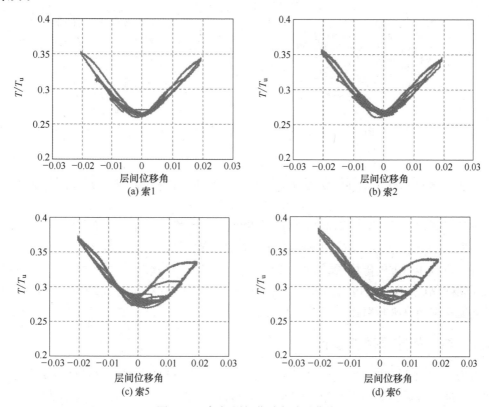

图 4-47 索力-层间位移角关系曲线

索力变化　　　　　　　　　　　　　　表 4-20

	时刻	索1	索2	索3	索4	索5	索6	索7	索8
索力 (kN)	开始	156	155	178.5	179.5	167.5	169	168	170
	最大	208.4	210.8	239.9	236.9	220.5	226.6	225.7	231.4
	结束	158.3	160.4	180.6	186.2	160.9	165.5	164.7	168.5
T_{max}/T_u	开始	0.26	0.26	0.30	0.30	0.28	0.29	0.28	0.29
	最大	0.35	0.36	0.41	0.40	0.37	0.38	0.38	0.39
	结束	0.27	0.27	0.31	0.32	0.27	0.28	0.28	0.29

5. 应变变化

图 4-48 为试验构件典型部位在推覆过程中各级应变曲线，由图可以看出，层间位移角达到 0.015 时，全部构件保持弹性。待层间位移角达到 0.02 时，结构除梁翼缘加强板和柱脚翼缘出现塑性以外，其他主体结构仍保持弹性状态，最大应变值 $5542\mu\varepsilon$ 出现在柱脚翼缘处。

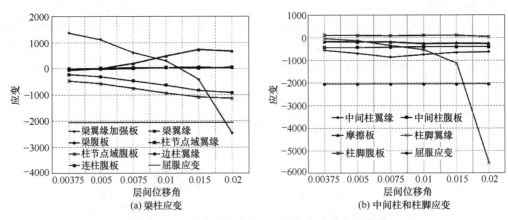

(a) 梁柱应变 (b) 中间柱和柱脚应变

图 4-48 试件典型部位应变随层间位移角变化曲线

4.4 可恢复功能预应力装配式钢框架-开缝钢板剪力墙性能研究

本节在课题组研究的基础上，设计一榀带有开缝钢板剪力墙的地面张拉可恢复功能预应力装配式钢框架并进行拟静力试验，研究结构的滞回性能、刚度退化、复位性能以及结构在往复荷载作用下的破坏模式和特征等性能，得到该新型结构的力学性能。进一步利用有限元软件 ABAQUS 对该结构进行数值模拟，并将试验结果以及地面张拉可恢复功能钢框架数值模拟结果进行对比分析。

4.4.1 结构构造及试件设计

可恢复功能预应力装配式钢框架-开缝钢板剪力墙结构由可恢复功能预应力装配式钢框架和开缝钢板剪力墙两部分组成，通过高强度螺栓进行连接，构造示意图如图 4-49 所示，中间长梁段腹板在高强度螺栓连接位置开长圆孔，并与剪切板之间夹有 3mm 厚的黄铜板，保证摩擦系数稳定。其中可恢复功能预应力装配式钢框架由钢柱和预应力钢梁组成。在地震作用下，短梁段与长梁段节点之间产生开口并进行摩擦耗能。当地震作用结束后，结构在预应力钢绞线的作用下实现可恢复，节点开口闭合，结构功能恢复。

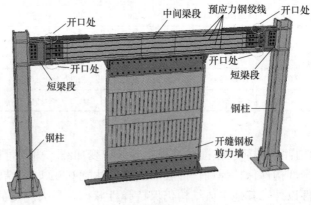

图 4-49 构造示意图

依据提出的设计方法设计本试验可恢复功能预应力装配式钢框架试件尺寸、钢绞线以及螺栓大小和数量。试验可恢复功能预应力装配式钢框架为单跨单层，试件比例为 3∶4，试件高 3150mm，跨度为 6000mm，钢柱、中间梁段、短梁段截面分别为 H300×300×20×30、H450×250×14×16、H482×250×14×30，所有构件均采用 Q345B 钢。预应力钢绞线采用 8 根 1×19 钢绞线，初始索力为 $0.25T_u$（T_u 为极限拉力，$T_u=580$kN）。

开缝钢板剪力墙的设计参考《钢板剪力墙技术规程》JGJ/T 380—2015，试件如图 4-50 所示，采用 Q345B 钢，宽度为 2200mm，板厚取 8mm，开两排缝，缝宽为 20mm，缝间小柱的宽度为 80mm，相应的宽厚比 b/t_w 为 10。为约束钢板墙的面变外形，加劲肋截面惯性矩应符合下式规定：

$$I_{sy} \geq \frac{15t_w^3 L_e}{12(1-\nu^2)} \tag{4-8}$$

式中：I_{sy}——竖直方向加劲肋的截面惯性矩；
　　　t_w——钢板剪力墙的厚度；
　　　L_e——钢板剪力墙的净跨度；
　　　ν——钢材的泊松比。

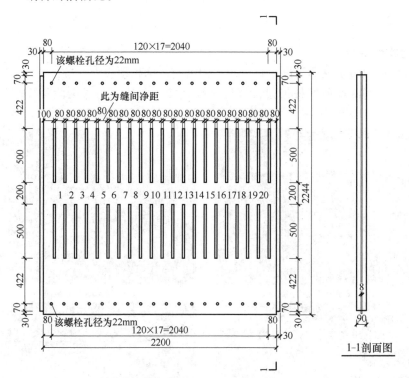

图 4-50　钢板剪力墙试件详图

经过计算，本试验中开缝钢板剪力墙两侧加劲肋采用 30mm×90mm 的矩形钢板。

开缝钢板剪力墙和框架梁采用螺栓连接，连接构造应符合《钢板剪力墙技术规程》JGJ/T 380—2015 规定。

螺栓最大剪力 V_{max} 计算公式如下：

$$V_{\max}=\sqrt{V_H^2+(1.5V_v)^2} \tag{4-9}$$

$$V_H=\frac{2n_c W_{ew}}{hn_1}f \tag{4-10}$$

式中：V_H——高强度螺栓的水平剪力；

W_{ew}——缝间小柱的弹性截面弯曲模量（mm^3）；

V_v——板上倾覆力矩M_1引起的螺栓竖向剪力，各螺栓分担的剪力按照线性分布；

n_1——墙板上端或下端高强度螺栓个数；

n_c——柱状部条数；

f——钢材的抗拉、抗压和抗弯强度设计值。

板上倾覆力矩计算公式如下：

$$M_1=\frac{4}{3}\frac{n_c W_{ew}f}{h}H_e \tag{4-11}$$

式中：M_1——板上倾覆力矩；

h——开缝钢板剪力墙缝高度（mm）；

H_e——钢板剪力墙的净高度（mm）。

经过计算，连接螺栓采用10.9级M20的摩擦型高强度螺栓，栓孔直径为22mm。

4.4.2 试验方案

1. 试验构件拼装

拼装过程模拟施工现场工序，首先完成钢梁的拼接和预应力张拉工作。长梁段腹板与焊接在短梁端部的两块剪切板通过高强度螺栓连接，剪切板与长梁段腹板之间插入黄铜板，如图4-51（a）所示。在长梁腹板与短梁段横向加劲肋之间穿入预应力钢绞线，如图

(a) 短梁段中间梁段拼装就位

(b) 布置预应力钢绞线

(c) 对两端进行预紧

(d) 精确调节索力

图4-51 拼装可恢复梁及张拉钢绞线

4-51（b）所示；在短梁段纵向加劲肋处安装锚具及调节螺母，采用 45t 千斤顶对锚固端和张拉端进行预张拉，如图 4-51（c）所示；然后用 30t 千斤顶和调节螺母配合将索力精确调节至预定值，如图 4-51（d）所示，最后在锚具末端安装防松螺母，预应力钢梁拼接和张拉工序完成。

柱脚与实验室地梁通过压梁连接以达到实际工程中的固接形式，将预应力钢梁吊装到两柱之间，梁端与柱子采用传统的栓焊混合连接方式。梁端剪力墙与钢框架通过高强度螺栓进行连接，平面框架安装完毕后，由于该试件为单榀框架，为了防止发生构件面外失稳，在试件两侧加设四道侧向支撑，最后将作动器与结构加载端进行连接，安装完毕后如图 4-52 所示。

图 4-52　整体结构

2. 加载装置

试验在北京建筑大学结构实验室水平加载装置上完成。水平往复加载采用成都邦威 8 通道 200t 电液伺服控制系统作动器，其一端固定在反力墙上，另一端与梁加载端用 4 根 M50 高强丝杠连接，竖向荷载通过三个竖向千斤顶在东西两侧柱顶和梁跨中位置进行施加，加载装置见图 4-53。

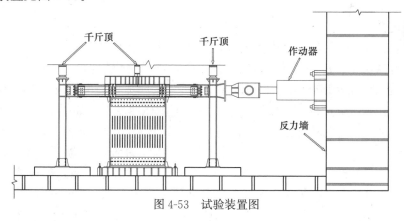

图 4-53　试验装置图

3. 加载制度

根据《建筑抗震试验规程》JGJ/T 101—2015，采用框架的层间位移角进行控制加载，如图 4-54 所示，试验的加载历程为：（1）0.00375，2 个循环；（2）0.005，2 个循环；（3）0.0075，2 个循环；（4）0.01，2 个循环；（5）0.015，2 个循环；（6）0.02，2

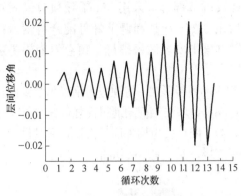

图 4-54 加载制度

个循环。由于设备条件限制，本试验做到层间位移角 1/50 时停止。试验正式加载前，先在柱顶和梁中分别施加 755kN 和 96kN 的竖向轴力，再进行水平加载，加载速度为 15mm/min。

4. 测量内容

试验过程中数据的采集主要有以下内容：

（1）荷载的测量

试验过程中的水平和竖向荷载由作动器上的荷载传感器实时监测。

（2）预应力钢绞线索力的测量

钢绞线索力采用中国航天空气动力技术研究院生产的 BK-1 型传感器和静态应变仪相结合的方式进行监测。

（3）位移的测量

如图 5-55 所示，在东西柱柱顶分别布置量程为 150mm 的大位移计记录柱顶位移，节点开口处通过 4 个直线位移电位计进行监测；在钢板墙上排开缝以及两排缝中间处的侧向位置布置 4 个位移计用来测量墙板水平位移，在东西两侧柱底和钢板墙底部分别布置两个位移计监测柱脚以及墙板底部的水平滑移量。

（4）应变的测量

试件在加载过程中，通过布置应变片对试件的应变变化进行实时监测，在钢梁翼缘和腹板以及加强板等位置布置应变片，记录加载过程中钢梁的应变变化，在东西两侧柱脚、中部、顶部柱翼缘以及节点域位置布置应变片和应变花，测量钢柱的应变变化，在钢板墙四个角部缝间小柱等处布置应变片和应变花来监测钢板墙的受力性能变化，在墙板两侧的加劲肋上下位置布置应变片，测量其塑性发展，试件具体的应变片布置方案如图 4-55 所示。

5. 试验现象

试验开始后，首先在东西两侧柱顶以及梁跨中位置施加轴力，此后进行水平位移加载。在试件加载初期，层间位移角 0.00375 时，结构无明显现象。加载到层间位移角 0.005 时，钢板剪力墙四个角部及对角线部位应变增大明显，其中墙板西侧下部应变最大达到 $2009\mu\varepsilon$，开始进入塑性，钢板沿对角线方向产生屈曲变形，如图 4-56 所示，卸载至零点附近时屈曲变形发生反向变形，但没有响声，钢板墙在对角方向形成了轻微拉力带。当层间位移角达到 0.0075 时，该结构处于弹塑性阶段，钢板剪力墙西侧上部应变较大，最大达到了 $2500\mu\varepsilon$，缝间短柱沿拉力带方向开始出现弯扭失稳现象，钢板墙发生整体面外屈曲变形，拉力带形成，两侧加劲肋出现轻微面外变形，如图 4-57 所示，结构位移回到平衡位置附近时，钢板墙拉力带以及屈曲变形忽然改变方向并发出低沉的响声。钢梁和钢柱均处于弹性状态。

当层间位移角为 0.01 时，钢板剪力墙全面进入塑性，拉力带形成愈加明显，面外屈曲变形加重，墙西侧上角部第一排缝间短柱端部出现轻微裂纹，如图 4-58、图 4-59 所示。开裂处出现裂纹的主要原因是钢板墙在往复荷载作用下对角线位置率先形成拉力带，

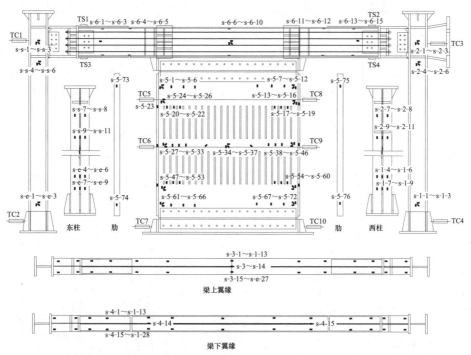

图 4-55 试件测点布置

图 4-56 层间位移角 0.005 时的试验钢板剪力墙照片

图 4-57 层间位移角 0.0075 时的试验钢板剪力墙照片

图 4-58 层间位移角 0.01 时的试验照片

图 4-59 缝间小柱轻微撕裂

角部受力最大，因此缝间短柱首先会被撕裂，而钢梁和钢柱此时仍然处于弹性阶段，梁柱连接节点产生开口，最大开口达到 1.8mm，对应的开口转角为 0.4%。

如图 4-60 所示，当层间位移角为 0.015 时，钢板墙东侧上部及西侧下部的竖缝处也出现轻微撕裂现象，原撕裂部位的裂缝有继续开展变大的趋势，钢板在往复荷载作用下，面外变形加重，形成较为清晰的对角拉力带，钢板墙两侧加劲肋屈服并出现屈曲。梁柱节点最大开口达到 4.2mm，对应的开口转角是 0.93%。

当层间位移角达到 0.02 时，钢板墙的面外变形严重，缝间短柱均发生弯扭失稳，竖缝部位多处出现裂缝，原有裂缝继续扩展，如图 4-61 所示。钢板墙两侧加劲肋屈曲变形较大，如图 4-62 所示，但加劲肋与墙板连焊缝处并未出现断裂现象，此时，钢框架仅有东侧柱子的柱脚进入塑性，最大应变达到 $4000\mu\varepsilon$，东侧短梁段上翼缘应变达到 $1528\mu\varepsilon$，梁柱节点开口为 7.4mm，对应的开口转角为 1.64%。

图 4-60　0.015 试验照片　　图 4-61　0.02 试验照片　　图 4-62　加劲肋变形照片

如图 4-63 所示，试验结束卸载后，开缝钢板剪力墙面外鼓曲且缝间短柱弯扭失稳严重，两侧加劲肋存在侧向变形。梁柱节点最大残余开口为 0.7mm，开口转角为 0.02%，梁柱基本恢复到初始位置，实现了震后可恢复。拆除构件时发现钢板剪力墙与钢框梁连接采用的高强度螺栓保持完好，未发生螺栓滑移现象，说明本试验中采用的高强度螺栓连接墙梁方式是安全可靠的。

图 4-63　试验结束后钢板剪力墙照片

4.4.3 试验结果分析

1. 滞回曲线

可恢复功能预应力装配式钢框架-开缝钢板剪力墙结构的滞回曲线见图4-64，加载初期结构刚度较大，并处于弹性加载阶段（0.005），荷载-位移曲线接近线性关系。随着荷载增大，开缝钢板剪力墙开始进行屈服耗能，结构刚度发生退化，滞回曲线的斜率较上一级略有减小，但滞回环的包络面积较上一级变大并趋于饱满。层间位移角达到0.01时，梁柱节点出现开口并进行摩擦耗能，由于钢板墙在对角线以及角部位置鼓曲变形加重且钢板剪力墙在开缝处开始出现裂纹，此时的荷载-位移曲线发生轻微捏拢，但总体形状仍饱满。试件的弹塑性层间位移角达到规范限值1/50时，由于实验室设备条件限制停止试验，但是此时试件的承载力并未出现下降，表现出良好的变形能力。

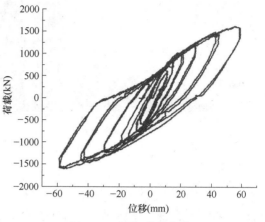

图4-64 荷载-位移曲线

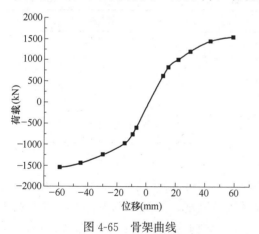

图4-65 骨架曲线

2. 骨架曲线

结构的骨架曲线如图4-65所示。结构在初始加载阶段，可恢复功能预应力装配式钢框架和钢板墙共同抵御外力，随着侧移的增大，钢板墙缝间短柱率先失稳，墙板屈服耗能，导致结构整体刚度减小，但此时墙板仍能提供足够的刚度并承担更多的荷载作用。从骨架曲线图可以看出，结构的承载力随着位移的增大而增大，未出现减小现象，骨架曲线表现为稳步上升，但上升的速率逐渐减慢。当层间位移角达到1/50时，钢板墙的塑性发展比较充分，骨架曲线走向趋于平缓，水平荷载增长越来越慢，此时该结构仍未达到峰值承载力，且还有继续增长的趋势。

3. 耗能能力

根据规范，结构耗能能力的大小可以用能量耗散系数E来衡量，E越大表明结构的耗能能力越好。通过计算结构第一圈加载的滞回曲线面积得到结构耗散的能量值（图4-66），再求得此时结构的能量耗散系数，来衡量结构在各个加载级中的耗能能力以及耗能变化趋势，结构耗能性能的具体数据如表4-21所示。

在层间位移角0.00375时，结构耗能较小，能量耗散值仅为4542kN·mm；在层间位移角0.005时，钢板墙在对角方向形成轻微拉力带，钢板墙部分观测点开始进入塑性并耗能，能量耗散值为13633kN·mm；在层间位移角0.0075时，观测点进入塑性部分增

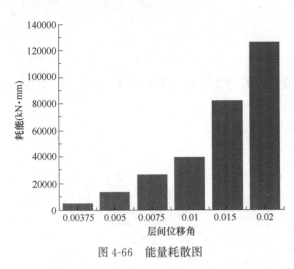

图 4-66 能量耗散图

多，钢板墙在对角线方向形成拉力带，且缝间短柱沿拉力带方向开始出现弯扭失稳，耗能持续增大，能量耗散值为 26511kN·mm；在层间位移角 0.01 时，钢板墙面外屈曲变形加重，部分缝间短柱端部出现轻微裂纹，此时梁柱节点产生开口进行摩擦耗能，与钢板墙共同耗能，能量耗散值增长至 39127kN·mm；在层间位移角 0.015 时，钢板墙的变形由整体屈曲变形转变为以缝间短柱的弯扭变形为主，由于缝间短柱端部新裂缝的出现以及旧裂缝的持续扩展，梁柱节点开口继续增大，能量耗散值增长迅速，达到 81046kN·mm；在层间位移角 0.02 时，缝间短柱端部持续出现新裂缝，原有裂缝继续扩展，梁柱节点开口达到最大，此时的能量耗散值增也达到最大，为 125994kN·mm。结构通过开缝钢板剪力墙屈服耗能和梁柱节点产生开口耗能，表现出良好的耗能能力。

能量耗散分析　　　　　　　　　　表 4-21

层间位移角	耗散能量(kN·mm)	能量耗散系数 E
0.00375	4542	0.350
0.005	13633	0.510
0.0075	26511	0.640
0.01	39127	0.817
0.015	81046	0.913
0.02	125994	0.972

4. 承载力和刚度退化

取各个加载级中第二个循环的峰值荷载与第一个循环的峰值荷载的比值作为承载力退化系数。表 4-22 为各个加载级结构承载力退化系数及刚度，图 4-67 为试件的承载力退化系数曲线，其波动均较小，保持在 0.9 以上，说明该结构的承载能力较稳定。结构刚度反映了结构变形能力，由于试件中墙板产生塑性变形以及梁柱节点产生开口，刚度会在反复荷载作用下减小。本试验采用每个加载级在第一个循环时所对应的割线刚度，从正负两个方向反映割线刚度退化程度的不同，试件刚度退化曲线见图 4-68。结构初始正向和负向刚度大小分别为 72098N/mm 和 85357N/mm。在层间位移角 0.005 时，结构的正向和负向刚度分别为 63319N/mm 和 73464N/mm，较初始刚度分别下降了 12.18% 和 13.95%；在层间位移角 0.0075 时，结构的正向和负向刚度分别为 50363N/mm 和 53649N/mm，较初始刚度分别下降了 30.15% 和 37.15%，分析原因可知，开缝钢板墙缝间短柱沿拉力带方向开始出现弯扭失稳现象，开缝钢板墙发生整体面外屈曲变形，导致刚度下降；在层间位移角 0.01 时，结构的正向和负向刚度分别为 42835N/mm 和 42217N/mm，较初始刚度分别下降了 40.58% 和 50.54%，分析原因可知，此时梁柱节点产生开口，开缝钢板剪力

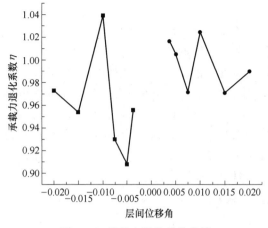 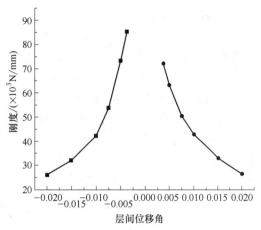

图 4-67 承载力退化系数曲线　　　　　图 4-68 刚度退化曲线

结构承载力退化系数及刚度　　表 4-22

层间位移角	承载力退化系数 η	割线刚度 K_i/(N/mm)	K_i/K
0.00375	1.02(0.96)	72098(85357)	1
0.005	1.00(0.91)	63319(73464)	0.878(0.861)
0.0075	0.97(0.93)	50363(53649)	0.698(0.628)
0.01	1.02(1.04)	42835(42217)	0.594(0.494)
0.015	0.97(0.95)	33132(32126)	0.459(0.376)
0.02	0.99(0.97)	26451(26116)	0.367(0.306)

注：① （　）内数值表示负方向对应数据；
　　② K 为初始刚度。

墙塑性发展面积增大且钢板墙竖缝位置出现裂纹，导致结构刚度降低较多。在层间位移角 0.01 以后，结构刚度退化曲线越来越趋于平缓，总体来看，结构刚度退化持续、稳定。

5. 应变变化

通过试验数据分析可得到，钢框架主体结构发生应变较大位置分别是柱脚、梁柱节点域位置，其他部位应变值较小、均处于弹性状态，构件截面的屈服应变为 $2000\mu\varepsilon$，表 4-23 为构件截面最大应变值，加载至层间位移角 0.0075 时，结构构件均处于弹性状态；在层间位移角 0.01 时，梁柱节点域应变最大，接近屈服，应变值为 $-1726\mu\varepsilon$，结构构件均处于弹性状态；在层间位移角 0.015 时，东柱柱脚部分区域开始进入塑性，最大应变值为 $-2123\mu\varepsilon$，其他构件均处于弹性状态；在层间位移角 0.02 时，东柱柱脚翼缘处部分观测点最大应变值为 $-4000\mu\varepsilon$。尽管梁、柱节点域翼缘应变值较大，但始终低于屈服应变，处于弹性状态。开缝钢板剪力墙能够很好地保护可恢复钢框架主体结构，使之在规范限值层间位移角（1/50）时基本处于弹性状态。

构件截面最大应变值　　表 4-23

层间位移角	0.00375	0.005	0.0075	0.01	0.015	0.02
柱脚应变($\mu\varepsilon$)	−823	−934	−1033	−1541	−2123	−4000
梁柱节点域应变($\mu\varepsilon$)	−576	−789	−1193	−1726	1591	1943
梁翼缘应变($\mu\varepsilon$)	−355	−424	−606	1164	−1448	1559

6. 索力与可恢复能力

在水平荷载作用下，中间梁段与短梁段连接竖板的接触面脱开，预应力钢绞线伸长，索力增大，开口闭合后，预应力索基本恢复到初始长度和初始索力值。本试验中初始预应力为145kN（$0.25T_u$）。表4-24给出不同层间位移角时钢绞线最大索力T_{max}与极限索力T_u的比值，其中索1、索2、索3、索7为中间索，剩余4根为外侧索。在层间位移角为0.01时，梁柱节点产生开口，最大开口为1.8mm，此时最大索力为$0.352T_u$，加载结束回到平衡位置时，恢复至初始索力；在层间位移角为0.015时，梁柱节点最大开口为4.2mm，最大索力为$0.371T_u$；在层间位移角为0.02时，梁柱节点开口达到7.4mm，最大索力达到$0.448T_u$，索力值为260kN，远小于钢绞线屈服索力。

不同层间位移角时最大索力与极限索力比值T_{max}/T_u　　　表4-24

层间位移角	索1	索2	索3	索4	索5	索6	索7	索8
0.00375	0.260	0.263	0.264	0.286	0.317	0.328	0.264	0.264
0.005	0.266	0.275	0.269	0.296	0.322	0.337	0.269	0.277
0.0075	0.274	0.276	0.270	0.303	0.332	0.353	0.270	0.274
0.01	0.266	0.279	0.276	0.311	0.332	0.352	0.276	0.290
0.015	0.264	0.276	0.284	0.326	0.341	0.371	0.284	0.302
0.02	0.278	0.297	0.296	0.347	0.356	0.448	0.296	0.316
结束	0.245	0.247	0.242	0.236	0.247	0.251	0.252	0.248

当试验结束卸载后，最大索力为$0.252T_u$，索力值为146kN，最小索力为$0.236T_u$，索力值为137kN，钢绞线索力较初始索力最大降低5.5%，平均索力为142.6kN，较初始索力平均降低3.3%，索力降低值均在10%以内。梁柱节点最大残余开口为0.7mm，开口转角为0.02%，基本恢复到初始位置，由此可见结构具有良好的可恢复能力，且试验过程中的最大索力远小于钢绞线屈服索力，为结构能够承受更大地震作用提供良好基础。

4.5　本章小结

本章4.1节、4.2节对带有单、双中间柱的可恢复功能预应力平面钢框架减震体系进行拟动力子结构试验，并完成了可恢复功能预应力装配式平面钢框架-中间柱型阻尼器减震体系的理论分析，得到如下结论：

（1）8度（0.2g）多遇地震作用下，可恢复功能预应力装配式钢框架-双中间柱型阻尼器初始刚度更大，层间位移角更小。两榀框架的层间位移角均未超过弹性位移角限值1/250。两榀框架中间柱摩擦阻尼器只提供附加刚度，主体结构处于弹性状态。达到了"多遇地震节点无开口、中间柱不滑动、结构无损伤"的设计目标。

（2）8度（0.2g）设防地震作用下，可恢复功能预应力装配式钢框架-双中间柱型阻尼器节点开口和中间柱阻尼器滑动更小，层间位移角更小。试验结束后，两榀框架索力无降低，仍保持在弹性状态，达到了"设防地震节点开口耗能、中间柱轻微滑动，结构主体结构无损伤"的设计目标。

（3）8度（0.2g）罕遇及9度罕遇地震作用下，可恢复功能预应力装配式钢框架-双中间柱型阻尼器极限承载力更大，耗能性能更优。中间柱摩擦阻尼此时主要提供附加阻尼。试验结束后，可恢复功能预应力装配式钢框架-中间柱型阻尼器节点能够实现自闭合，可恢复功能预应力装配式钢框架-双中间柱型阻尼器仍保持弹性状态，可恢复功能预应力装配式钢框架-单中间柱型阻尼器部分构件进入屈服状态，达到了"罕遇地震结构损伤很小，能正常使用"的设计目标。

（4）0.8g 峰值加速度地震作用下，可恢复功能预应力装配式钢框架-双中间柱型阻尼器的层间位移角仍小于 1/50，其控制结构侧移效果更好。试验结束后，两榀框架的索力降低均在 8% 以内，充分说明钢绞线张拉和锚固方法的可靠。可恢复功能预应力装配式钢框架-中间柱型阻尼器在经历极罕遇地震后结构损伤较小，为结构承受多次余震奠定基础，达到了"极罕遇地震主体结构损伤较小仍能正常使用"的性能化设计目标。

（5）中间柱型摩擦阻尼器具有两阶段功能性，即在小震作用下不滑动或轻微滑动，主要提供附加刚度；在中震和大震作用下产生滑动，主要提供附加阻尼及一定的刚度，耗散地震能量。总体来看，可恢复功能预应力装配式钢框架-双中间柱型阻尼器控制结构侧移效果更好，极限承载力更大，耗能性能更优，同样能够实现性能化设计目标。当多高层钢结构不能在跨中处设单中间柱阻尼器时，可以考虑选择可恢复功能预应力装配式钢框架-双中间柱型阻尼器。

（6）对中间柱型摩擦阻尼器进行力学模型简化，分为连接构件和阻尼器两部分。将中间柱型摩擦阻尼器的功能分为提供附加刚度和附加阻尼两部分，推导出带中间柱的可恢复功能预应力装配式钢框架的理论滞回模型，并且根据中间柱的附加刚度与框架刚度之间的相对大小进行分类。设计中间柱型摩擦阻尼器的 T 形板和 L 形板的尺寸并对阻尼器的各部件之间的缝隙进行量化，推导出其最小值。

本章 4.3 节设计了一个 8 层带中间柱的可恢复功能预应力钢框架，对其进行了两层子结构拟动力试验和拟静力试验，得到如下结论：

（1）拟动力试验中，在 8 度（0.2g）多遇、设防、罕遇，8 度（0.3g）罕遇，9 度罕遇和峰值加速度为 0.8g 的地震动作用下，框架最大层间位移角分别为 1/384、1/212、1/120、1/87、1/68 和 1/52，说明中间柱大大提高了结构的抗侧刚度。试验结束后主体结构都恢复到了初始位置。

（2）随着地震波峰值加速度的增加，层剪力-位移滞回曲线包围的面积逐渐增大，说明中间柱摩擦阻尼器耗能机制逐步发挥，结构的耗能能力有了明显提高。摩擦板滑开后恢复到初始位置是个逐渐的过程。试验结束后，可以通过放松中间柱摩擦耗能器上的耗能螺栓使其恢复原位。

（3）从整个试验框架典型部位的应变时程和最大塑性应变数值来看，结构在 8 度（0.2g）多遇、设防、罕遇，8 度罕遇（0.3g）时结构无塑性、无损伤。9 度罕遇地震时长梁加强板出现塑性应变，柱脚翼缘直到 0.8g 地震波作用下才有塑性应变出现，其他主体结构仍处于弹性状态。

（4）本次试验梁柱连接处开口较小，梁柱节点开口宽度最大仅为 5.11mm，钢绞线索力变化不大，预应力降低也很小。预应力钢绞线为结构提供了良好的复位机制。

（5）通过拟静力试验得到了两层中间柱预应力平面钢框架的层剪力-层位移滞回模型，有限元分析滞回曲线与试验曲线较为吻合，为进一步进行该体系的拟动力试验打下基础。

（6）从整个试验过程来看，中间柱摩擦阻尼器的设置，一方面极大地提高了结构的侧移刚度，另一方面结构在中震和大震时摩擦阻尼器滑动耗能，实现了预期设计的目标。该体系适合应用于跨度较大的拉索预应力钢框架结构和高震区建筑。

本章 4.4 节通过一榀可恢复功能预应力装配式钢框架-开缝钢板剪力墙结构在低周往复荷载作用下的拟静力试验研究，对结构的滞回曲线、骨架曲线、耗能能力等指标进行分析，得出以下结论：

（1）在层间位移角 0.005（1/200）时，结构具有较高的初始刚度，开缝钢板墙开缝部位部分进入塑性并开始耗能；在层间位移角 0.0075（1/133）时，由于开缝钢板墙发生整体面外屈曲变形，耗能增大，刚度下降。

（2）在层间位移角 0.01（1/100）时，梁柱节点出现开口进行摩擦耗能，由于开缝钢板墙面外屈曲变形加重且角部竖缝位置产生裂纹，耗能提高，结构刚度继续下降，承载力提高。

（3）在层间位移角 0.015（1/67）时，开缝钢板墙的变形由整体屈曲变形转变为缝间短柱的弯扭失稳为主，梁柱节点出现开口增大，此时滞回曲线在平衡位置处略有捏缩，能量耗散值增长迅速，结构刚度下降较为平缓，结构表现出良好的耗能能力。

（4）在层间位移角 0.02（1/50）时，开缝钢板墙缝间短柱均发生弯扭失稳，裂缝持续发展位裂缝持续增加并扩展，结构耗能增大，承载力并未下降，刚度继续平缓下降，装配式自复位钢框架仍然基本处于弹性状态。

（5）试验结束回到平衡位置后，结构表现出良好的开口闭合机制，索力降低值和梁柱节点最大残余开口均较小，且试验过程中的最大索力远小于钢绞线屈服索力，为结构能够承受更大地震作用奠定良好基础。

（6）可恢复功能预应力装配式钢框架-开缝钢板剪力墙结构初始刚度高且刚度退化持续、稳定，承载力高，耗能能力优，钢板墙能够有效地保护主体结构，震后自复位并通过更换钢板墙恢复主体结构功能。

第 5 章

可恢复功能预应力装配式空间钢框架性能研究

本章对可恢复功能预应力装配式空间钢框架进行了拟动力和拟静力试验研究。基于一个 8 层原型结构，设计了一个两层 2×1 跨的可恢复功能预应力装配式空间钢框架的缩尺试验模型（缩尺比例为 0.3∶1），选取 El-Centro 波和 Superstition Hills 波进行拟动力加载试验，通过分析模型结构在地震作用下的位移响应、节点开口变化、各层的滞回性能以及钢绞线的索力变化、关键部位的应变等性能指标，研究可恢复功能预应力装配式空间钢框架的动力性能。进一步进行了模型结构的拟静力试验，研究该体系更大结构侧移时的滞回性能、耗能能力和塑性发展情况，以及楼板作用对预应力装配式钢框架的影响。针对所提出的带新型次梁构造的楼板体系，构建了考虑楼板效应的可恢复功能预应力装配式空间钢框架节点的弯矩-转角理论模型。

5.1 预应力装配式空间钢框架结构设计

对空间钢框架进行试验研究，既能够更加全面地反映可恢复功能预应力装配式空间钢框架在地震作用下的结构响应和抗震性能，又能直观体现楼板系统对可恢复功能预应力装配式空间钢框架的影响。本节设计了一个可恢复功能预应力装配式空间钢框架的 8 层原型结构，根据实验室条件，对原型结构进行了缩尺（缩尺比例为 0.3∶1），选取底部两层 2×1 跨的可恢复功能预应力装配式空间钢框架作为试验子结构，并提出新型次梁构造，以确保整体结构实现自复位机制。

5.1.1 原型结构设计

在国内外研究成果的基础上，结合可恢复功能预应力装配式空间钢框架特点和现行国家标准《建筑抗震设计规范》GB 50011—2010（2016 年版）的相关要求，设计了一个使用年限为 50 年的可恢复功能预应力装配式空间钢框架 8 层原型结构，安全等级为二级，抗震设防类别为重点设防类，设防烈度为 8 度，设计基本地震加速度为 0.2g，场地类别为Ⅲ类。考虑楼板自重，楼面恒荷载值共计 7.0kN/m^2，楼面活荷载取 2.0kN/m^2，屋面活荷载取 2.0kN/m^2，雪荷载取北京地区 100 年一遇雪压 0.45kN/m^2。结构平面图如图 5-1 所示，最外围框架作为抗侧力体系，采用可恢复功能预应力装配式钢框架，在图中以实线标出。Y 向轴线数为 5，X 向轴线数为 7，两个方向的跨度均为 9m，首层层高 4.2m，2～8 层层高均为 3.3m。框架柱采用□650×650×34，框架梁采用 H750×350×22×28；

内部框架仅承受竖向荷载，其梁柱节点均采用铰接连接，框架柱采用□500×500×24，框架梁采用 H750×350×22×28。

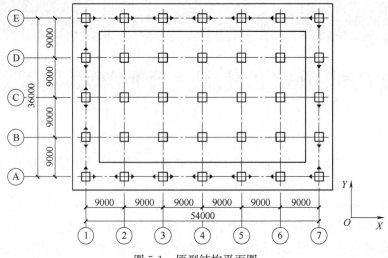

图 5-1　原型结构平面图

采用结构设计软件 ETABS 对原型结构进行抗震设计，表 5-1 列出了原型结构的前三阶振型信息，第 1 阶振型和第 2 阶振型分别为沿 Y 轴和 X 轴的平动，第 3 阶振型为扭转，前三阶振型的周期分别为 2.290s、1.927s 和 1.328s。图 5-2 给出了原型结构在 ETABS 中的弹性设计结果，第 3 层的 Y 向层间位移角最大，为 0.38%，小于规范要求的弹性层间位移角限值 0.4%（即 1/250）；1 层 Y 向的剪重比最小，为 0.034，大于规范要求的最小值 0.032。

原型结构前三阶振型信息　　　　　　　　　　表 5-1

振型阶数	周期(s)	扭转系数	
		X	Y
1	2.290	0.000	1.000
2	1.927	1.000	0.000
3	1.328	0.332	0.668

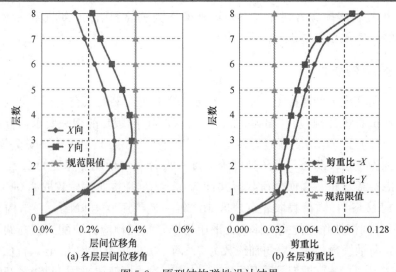

(a) 各层层间位移角　　　　　(b) 各层剪重比

图 5-2　原型结构弹性设计结果

5.1.2 模型主体结构设计

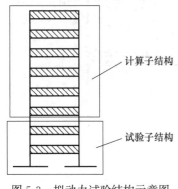

图 5-3 拟动力试验结构示意图

选取底部两层 2×1 跨的钢框架作为试验子结构，3~8 层框架作为计算子结构，如图 5-3 所示。按表 5-2 中的相似系数对原型结构进行缩尺，对钢框架进行设计和相似转换时，除满足规范中的常规设计要求之外，还要遵循以下几点原则：(1) 可恢复功能预应力装配式空间钢框架临界开口弯矩 $M_{IGO}=(1.1\sim1.2)M_{des}$，其中 M_{des} 为原型中梁端最大设计弯矩值；(2) 保证长梁段具有足够强度，经相似转换得到的模型结构的临界开口弯矩 M_{IGO} 与长梁截面塑性极限弯矩 M_P 之比需保持不变；(3) 保证结构具有自复位能力，即索力提供的消压弯矩 $M_d \geq 0.6M_{IGO}$。

模型相似系数　　　　　表 5-2

长度(L)	应力(FL^{-2})	弯矩(FL)	时间(T)
0.3	1	$(0.3)^3$	$(0.3)^{0.5}$

试验模型如图 5-4（a）、(b) 所示，轴线编号沿纵向从左至右为①、②、③，即加载端紧邻③号轴线，沿轴线从下至上为Ⓐ、Ⓑ，为便于定位，下文均采用轴线号和楼层数描述具体位置，如Ⓐ-②柱表示轴线Ⓐ与轴线②相交处的框架柱。缩尺后的首层层高 1.26m，二层层高 1.0m，X 向跨度 2.7m，框架柱采用焊接 H 型钢 HW200×200×10×14，自复位长梁段采用 HM194×150×6×9，短梁段采用 H204×150×8×14，柱加劲肋厚度为 30mm，短梁横向加劲肋和纵向加劲肋厚度为 14mm，连接竖板厚度为 20mm，中间梁段翼缘加强板厚度为 6mm，长度 300mm，模型结构的加工图如图 5-4（c）所示。腹板摩擦阻尼器使用 2 个扭剪型 M16 高强度螺栓，强度等级为 10.9。每根梁采用 4 根极限强度 1860MPa、规格 $\phi 1\times 7$mm 的钢绞线，公称直径为 15.2mm，单根预应力钢绞线初始索力值为 65kN，即 $0.25T_u$（T_u 为极限索力值，取实测值 260.4kN）。

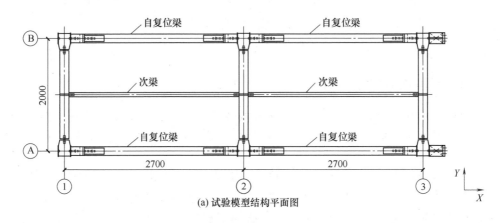

(a) 试验模型结构平面图

图 5-4 试验模型构造（一）

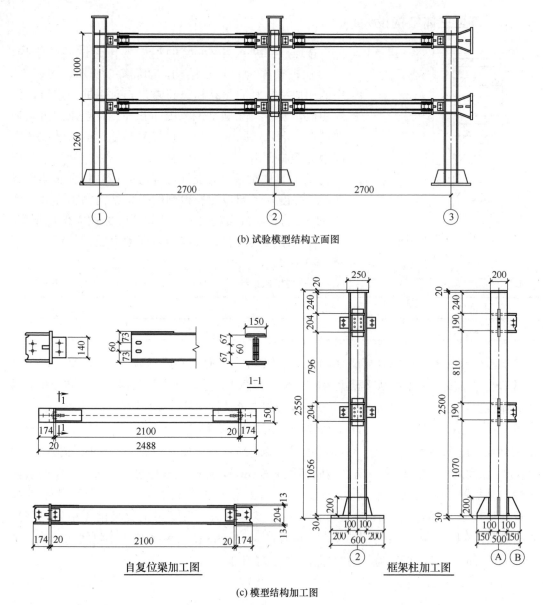

(b) 试验模型结构立面图

(c) 模型结构加工图

图 5-4 试验模型构造（二）

5.1.3 新型次梁构造设计

梁柱节点在地震作用下产生开口是确保实现自复位机制的必要条件，然而普通楼板为整体浇筑，与框架梁做一体式连接，所以将对自复位机制产生不利影响，甚至使其失效。

针对可恢复功能预应力装配式空间钢框架提出新型次梁构造，该次梁的主要作用是承受竖向荷载，而对节点开口导致的框架"膨胀"效应无刚性约束作用。如图 5-5（a）所示，浅色部分为可滑动次梁，其连接方法与工程常用的次梁与主梁连接方法类似，如图 5-5（b）所示，为了实现其滑动机制，在次梁端部开设长槽孔，通过在次梁与连接板之

第5章 可恢复功能预应力装配式空间钢框架性能研究

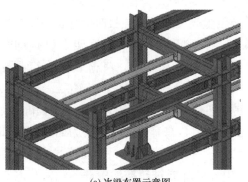
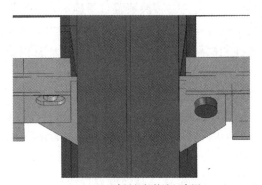

(a) 次梁布置示意图　　　　　　　　(b) 次梁细部构造示意图

图 5-5　滑动次梁布置及细部构造

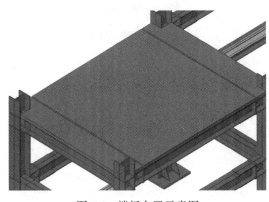

图 5-6　楼板布置示意图

间布置聚四氟乙烯板或其他方式来减小摩擦系数，使框架膨胀时次梁对其产生的约束作用减少甚至消除。如图 5-6 所示，为检验此种次梁的工作机理，在试验的模型结构中铺设常用的压型钢板-混凝土组合楼板，其中一部分楼板固定在短梁段和 Y 向的框架梁上，另一部分楼板同时固定在 X 向主梁和次梁上，利用其自身较大的刚度约束了次梁的扭转变形，并使滑动次梁与主梁在地震作用下保持相同的水平位移，产生节点开口后，框架柱轴线间距变大，次梁与连接板之间随之产生滑动，结构自复位机制正常运转。

5.2　预应力装配式空间钢框架拟动力试验研究

本节对 2×1 跨可恢复功能预应力装配式空间钢框架进行了子结构拟动力试验研究。本次试验的子结构选自底部两层，以便能够真实模拟柱脚的变形和受力情况对应于 8 度（0.2g）多遇地震、设防地震、罕遇地震，8 度（0.3g）罕遇地震及更高等级的地震作用，试验时将 El-Centro 和 Superstition Hills 波的峰值加速度（PGA）分别调幅至 0.07g、0.2g、0.4g、0.51g、0.62g、0.8g 和 1.0g 进行拟动力加载试验，主要分析模型结构在地震作用下的位移响应、节点开口变化、各层的滞回性能、钢绞线的索力变化以及关键部位的应变等性能指标。下文在对构件进行定位时，均采用上文所述的表示方法。

5.2.1　拟动力试验设计

1. 加载装置

试验的模型结构可以认为是串联在一起的两自由度结构体系，所以在控制加载时使用两个作动器即可，这就要求在模型结构与作动器之间设置转换装置。转换装置的设计应满足以下原则：①转换装置自身应有足够刚度，避免较大变形给试验结果带来误差；②转换装置应与框架有可靠连接，确保传力正常；③转换装置与模型结构连接时应尽量减小对框架柱和框架梁的影响（如穿孔和大面积施焊等）。基于以上原则，在框架上设置加载端，将设计好的转换梁与加载端连接，作动器作用于加载梁中部，将荷载平分给两榀框架。

为确保加载装置的可靠性，使用 ABAQUS 建立加载端和转换梁的有限元实体单元模型，如图 5-7 所示，加载端在实际状态下焊接在框架柱上，在有限元模型中为简化模型和保守设计考虑，将其根部定义为图中所示的固端约束。加载端和转换梁的连接方式模拟真实情况，使用 M30 高强度螺栓连接，在试验过程中，丝杆穿过转换梁中部的预留孔洞与作动器连接，转换梁在拉力作用下受荷面积最小，为最不利情况。为简化模型同时不影响模拟的真实性，设定参考点 RP 与转换梁的预留孔洞内表面为耦合约束，将 2000kN 拉力作用于参考点处。结果表明，转换梁中点位移与荷载呈正比例关系，如图 5-8 所示，转换装置基本处于弹性工作状态，满足强度要求。在荷载达到 2000kN 时，转换梁中点最大位移仅为 3mm，基本满足刚度要求。

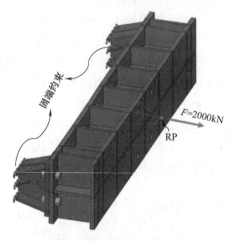

图 5-7 加载端和转换梁

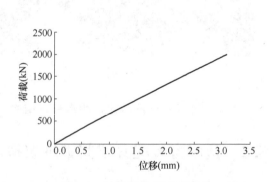

图 5-8 转换梁荷载-位移曲线

如图 5-9 所示，水平荷载的施加由固定在反力墙上的两个高精度 200t 电液伺服作动器完成，为模拟实际状态下柱子的受力状态，根据轴压比相同的原则，用一个 100t 和一个 200t 电液伺服作动器、竖向反力架和结构顶部的若干加载梁完成对结构竖向荷载的施加。除了上述硬件设施之外，对于子结构拟动力试验，本文试验采用的拟动力试验平台是湖南大学郭玉蓉教授等人开发的多层结构远程协同拟动力试验平台（NetSLab_MSBSM1.0.0）。

2. 拟动力试验参数的确定

与振动台试验不同，通过计算中心，根据理论层间恢复力模型、地震加速度求解动力方程得到子结构的响应，可恢复功能预应力装配式空间钢框架结构层间恢复力模型为典型的双旗帜模型，如图 5-10 所示，需要输入的参数有：产生开口前的结构刚度 K_1，开口后的刚度 K_2，临界开口时的层间位移 d_1 和最大开口转角对应的结构层间位移 d_2，这些参

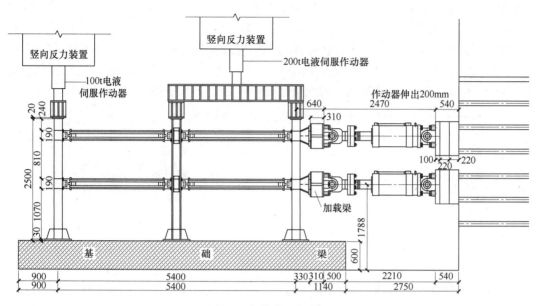

图 5-9 加载装置示意图

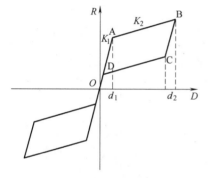

图 5-10 理论层间恢复力模型

数可以通过有限元分析获得,各参数的具体数值见表 5-3。对于试验子结构,与振动台试验不同的是,拟动力试验无需对模型结构进行配重,只需将层质量输入到计算中心,再通过作动器对模型结构进行刚度测试而获得初始刚度参数,代入到动力平衡方程中,计算出的结构响应再反馈给作动器而施加于结构上,同时作动器也将反馈结构恢复力至计算中心进而进行下一步计算,如此往复至整条地震动数据计算完成。

拟动力试验输入参数　　　　　　　　表 5-3

楼层	M (t)	K_1 (kN/m)	K_2 (kN/m)	d_1 (mm)	d_2 (mm)
8	135	66774	14327	4.27	4.27
7	139	58638	12856	3.69	3.69
6	139	58638	12856	3.69	3.69
5	139	58638	12856	3.69	3.69
4	139	58638	12856	3.69	3.69
3	139	55214	7321	4.97	4.97

3. 地震波的选取

图 5-11～图 5-14 分别给出了地震波记录 El-Centro(简称 El 波)和 Superstition Hills(简称 SH 波)的时程曲线,将两条地震波峰值加速度调整至 0.4g,并利用 SeismoSignal 软件将时程曲线转换为加速度反应谱。使用 ABAQUS 对 8 层子结构进行频率分析,得到

模型结构水平荷载作用方向的自振周期为 1.1247s，按照上文所述的缩尺比例反推可得整体结构的自振周期为 2.05s，规范谱在此时的加速度约为 0.25g，El 波和 SH 波反应谱在此时的加速度均约为 0.24g，吻合程度较高，且两条波与规范谱在平台段也均吻合较好。试验按照地震波峰值加速度（PGA）由小到大的顺序（以 PGA=0.07g 开始，按照研究需求依次调高峰值）对结构进行不同水准地震作用下的拟动力试验。

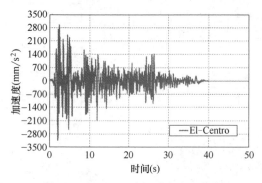

图 5-11 El-Centro 地震波时程曲线

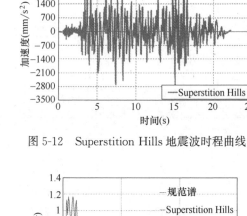

图 5-12 Superstition Hills 地震波时程曲线

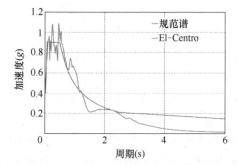

图 5-13 El-Centro 地震波加速度反应谱

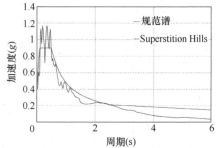

图 5-14 Superstition Hills 地震波加速度反应谱

4. 测量内容

（1）荷载测量：水平作动器自带传感器测量试验构件的承载力，竖向作动器的自带传感器输出轴力大小。

（2）钢绞线索力变化：特制 30t 压力荷载传感器在张拉和试验过程中对钢绞线的索力值进行实时记录。

（3）螺栓紧固力监测：6 个特制螺栓应变计集中安放在靠近②轴与Ⓑ轴相交节点处（二层 4 个，一层 2 个），对腹板摩擦阻尼器的高强度螺栓紧固力变化进行实时监测。

（4）位移测量：对①轴处的两根柱子，使用两个量程为 150mm 的位移计监测二层层高处的位移变化，两个量程 100mm 的位移计监测一层层高处的位移变化；对于②、③轴仅监测与Ⓑ轴相交处的柱子一、二层层高处位移，位移计布置如图 5-15 所示。

（5）节点开口和次梁滑动量的测量：使用体型较小的量程 40mm 直线位移计监测节点开口大小，在次梁上翼缘内部粘贴量程 25mm 的位移计，对 4 根次梁的两端滑动量均进行检测，共计 8 个位移计。

（6）应变监测：本试验主要研究可恢复功能预应力装配式空间钢框架各部位塑性应变的开展顺序和程度，以及在大变形情况下结构的塑性损伤情况。③轴框架柱与加载装置相连,其应变开展规律不具有代表性,所以对框架柱的应变监测主要集中在①轴和②轴。对梁的应变监测则主要集中在长梁段两端,对节点域的应变监测集中在距离楼板较近的框架柱翼缘处和整个腹板区域,应变片布置如图 5-16 所示。

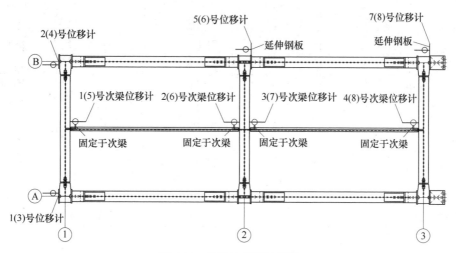

图 5-15　位移计布置示意图
（注：括号内为二层位移计编号）

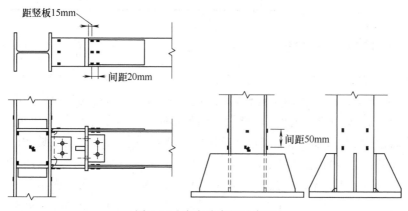

图 5-16　应变片布置示意图

5. 材料性能

模型结构所用钢材均为 Q355B,钢板厚度主要有 6mm、8mm、10mm、12mm、14mm 五种,依据金属材料拉伸试验方法进行试件材料力学性能试验,得到的钢材基本力学性能参数见表 5-4,由表中数据可见,钢材的基本力学性能符合建筑结构用钢的要求。

钢材基本力学性能参数　　　　　　　　表 5-4

试样编号	厚度 (mm)	弹性模量 ($\times 10^3$N/mm^2)	屈服强度 (N/mm^2)	抗拉强度 (N/mm^2)	伸长率
6-1	6	206.6	381.6	482.7	23.1%
6-2	6	205.4	382.4	481.4	25.2%
6-3	6	204.5	380.5	481.4	25.4%
平均值	6	205.5	381.5	481.8	24.6%

续表

试样编号	厚度(mm)	弹性模量($\times 10^3$ N/mm^2)	屈服强度(N/mm^2)	抗拉强度(N/mm^2)	伸长率
8-1	8	210.1	403.2	544.2	24.4%
8-2	8	208.5	412.4	544.8	25.4%
8-3	8	209.2	410.9	555.9	23.8%
平均值	8	209.3	408.8	548.3	24.5%
10-1	10	206.2	431.2	563.7	26.4%
10-2	10	204.2	437.8	567.3	22.6%
10-3	10	206.7	429.5	546.0	28.4%
平均值	10	205.7	432.8	559.0	25.8%
12-1	12	201.6	455.8	575.1	26.4%
12-2	12	210.0	459.7	576.4	28.6%
12-3	12	206.3	438.8	572.0	27.3%
平均值	12	206.0	451.4	574.5	27.4%
14-1	14	206.9	390.3	521.5	30.9%
14-2	14	210.3	365.2	473.2	29.0%
14-3	14	208.6	376.4	490.0	27.2%
平均值	14	208.6	377.3	494.9	29.0%

5.2.2 拟动力试验结果分析

1. PGA 为 0.07g～0.51g

当 PGA 为 0.07g～0.4g 时，试验结构响应始终较小，结构完全处于弹性状态，这主要是因为试验子结构取自底部两层，最大层间位移响应在计算子结构中出现。至 PGA=0.51g 时，试验子结构开始产生微小开口间隙，但是整体侧移现象仍不明显。

图 5-17 和图 5-18 给出了 PGA 为 0.4g 和 0.51g 时，El 波和 SH 波作用下结构的层滞回关系曲线，为便于对比不同等级地震波作用下的曲线特征，两条波作用下的滞回曲线横纵坐标上下限统一。PGA 为 0.07g～0.51g 时的具体试验结果在表 5-5 中列出，从中可以看出，由于一层层高较高，其层间位移亦较大，结构的一层滞回曲线对二层滞回曲线形成包络特征。PGA=0.4g 时，在 SH 波作用下结构一、二层最大层间位移达到 6.31mm、

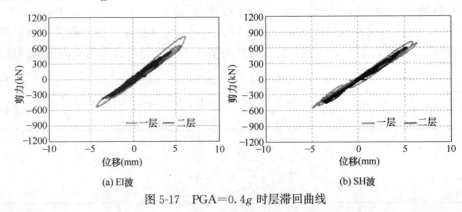

图 5-17 PGA=0.4g 时层滞回曲线

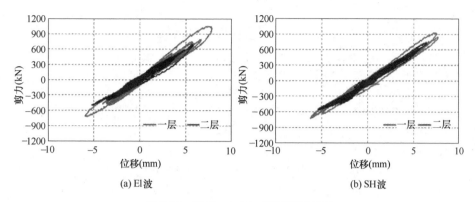

图 5-18　PGA＝0.51g 时层滞回曲线

5.30mm，层间位移角为 0.50%（1/200）、0.53%（1/189），结构层滞回曲线都表现出明显的线性特征。在 PGA＝0.51g 时，El 波作用下结构的一层滞回曲线开始呈现出环状，表明腹板摩擦阻尼器已经耗能。SH 波作用下结构的一、二层最大层间位移虽也已经达到 7.66mm、6.48mm，这与 El 波作用下的 7.88mm、5.80mm 非常接近，SH 波作用下二层的层间位移甚至略大于 El 波作用时的结果，但是滞回曲线无明显耗能特征。

PGA 为 0.07g～0.51g 时试验数据　　　　　表 5-5

地震波	PGA (g)	一层最大层间位移(mm)	一层最大层间位移角	二层最大层间位移(mm)	二层最大层间位移角	最大基底剪力(kN)
El	0.07	1.79	0.14%	1.48	0.15%	232.36
	0.2	3.98	0.32%	3.30	0.33%	499.25
	0.4	6.15	0.49%	4.44	0.44%	826.29
	0.51	7.88	0.63%	5.80	0.58%	1046.38
SH	0.07	2.31	0.18%	1.91	0.19%	320.42
	0.2	4.53	0.36%	3.94	0.39%	516.14
	0.4	6.31	0.50%	5.30	0.53%	710.12
	0.51	7.66	0.61%	6.48	0.65%	927.23

为了考察 8 层子结构在不同水准地震作用下的整体位移响应状况，提取计算中心输出的试验子结构和计算子结构的目标位移，得到图 5-19 所示的各层最大层间位移角关系曲线。从图 5-19 中可以看出，在 PGA＝0.07g 时（相当于 8 度（0.2g）多遇地震），最大层间位移角出现在二层，达到了 0.46%（1/217），超出规范限值 1/250；在 PGA＝0.4g 时（相当于 8 度（0.2g）罕遇地震），子结构的最大层间位移角出现在第四层，为 1.8%（1/56），满足规范对大震弹塑性层间位移角限值（1/50）的规定；当 PGA＝0.51g 时，地震水准已经达到了 8 度（0.3g）罕遇地震的水平，子结构的最大层间位移角仍然出现在第四层，为 2.13%（1/47）。从各层最大层间位移角之间的走势可以看出，本章设计的 8 层子结构在地震作用下的变形较为协调，在 PGA 为 0.4g 和 0.51g 时，第三层的层间位移角较第二层有较大增大，主要是由于为了确保加载装置的刚度和强度，试验子结构的加载端和加载梁都设计得偏保守，致使实际的试验子结构层刚度偏大。

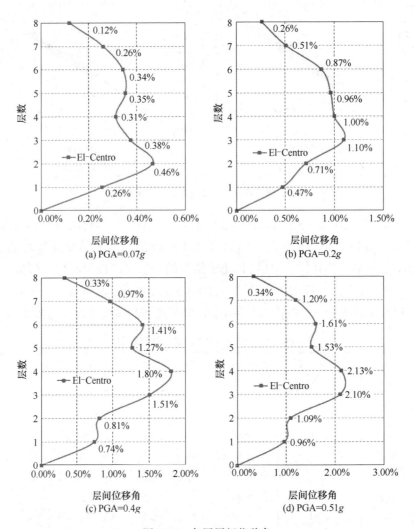

图 5-19 各层层间位移角

为了研究可恢复功能预应力装配式空间钢框架在较大位移时的抗震性能,下文将继续提高地震波峰值加速度,此时,顶部 6 层的计算子结构由于地震作用过大,已经出现了层间位移大幅增长的情况,所以,下文以试验子结构为研究对象,从层间位移变化、节点开口大小、滞回性能、索力和应变 5 个方面对试验结果进行分析。

2. PGA=0.62g

1)位移响应

可恢复功能预应力装配式空间钢框架在非受力方向的主梁为刚接,且有楼板约束,所以整体工作性能较好,研究模型结构位移响应时,取Ⓑ-②柱的实测位移进行分析。地震波的峰值加速度为 0.62g 时,两条波分别作用下的结构一、二层的层间位移时程曲线如图 5-20、图 5-21 所示,从中可以看出可恢复功能预应力装配式空间钢框架在地震作用下的位移响应趋势。一般而言,地震波产生的结构随机振动具有一定的对称性,即正负向的位移峰值相差不大，但从图 5-20 的时程曲线图中可以看出，作动器为推力时内外位移差值较小，所以正向峰值较大，当作动器为拉力时，加载端的连接缝隙被放大，内外位移差值则较大，所以负向峰值较小。对比图 5-20 和图 5-21，El 波作用下结构的正向位移峰值较大，SH 波作用下的负向峰值则较 El 波稍大，地震动结束后，模型结构的残余位移均较小，基本回到位移零点附近。图 5-22 是最大位移（El 波作用下的正向峰值）时三根框

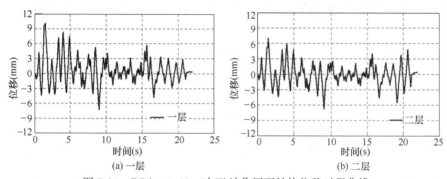

图 5-20　PGA=0.62g 时 El 波作用下结构位移时程曲线

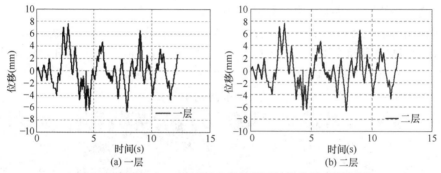

图 5-21　PGA=0.62g 时 SH 波作用下结构位移时程曲线

图 5-22　PGA=0.62g 时框架柱最大位移时侧移情况

架柱的侧移情况，此时由于模型结构设有加载装置，导致东西两侧刚度不对称，最西侧的框架柱又直接与加载端相连，所以此时最西侧的框架柱已经出现了肉眼可见的侧移现象，而其余两根柱则并不明显。

在两条地震波作用下，一、二层的相对走势基本一致，结合表 5-6 给出的位移响应数据，一层最大层间位移出现在 El 波作用时，为 10.11mm，相应层间位移角为 0.8%（1/125）；二层最大层间位移角出现在 SH 波作用时，为 7.65mm，相应层间位移角为 0.61%（1/131）。

PGA 为 0.62g 时试验数据   表 5-6

层数	地震波	层间位移 (mm)	层间位移角 (%)	中间节点开口转角 (%)		残余开口转角 (%)	
				东侧	西侧	东侧	西侧
一层	El	10.11	0.80	0.52	0.43	0.016	0.010
	SH	9.21	0.73	0.55	0.46	0.015	0.021
二层	El	7.03	0.56	0.31	0.24	0.000	0.041
	SH	7.65	0.61	0.36	0.27	0.005	0.005

2）节点开口

考虑楼板作用后，可恢复功能预应力装配式空间钢框架的开口闭合机制会受到怎样的影响是本章研究的主要内容之一，在分析节点开口时，也以Ⓐ-②柱两侧共 4 个节点的开口为代表。El 波地震动作用下，节点的开口现象如图 5-23 所示，一层开口转角明显大于二层开口转角，有一条较细的缝隙，而二层的节点开口现象则不太明显。其中一层东西两侧节点开口分别为 0.52%、0.43%。二层东西两侧节点开口分别为 0.31%、0.24%。结

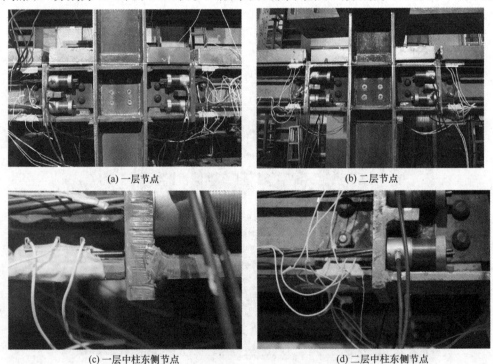

(a) 一层节点　　　　　　　　　　(b) 二层节点

(c) 一层中柱东侧节点　　　　　　(d) 二层中柱东侧节点
　　开口转角0.52%　　　　　　　　开口转角0.31%

图 5-23　PGA 为 0.62g 时 El 波作用下节点开口现象（一）

(e) 一层中柱西侧节点
开口转角0.43%

(f) 二层中柱西侧节点
开口转角0.24%

图 5-23　PGA 为 0.62g 时 El 波作用下节点和现象（二）

合表 5-6 的数据，从残余开口转角的数据可以看出，当结构回到位移零点时，可恢复功能预应力装配式空间钢框架梁实现了复位机制，节点开口基本闭合完全，最大残余开口仅为 0.041%。

3）滞回曲线

PGA＝0.62g 时，两条地震波作用下结构的层滞回曲线如图 5-24、图 5-25 所示，相比 PGA＝0.51g 的地震作用时，滞回曲线的面积明显增大。从中可以看出，正向最大基底剪力为 El 波作用时的 1212.39kN，两条波作用下的结构负向最大基底剪力较为接近，其中 El 波作用时稍大一些，为 835.94kN。对比一层和二层的滞回曲线，由于一层节点开口较二层大，摩擦耗能较多，所以二层的滞回曲线呈环现象没有一层明显。对比两条波作用时的层滞回曲线，虽然 SH 波作用时的层间位移最大值与 El 波相差不多，但是结构的滞回曲线却明显不如 El 波作用时的饱满，这可能与结构位移响应在两条波作用下的走势不同有关。

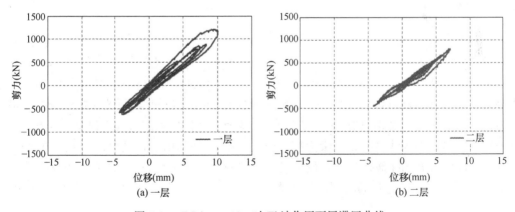

图 5-24　PGA＝0.62g 时 El 波作用下层滞回曲线

4）索力分析

试验过程中使用压力传感器对钢绞线的索力变化进行监测，由于篇幅限制，此处以Ⓑ轴处①-②跨两层 8 根钢绞线为例，分析其索力变化规律。所选取的钢绞线位置和编号如图 5-26 所示，其中框选部分为钢绞线所在位置，断面图 1-1 为钢绞线编号。

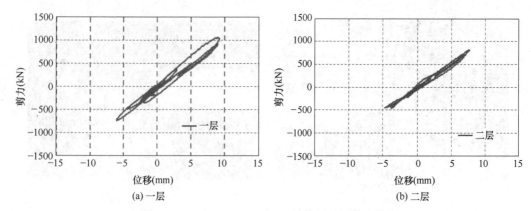

图 5-25　PGA=0.62g 时 SH 波作用下层滞回曲线

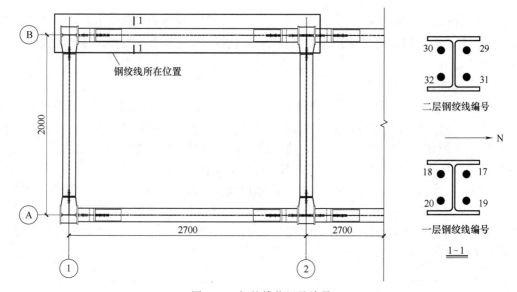

图 5-26　钢绞线位置及编号

表 5-7 为试验过程中索力变化值，试验前钢绞线的索力值为 (65±1.0)kN，规格为 $\phi1mm\times7$、直径为 15.2mm，极限索力值 T_u=260.4kN，所以本次试验钢绞线的初始索力为 $0.25T_u$。从表中可以看出，至试验进行到 PGA=0.62g 时，所选 8 根钢绞线的最大索力值为 $0.247T_u$，最小也有 $0.240T_u$，可以认为无降低现象。试验过程中，当有微小节点开口出现时，钢绞线被拉长，索力随之增大。在 El 波作用下，最大索力达到 69.25kN，约为 $0.266T_u$；在 SH 波作用下，最大索力达到 69.43kN，约为 $0.267T_u$。从表 5-7 中可以看出，当该震级的拟动力加载结束之后，钢绞线的索力基本无降低，最小仍为 $0.267T_u$。

PGA=0.62g 时索力变化值　　　　表 5-7

地震波		索 17 索力 (kN)	索 18 索力 (kN)	索 19 索力 (kN)	索 20 索力 (kN)	索 29 索力 (kN)	索 30 索力 (kN)	索 31 索力 (kN)	索 32 索力 (kN)
El	开始	63.57 (0.244)	63.98 (0.246)	62.53 (0.240)	62.53 (0.240)	64.42 (0.247)	63.69 (0.245)	64.29 (0.247)	62.84 (0.241)

续表

地震波		索17索力 (kN)	索18索力 (kN)	索19索力 (kN)	索20索力 (kN)	索29索力 (kN)	索30索力 (kN)	索31索力 (kN)	索32索力 (kN)
El	最大	69.25 (0.266)	68.48 (0.263)	68.94 (0.265)	69.01 (0.265)	68.26 (0.262)	67.70 (0.260)	67.88 ((0.261)	66.91 (0.257)
	结束	64.19 (0.247)	64.46 (0.248)	62.88 (0.241)	62.83 (0.241)	64.61 (0.248)	64.21 (0.247)	63.80 (0.245)	62.53 (0.240)
SH	最大	69.43 (0.267)	69.32 (0.266)	68.70 (0.264)	69.07 (0.265)	68.57 (0.263)	68.29 (0.262)	67.33 (0.259)	66.91 (0.257)
	结束	64.43 (0.247)	65.48 (0.251)	62.18 (0.239)	62.59 (0.240)	64.25 (0.247)	63.87 (0.245)	62.83 (0.241)	61.62 (0.237)

注:( )中为索力占极限索力值 T_u 比例。

图 5-27 为 El 波作用下钢绞线索力变化曲线,试验过程中梁的两侧节点均有开口,由于节点开口是索力增大的直接因素,故选取两侧开口转角的平均值与索力变化值 T/T_u 绘制关系曲线,从中可以明显看出索力的变化规律呈现出较好的线性特征和复位特征。其中二层的 4 根钢绞线索 29、30、31 和 32 的曲线表现出理想的线性特征,一层的 4 根钢绞线索力与开口转角关系图呈现环状,这主要是因为构件在张拉以及整体拼装时产生了初始偏心和定位误差,而且试验模型不设置侧向支撑,试验楼板所提供侧向约束有限,梁在框架产生侧移时有扭矩作用,对钢绞线的受力产生了不利影响。

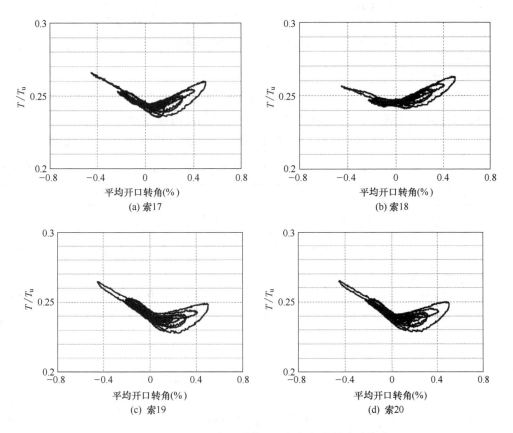

图 5-27 PGA=0.62g 时 El 波作用下框架钢绞线索力变化(一)

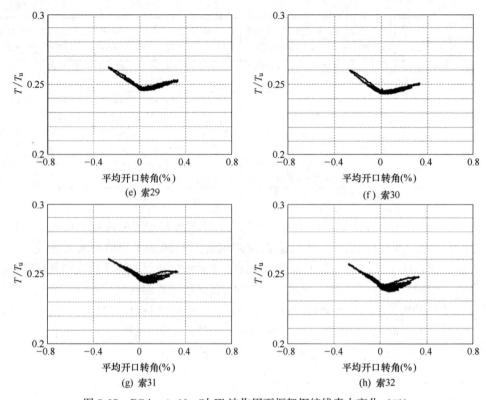

图 5-27 PGA=0.62g 时 El 波作用下框架钢绞线索力变化（二）

5）应变分析

表 5-8 为 PGA=0.62g 时各部位应变数据的最大值，由表中数据可见此时结构各部位仍处于弹性阶段（应变小于屈服应变 $2000\mu\varepsilon$），两条地震波作用下各部位的最大应变基本接近，对比而言，柱脚翼缘，长、短梁段翼缘及加强板的应变增长速度是较快的。

PGA=0.62g 时构件最大应变值（单位：$\mu\varepsilon$） 表 5-8

地震波	长梁段翼缘	短梁段翼缘	加强板	节点域腹板	节点域翼缘	柱脚腹板	柱脚翼缘
El	1629.82	822.35	1216.04	683.39	1216.04	618.31	1358.69
SH	1706.1	840.25	1307.63	670.43	797.54	579.04	1366.48

3. PGA=0.8g

进一步提高地震作用水准，将峰值加速度调幅至 0.8g，结构的各项响应特征较 PGA=0.62g 时继续增大，楼层侧移和节点开口现象更加明显，结构复位机制在滞回曲线中的体现也开始较为明显。

1）位移响应

对比上一个震级，PGA=0.8g 时两条波作用下的位移时程响应有所增大，但其走势仍与上一震级保持一致，如图 5-28 和图 5-29 所示，El 波作用时，结构位移时程波形表现出正负向波峰相互交错、交替出现的特征，而且前期结构位移响应较大，中期和后期比较平缓。SH 波作用下，在位移时程曲线图上所表现出的规律则与 El 波完全不同，前期结

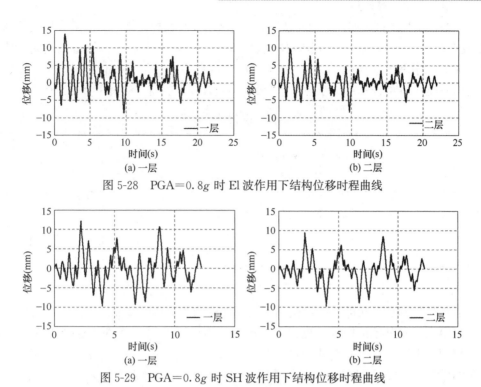

图 5-28 PGA＝0.8g 时 El 波作用下结构位移时程曲线

图 5-29 PGA＝0.8g 时 SH 波作用下结构位移时程曲线

构响应比较平缓，中后期则保持较大位移响应的状态。当地震动结束时，结构均回到位移零点，实现了复位机制。图 5-30 为最大位移时（PGA＝0.8g 时的 El 波正向峰值）东、

图 5-30 PGA＝0.8g 时框架柱最大位移的试验照片

中、西三根框架柱的试验照片，此时从表 5-9 给出的试验数据可知，一层最大层间位移出现在 El 波作用时，为 13.99mm，相应层间位移角为 1.11%（1/90）；二层最大层间位移角同样出现在 El 波作用时，为 9.81mm，相应层间位移角为 0.98%（1/102）。此时已经可以明显地看出框架柱的变形情况，两层的变形较为一致，最大层间位移角相差仅为 0.13%。

PGA＝0.8g 时试验数据　　　　　　　　　　　　表 5-9

层数	地震波	层间位移（mm）	层间位移角（%）	中间节点开口转角（%）		残余开口转角（%）	
				东侧	西侧	东侧	西侧
一层	El	13.99	1.11	0.75	0.65	0.005	0.005
	SH	12.17	0.97	0.79	0.64	0.077	0.005
二层	El	9.81	0.98	0.49	0.38	0.005	0.005
	SH	9.67	0.97	0.63	0.53	0.010	0.000

2）节点开口

随着楼层层间位移角的增大，使用了新型次梁构造形式的楼板系统没有限制节点开口的进一步增大，对其他结构构件也无明显影响。同样以Ⓐ-②柱东西两侧节点为对象进行分析，El 波作用下，4 个节点的开口现象如图 5-31 所示，一层开口变得更加明显，其开口转角同样大于二层开口转角，其中一层东西两侧节点开口分别为 0.75%、0.65%，二层东西两侧节点开口分别为 0.49%、0.38%。结合表 5-9 的数据，可以发现在 SH 波作用时，结构二层的最大开口比 El 波作用时有所增大，在层间位移角与 El 波相近时，节点开

(a) 一层节点

(b) 二层节点

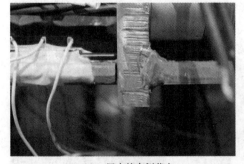

(c) 一层中柱东侧节点
(开口转角0.75%)

(d) 二层中柱东侧节点
(开口转角0.49%)

图 5-31　PGA＝0.8g 时 El 波作用下节点（一）

(e) 一层中柱西侧节点
(开口转角0.65%)

(f) 二层中柱西侧节点
(开口转角0.38%)

图 5-31　PGA＝0.8g 时 El 波作用下节点（二）

口则较大，可见，不同地震波对结构的位移响应和节点开口均有影响。从残余开口转角的数据可以看出，在 PGA＝0.8g 的地震作用结束，结构回到位移零点时，节点开口基本闭合完全，最大残余开口仅为 0.077%。

3）滞回曲线

地震水准提升至 PGA＝0.8g 时，结构的正负向最大基底剪力均出现在 El 波作用时，分别为 1449.83kN 和 940.47kN。图 5-32 和图 5-33 为两条地震波作用下结构各层的滞回

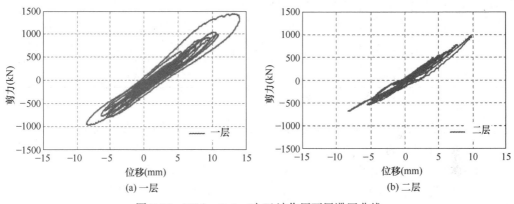

图 5-32　PGA＝0.8g 时 El 波作用下层滞回曲线

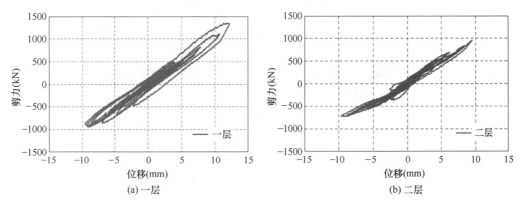

图 5-33　PGA-0.8g 时 SH 波作用下层滞回曲线

曲线，从中可以看出，滞回环面积进一步增大，El 波地震动作用下滞回曲线仍然较 SH 波作用时饱满，而且曲线出现了带有复位特征的捏拢现象，可见，腹板摩擦阻尼器的耗能进一步增大。由于试验的空间结构除了摩擦耗能之外，还存在楼板、次梁、柱脚微小滑动等不确定因素，所以曲线形状无法成为明显的"双旗帜"形。

4）索力分析

随着地震动峰值加速度提高，节点最大开口不断增大，钢绞线索力随之增大，表 5-10 为 PGA＝0.8g 时试验过程中索力变化值，在 El 波作用下，最大索力达到 73.5kN（相当于 $0.282T_u$），在 SH 波作用下，最大索力达到 75.47kN（相当于 $0.29T_u$）。从表 5-13 中可以看出，当该震级的拟动力加载结束之后，钢绞线的索力基本无降低，最小仍为 $0.237T_u$。

PGA＝0.8g 时索力变化值　　　　表 5-10

地震波		索 17 (kN)	索 18 (kN)	索 19 (kN)	索 20 (kN)	索 29 (kN)	索 30 (kN)	索 31 (kN)	索 32 (kN)
El	开始	64.43 (0.247)	65.48 (0.252)	62.18 (0.239)	62.59 (0.240)	64.25 (0.247)	63.87 (0.246)	62.83 (0.242)	61.62 (0.236)
	最大	73.50 (0.282)	72.55 (0.279)	71.61 (0.275)	72.12 (0.277)	70.94 (0.272)	70.90 (0.272)	68.42 (0.263)	67.89 (0.261)
	结束	63.44 (0.244)	64.22 (0.247)	61.25 (0.235)	61.69 (0.237)	63.82 (0.245)	63.05 (0.242)	63.02 (0.242)	61.44 (0.236)
SH	最大	75.47 (0.290)	72.67 (0.279)	73.07 (0.281)	73.92 (0.284)	73.86 (0.284)	74.16 (0.285)	70.67 (0.271)	70.32 (0.270)
	结束	63.87 (0.245)	65.12 (0.250)	61.84 (0.237)	62.47 (0.240)	64.19 (0.247)	63.74 (0.245)	62.95 (0.242)	61.44 (0.236)

注：（　）中为索力占极限索力值 T_u 比例。

图 5-34 为 El 波作用框架钢绞线索力变化，此时钢绞线索力的复位特征更加明显，但同时索 17～20 的非线性特征也更加明显，从图中可以看出，在复位的过程中索力值存在小于初始值的现象，可见构件在张拉以及整体拼装时产生的初始偏心和定位误差对钢绞线的不利影响会随着结构变形的增大而被放大，梁内的扭矩作用增大对钢绞线的受力有不利影响，对梁截面的应力分布也会造成影响。

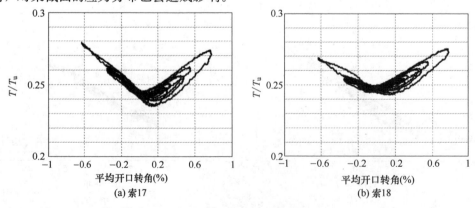

(a) 索17　　　　　　　　　　　　(b) 索18

图 5-34　PGA＝0.8g 时 El 波作用下框架钢绞线索力变化（一）

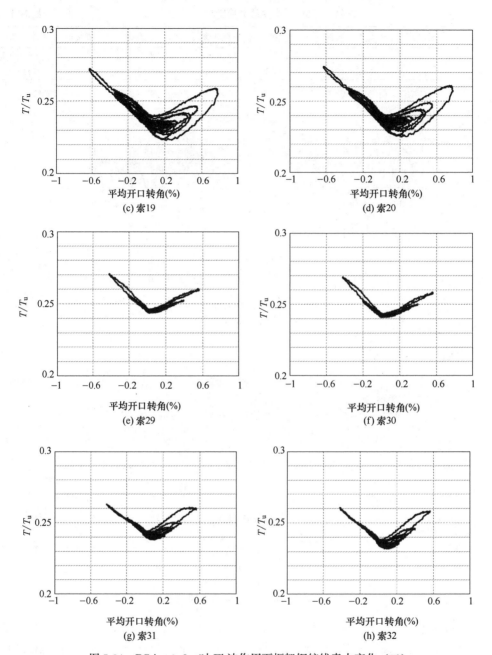

图 5-34 PGA=0.8g 时 El 波作用下框架钢绞线索力变化（二）

5）应变分析

表 5-11 为 PGA=0.8g 时构件的最大应变值。此时，部分翼缘加强板开始产生塑性应变，应变最大值为 SH 波作用时的 2641.03$\mu\varepsilon$，长梁段翼缘的最大应变次之，为 1958.27$\mu\varepsilon$，处于产生塑性的临界状态。此时短梁段翼缘、节点域腹板及翼缘、柱脚翼缘和柱脚腹板均处于弹性状态，由于在节点域焊有加强板，其应变值始终较小。图 5-35 为两条地震动作用下结构应变时程曲线，可以看出，结构各部位的应变发展与结构位移响应基本一致。

PGA＝0.8g 时构件最大应变值（单位：με）　　　　　　　　　　表 5-11

地震波	长梁段翼缘	短梁段翼缘	加强板	节点域腹板	节点域翼缘	柱脚腹板	柱脚翼缘
El	1759.87	898.57	2140.72	828.84	928.11	738.87	1615.64
SH	1958.27	813.81	2641.03	1357.13	963.8	676.51	1615.18

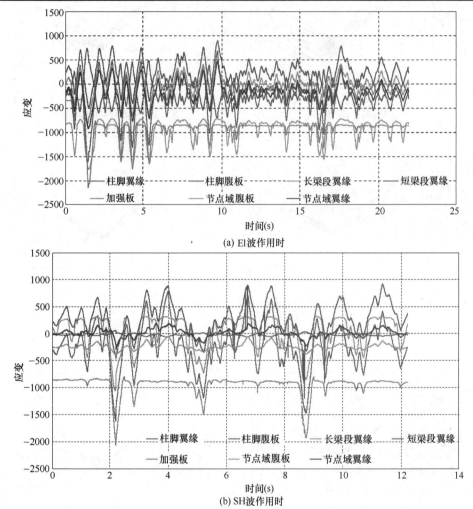

图 5-35　PGA＝0.8g 时应变时程曲线

4. PGA＝1.0g

在 PGA＝1.0g 时，结构位移响应和节点开口不断加大，其时程规律更加明显，基底剪力和索力都明显增大，结构局部位置也进入弹性和塑性的临界状态。

1）位移响应

如图 5-36 所示，El 波作用时，结构位移时程波形与前两级相比仍然无明显变化，正负向的波峰出现时间基本一致，证明结构的刚度基本无变化。结合试验数据表（表 5-12），可以看到结构各层的最大层间位移角均出现在正向，其中一层最大层间位移为 18.9mm，二层最大层间位移为 13.75mm。对比上一级的层间位移角有明显增大，一层由 PGA＝0.8g 时的 1.11%（1/90）增大至 1.5%（1/67），二层由 PGA＝0.8g 时的 0.98%（1/102）增大至 1.09%（1/92）。但是在地震波结束时，各层的位移时程曲线也均恢复至零点附近，表明此时可恢复功能预应力装配式空间钢框架的复位能力仍然较好。图5-37为最大位移时东、中、西3根框架柱的试验照片,图中框架柱的侧移现象较上一级更加明显,柱脚锚栓连接较为可靠,基本无滑移现象。

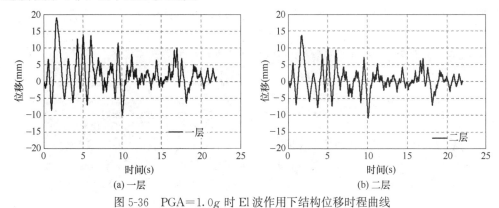

(a) 一层　　　　　　　　　　　　(b) 二层

图5-36　PGA=1.0g 时 El 波作用下结构位移时程曲线

PGA=1.0g 时试验数据　　　　　　　　　　　　表5-12

地震波	层数	层间位移 (mm)	层间位移角 (%)	中间节点开口转角 (%)		残余开口转角 (%)	
				东侧	西侧	东侧	西侧
El	一层	18.9	1.50	1.21	0.90	0.052	0.010
	二层	13.75	1.09	0.77	0.68	0.000	0.010

(a) 东柱　　　　　　(b) 中柱　　　　　　(c) 西柱

图5-37　PGA=1.0g 时框架柱最大位移的试验照片

2) 节点开口

至 PGA=1.0g 时,节点开口现象已经非常明显,El 波作用下,节点如图5-38所示,结合表 5-12 的数据，一层开口转角同样大于二层开口转角：其中一层东西两侧节点开口分别为 1.21%、0.90%，二层东西两侧节点开口分别为 0.77%、0.68%。从残余开口转角的数据可以看出，对比上一级的相应数据，虽然结构最大残余转角相对增大，但是从绝对数值上来看，残余开口转角也仅为 0.052%，节点开口同样实现了闭合机制。

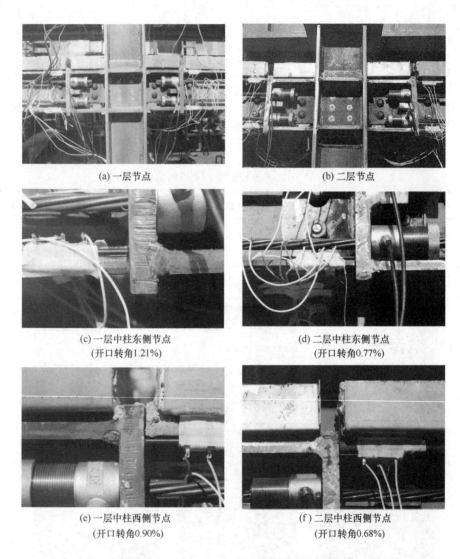

图 5-38　PGA=1.0g 时 El 波作用下节点照片

3）滞回曲线

地震水准提升至 PGA=1.0g 时，结构的正负向最大基底剪力分别增大至 1752.61kN 和 1111.15kN。图 5-39 为结构各层的滞回曲线，从中可以看出，一层滞回环变得更加饱满，无刚度退化现象出现，证明可恢复功能预应力装配式空间钢框架在最大层间位移角达到 1/75 时仍然处于"健康"状态，利于结构的震后继续使用。二层结构开口仍然较小，腹板摩擦耗能在滞回曲线中体现得并不明显，所以其滞回曲线仍然接近线性。

4）索力分析

第5章 可恢复功能预应力装配式空间钢框架性能研究

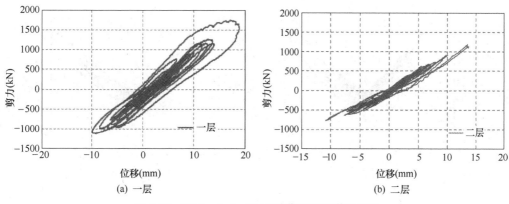

图 5-39　PGA＝1.0g 时 El 波作用下层滞回曲线

PGA＝1.0g 时 El 波作用下框架钢绞线索力变化如图 5-40 所示,此时结构的层间位移角已经达到 1/75,接近我国规范对大震下钢结构层间位移角的限值（1/50）,可见此时的地震作用已经较大。但是由于试验的模型结构缩尺比例为 0.3∶1,其绝对位移和开口的数值都不是很大,所以钢绞线的索力值在 PGA＝1.0g 时仍然保持了较高的安全储备。表 5-13 为 PGA＝1.0g 时索力变化值,从中可以看出,所选 8 根钢绞线的最大索力值为 $0.302T_u$,就绝对数值而言,比初始索力增大了 14.81kN,所以从钢绞线极限索力的角度来考虑,试验的加载位移完全可以继续增大。在试验过程中索力降低现象并未影响结构的复位能力,表明设计时控制索力提供的消压弯矩 $M_d \geqslant 0.6M_{IGO}$ 是较为合理的。加载结束后,8 根钢绞线的索力值都基本回到初始的应力状态,最大的是 30 号钢绞线,其索力值由最初的 63.74kN 变为 63.62kN,仅降低了 0.12kN,所以采用的锚固措施和张拉方法是比较可靠的。

PGA＝1.0g 时索力变化值　　　　表 5-13

地震波		索 17 索力 (kN)	索 18 索力 (kN)	索 19 索力 (kN)	索 20 索力 (kN)	索 29 索力 (kN)	索 30 索力 (kN)	索 31 索力 (kN)	索 32 索力 (kN)
El	开始	63.87 (0.245)	65.12 (0.250)	61.84 (0.237)	62.47 (0.240)	64.19 (0.247)	63.74 (0.245)	62.95 (0.242)	61.44 (0.236)
	最大	78.68 (0.302)	78.31 (0.301)	75.98 (0.292)	76.74 (0.295)	76.61 (0.294)	77.12 (0.296)	74.50 (0.286)	74.34 (0.285)
	结束	63.81 (0.245)	65.24 (0.251)	61.72 (0.237)	62.41 (0.240)	64.31 (0.247)	63.62 (0.244)	63.07 (0.242)	61.62 (0.237)

注：（ ）中为索力占极限索力值 T_u 比例。

5）应变分析

如表 5-14 所示,在 PGA＝1.0g 时,加强板的塑性发展程度加深,最大值已经达到 3714.39με,长梁段翼缘的最大应变值也刚刚超过 2000με,在团队以往的研究中未见长梁段翼缘有塑性应变,分析原因可能是此次空间结构试验中梁的受力情况不如以往理想,存在扭矩作用,正如前文所述,梁的侧向约束不足对截面应力分布产生了不利影响。其余部位依然处于弹性状态,柱脚翼缘应变增长速度较快,达到 1850.61με。应变时程曲线如图 5-41 所示,从中可以看到加强板的应变时程无法回到初始位置,有明显的塑性特征。此时,为了不影响下一步的研究,取消 SH 波的加载。

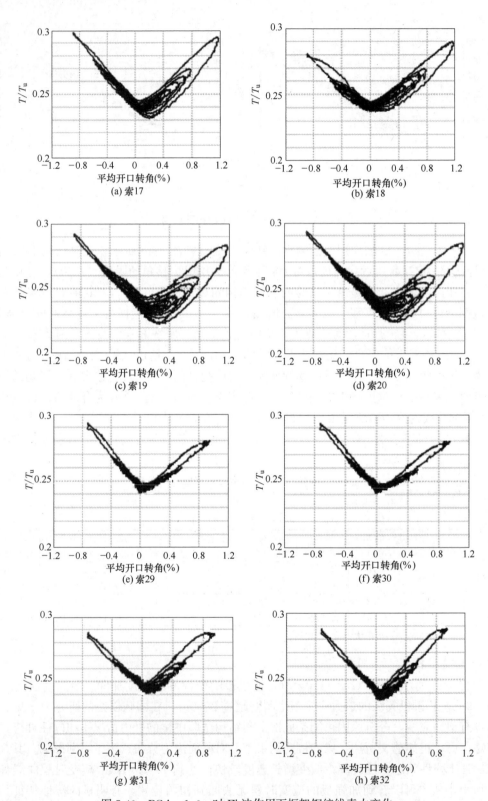

图 5-40　PGA=1.0g 时 El 波作用下框架钢绞线索力变化

PGA＝1.0g 时构件最大应变值（单位：με）　　　　表 5-14

地震波	长梁段翼缘	短梁段翼缘	加强板	节点域腹板	节点域翼缘	柱脚腹板	柱脚翼缘
El	2124.66	1004.73	3714.39	989.61	1178.49	894.08	1850.61

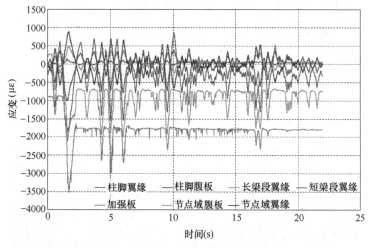

图 5-41　PGA＝0.1g 时应变时程曲线

5.3　预应力装配式空间钢框架拟静力试验研究

模型结构在经过了上节所述的拟动力试验后，仅柱脚翼缘个别部位应变值刚刚超过屈服应变，其他主体结构仍然保持弹性，结构损伤较小。为了更好地考察可恢复功能预应力装配式空间钢框架的滞回性能和更大结构侧移时结构所表现出的各项性能指标，采用拟静力试验方法，对模型结构进行往复荷载作用下的试验研究，研究该体系层剪力-位移的滞回性能、耗能能力和塑性发展情况。

5.3.1　拟静力试验设计

1. 加载制度

参照 AISC（美国钢结构学会）标准中对钢框架抗震性能试验加载历程的相关规定和课题组以往的研究成果，以框架的层间位移角控制加载，如图 5-42 所示，试验的加载历程为：0.00375，2 个循环；0.005，2 个循环；0.0075，2 个循环；0.01，2 个循环；0.015，2 个循环；0.02，2 个循环；0.03，2 个循环；0.04，2 个循环；0.05，2 个循环。加载速度按两层层高之比换算，确保加载时两层同时达到指定位移，由于存在内外位移差，所以加载时

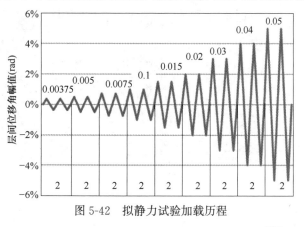

图 5-42　拟静力试验加载历程

以位移计实际测得的结构位移来控制加载。从 ETABS 原模型提取的柱应力状态为轴压比等于 0.12，试验时柱子轴压比仍取该值。

2. 测量内容

空间框架的测量内容和方法与拟动力试验完全相同。

5.3.2 拟静力试验结果分析

1. 试验现象

在描述试验现象时以正向（模型结构受推力时）为例，加载级在层间位移角 θ 在 0.00375~0.005 时，结构整体呈现明显的弹性特征，框架梁柱节点尚未产生开口，侧移现象亦不明显，图 5-43 为模型结构层间位移角 θ 达到 0.005 时模型结构的整体情况。

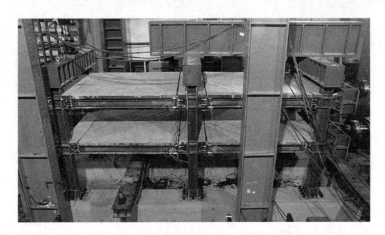

图 5-43　层间位移角 $\theta=0.005$ 时整体结构

当层间位移角 $\theta=0.0075$ 时，模型结构的侧移现象仍然不是肉眼明显可见，但是已经开始出现节点开口现象，图 5-44 给出了此时Ⓐ-②柱东西两侧节点的开口照片。由于开口刚刚出现，节点处于临界开口状态，其开口宽度均较小。表 5-15 列出了自 $\theta=0.0075$ 至加载结束时的正负向节点开口大小，此时，框架柱中柱一层东西侧正向最大开口分别为 1.2mm、0.97mm，其开口转角为 0.62% 和 0.50%。框架柱中柱二层东西侧正向开口分别达到 0.95mm、0.63mm，其开口转角为 0.49% 和 0.32%。

(a) 一层节点　　　　　　　　　　(b) 二层节点

图 5-44　层间位移角 $\theta=0.0075$ 时框架节点开口（一）

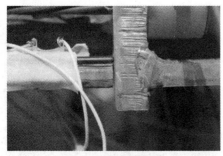
(c) 一层中柱东侧节点开口
(宽度1.2mm，开口转角0.62%)

(d) 二层中柱东侧节点开口
(宽度0.95mm，开口转角0.49%)

(e) 一层中柱西侧节点开口
(宽度0.97mm，开口转角0.50%)

(f) 二层中柱西侧节点开口
(宽度0.63mm，开口转角0.32%)

图 5-44　层间位移角 $\theta=0.0075$ 时框架节点开口（二）

在 $\theta=0.01$、$\theta=0.015$ 两个加载级，模型结构的层间位移角逐渐加大，节点开口也随之增大。至层间位移角 $\theta=0.02$ 时，此时在结构上施加的位移已经达到我国规范规定的钢框架弹塑性层间位移角限值（1/50），如图 5-45 所示，模型结构的整体变形开始变得较为明显，但无肉眼可见的构件损伤，证明该结构具有良好的抗震、减震性能。节点开口也变得明显，如

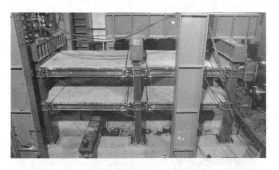

图 5-45　层间位移角 $\theta=2\%$ 时整体结构

图 5-46 所示。中柱一层节点东西侧正向开口分别为 3.92mm 和 3.06mm，其开口转角为

(a) 一层节点

(b) 二层节点

图 5-46　层间位移角 $\theta=2\%$ 时框架节点（一）

(c) 一层中柱东侧节点开口
(宽度3.92mm，开口转角2.02%)

(d) 二层中柱东侧节点开口
(宽度3.63mm，开口转角1.87%)

(e) 一层中柱西侧节点开口
(宽度3.06mm，开口转角1.58%)

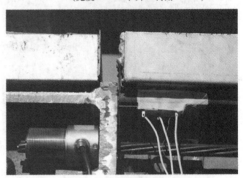
(f) 二层中柱西侧节点开口
(宽度2.84mm，开口转角1.46%)

图 5-46 层间位移角 $\theta=2\%$ 时框架节点（二）

2.02%和1.58%。中柱二层东西侧正向开口分别为3.63mm和2.84mm，其开口转角为1.87%和1.46%。这里表现出了与拟动力试验时相似的现象，即一、二层的层间位移角基本一致时，二层的开口转角要小于一层结构的开口转角。

图 5-47 层间位移角 $\theta=0.04$ 时整体结构

$\theta=0.03$ 时，可以观察到的试验现象仍然只有框架侧移和节点开口。当层间位移角达到0.04时，框架的整体侧移非常明显，如图5-47所示。节点开口情况如图5-48所示，一层中柱节点东西侧正向开口分别为8.17mm和6.53mm，其开口转角为4.21%和3.37%，二层中柱东西侧正向开口分别为8.18mm和6.71mm，其开口转角为4.22%和3.46%。此时，二层节点开口已经有明显增大，开口转角基本与一层相同。

在 $\theta=0.04$ 加载级，除了有结构侧移和节点开口的现象，由于层间位移角过大，柱脚翼缘也发生了肉眼可见的局部屈曲变形，图5-49给出了正向和负向位移峰值时柱脚翼缘的屈曲变形的照片。至此，可恢复功能预应力装配式空间钢框架已经开始形成塑性铰，与普通钢框架对比，可恢复功能预应力装配式空间钢框架首先出现塑性铰的地方是柱脚，其出铰时的层间位移要远远大于普通框架，体现了结构抗震性能的优越性。

(a) 一层节点　　　　　　　　　　　　(b) 二层节点

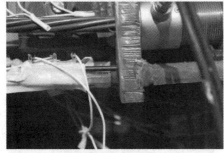 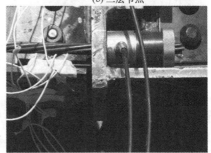

(c) 一层中柱东侧节点开口　　　　　　(d) 二层中柱东侧节点开口
(宽度8.17mm,开口转角4.21%)　　　(宽度8.18mm,开口转角4.22%)

(e) 一层中柱西侧节点开口　　　　　　(f) 二层中柱西侧节点开口
(宽度6.53mm,开口转角3.37%)　　　(宽度6.71mm,开口转角3.46%)

图 5-48　层间位移角 $\theta=4\%$ 时框架节点

(a) 正向位移峰值　　　　　　　　　　(b) 负向位移峰值

图 5-49　层间位移角 $\theta=0.04$ 时柱脚翼缘屈曲变形

为了进一步研究可恢复功能预应力装配式空间钢框架在更大变形时的各项性能，继续加大层间位移角至 0.05，如图 5-50 所示，此时结构整体变形非常明显。中柱一、二层节点开口情况如图 5-51 所示，由表 5-15 可知，此时中柱一层节点东西侧正向开口分别为 9.79mm 和 8.64mm，其开口转角为 5.05% 和 4.45%，中柱二层东西侧正向开口分别为 10.46mm 和 8.71mm，其开口转角为 5.39% 和 4.49%。

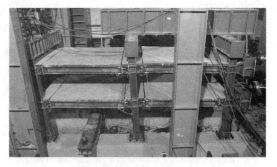

图 5-50 层间位移角 $\theta=0.05$ 时整体结构

(a) 一层节点

(b) 二层节点

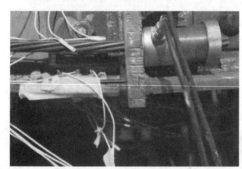

(c) 一层中柱东侧节点开口
(宽度9.79mm，开口转角5.05%rad)

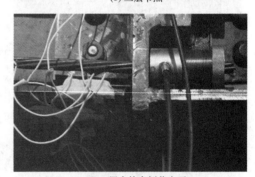

(d) 二层中柱东侧节点开口
(宽度10.46mm，开口转角5.39%rad)

(e) 一层中柱西侧节点开口
(宽度8.64mm，开口转角4.45%rad)

(f) 二层中柱西侧节点开口
(宽度8.71mm，开口转角4.49%rad)

图 5-51 层间位移角 $\theta=0.05$ 时框架节点

对于普通结构而言,层间位移角达到 0.05 时,结构已经面临倒塌的危险。在试验过程中,通过实时监测的试验数据可以看出可恢复功能预应力装配式空间钢框架仍无倒塌迹象,只是柱脚翼缘屈曲变形较上一级明显一些,此外,少数装配式梁出现了翼缘的局部屈曲现象,如图 5-52 所示,在靠近加载端的一侧,一层和二层出现梁的局部屈曲现象,其产生位置都在下翼缘加强板末端,这表明楼板以及加强板都有效地提高了梁抵抗局部失稳的能力。二层梁的局部屈曲现象相对明显,如图 5-52(a)所示,屈曲半波已经出现在腹板处,但是由于楼板的约束作用,没有继续向上翼缘发展。

(a) 二层梁局部屈曲　　　　　　　(b) 一层梁局部屈曲

图 5-52　层间位移角 $\theta=0.05$ 梁屈曲变形

当试验结束,框架被拉回至位移为 0 的位置,由于柱脚和梁翼缘的屈曲变形,节点开口闭合机制受到了影响,从表 5-15 可以发现,一层中柱东西两侧节点均有残余开口,分别为 0.73% 和 0.79%,由于没有柱脚屈曲变形的影响,二层节点的残余节点开口小了许多,东西两侧分别为 0.20% 和 0.16%。相对于如此大的结构侧向位移,自复位节点的残余开口仍然较小。

各加载级的节点开口转角　　　　　　　　　　　　　　　　　　表 5-15

层间位移角	层间位移角方向	一层中柱东侧节点开口转角(%)	一层中柱西侧节点开口转角(%)	二层中柱东侧节点开口转角(%)	二层中柱西侧节点开口转角(%)
0.0075	正	0.62	0.50	0.49	0.32
	负	−0.46	−0.82	−0.53	−0.37
0.01	正	0.89	0.69	0.75	0.51
	负	−0.82	−1.15	−0.91	−0.67
0.015	正	1.45	1.10	1.28	0.96
	负	−1.39	−1.70	−1.42	−1.24
0.02	正	2.02	1.58	1.87	1.46
	负	−2.00	−2.32	−1.96	−1.79
0.03	正	3.06	2.45	3.03	2.41
	负	−3.35	−3.79	−3.38	−3.27
0.04	正	4.21	3.37	4.22	3.46
	负	−4.97	−5.47	−4.85	−4.62
0.05	正	5.05	4.45	5.39	4.49
	负	−6.37	−6.55	−5.65	−5.29
残余开口		0.73	0.79	0.20	0.16

2. 滞回性能

可恢复功能预应力装配式空间钢框架一层和二层的层间剪力-位移滞回曲线见图 5-53，从中可以看出，一层的滞回曲线为饱满的梭形，二层的滞回曲线在层间位移 40mm 时仍呈现出典型的双旗帜形模型，表现出良好的自复位特征；位移 50mm 时，由于构件的塑性变形和梁的屈曲变形，曲线变为梭形。加载初始阶段一、二层滞回曲线大致呈现线性状态，说明结构梁柱节点尚未开口，未出现耗能，加载至 0.0075，一、二层开始形成滞回环，并且随着加载位移的增大，滞回环面积随之增大，证明结构耗能不断的增大，并且在加载至 0.05 时，滞回环面积达到最大，结构耗能达到最大。对比一、二层结构滞回曲线可以看出，由于柱脚的塑性变形，一层结构滞回曲线滞回环面积明显大于二层结构。

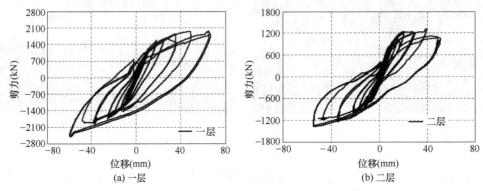

图 5-53 层剪力-层位移滞回曲线

图 5-54 为试验构件在整个拟静力试验过程中的骨架曲线，从中可以看出，钢框架一、二层骨架曲线走势基本一致，证明了试验构件一、二层受力性能基本一致，大致分为三个阶段，第一个阶段加载至 0.0075 之前，两层骨架曲线呈线性增长，证明了结构仍处于弹性状态；第二个阶段加载至 0.0075~0.04，两条骨架曲线开始变得较为平缓，承载力呈上升走势，但由于节点开口，其增长速度明显较第一个阶段慢了许多，即开口后结构刚度出现明显减小。从 0.04 至加载结束，由于柱脚和梁的屈曲变形，结构的正向承载力开始出现下降，由于较大的结构变形，致使结构在推力和拉力作用下的不对称性更加明显，所以负向承载力仍呈上升趋势。这也表明可恢复功能预应力装配式空间钢框架有较好的抗震性能，在层间位移角达到 0.05 时，虽然有构件的局部屈曲，但整体结构的表现依然较为可靠。

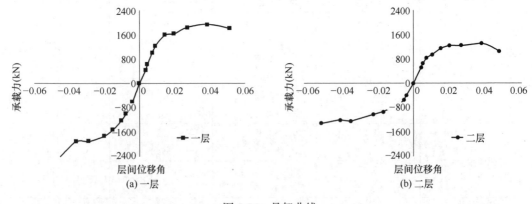

图 5-54 骨架曲线

3. 索力变化

Ⓑ轴处①-②跨两层 8 根钢绞线的索力在各加载级数的变化如表 5-16 所示，图 5-55 为试验过程中索力随平均开口转角的变化情况，综合图表，可以看出此次试验钢绞线的安全余量还是较为充足的，最大索力出现在层间位移角 0.05 时，为 172.73kN，相当于 0.66 T_u。从各加载级结束后的索力情况可以看出，一直到层间位移角为 0.04 时，二层 4 根钢绞线的索力才有明显降低，试验加载结束时最小索力为 0.17 T_u，降幅在 29.2%，这主要是由于二层长梁段在层间位移角 0.04 时后有局部屈曲变形，反观一层的 4 根钢绞线索力，由于①-②跨一层长梁无明显屈曲变形，其最小残余索力仍有 59.78kN。

索力变化　　表 5-16

层间位移角		索 17 索力 (kN)	索 18 索力 (kN)	索 19 索力 (kN)	索 20 索力 (kN)	索 29 索力 (kN)	索 30 索力 (kN)	索 31 索力 (kN)	索 32 索力 (kN)
0.0075	开始	64.80 (0.25)	66.08 (0.25)	62.54 (0.24)	63.31 (0.24)	64.37 (0.25)	63.68 (0.24)	63.19 (0.24)	61.81 (0.24)
	最大	73.50 (0.28)	71.00 (0.27)	71.38 (0.27)	72.18 (0.28)	71.19 (0.27)	71.07 (0.27)	69.40 (0.27)	68.86 (0.26)
	结束	64.86 (0.25)	66.31 (0.25)	62.47 (0.24)	63.19 (0.24)	64.56 (0.25)	63.91 (0.25)	63.07 (0.24)	61.68 (0.24)
0.01	最大	79.86 (0.31)	76.32 (0.29)	77.43 (0.30)	78.06 (0.30)	77.34 (0.30)	77.82 (0.30)	74.80 (0.29)	74.82 (0.29)
	结束	64.06 (0.25)	66.31 (0.25)	61.66 (0.24)	62.23 (0.24)	64.37 (0.25)	63.80 (0.25)	63.13 (0.24)	61.62 (0.24)
0.015	最大	91.21 (0.35)	85.91 (0.33)	87.38 (0.34)	88.31 (0.34)	88.17 (0.34)	89.40 (0.34)	85.14 (0.33)	85.71 (0.33)
	结束	64.37 (0.25)	66.67 (0.26)	61.89 (0.24)	62.71 (0.24)	64.25 (0.25)	63.85 (0.25)	62.95 (0.24)	61.37 (0.24)
0.02	最大	104.36 (0.40)	97.53 (0.37)	98.79 (0.38)	100.18 (0.38)	99.31 (0.38)	101.33 (0.39)	96.02 (0.37)	96.78 (0.37)
	结束	65.11 (0.25)	67.51 (0.26)	62.53 (0.24)	63.61 (0.24)	63.95 (0.25)	63.56 (0.24)	62.83 (0.24)	61.07 (0.23)
0.03	最大	130.03 (0.50)	121.62 (0.47)	121.84 (0.47)	123.19 (0.47)	126.09 (0.48)	130.24 (0.50)	123.99 (0.48)	124.88 (0.48)
	结束	65.23 (0.25)	67.15 (0.26)	63.63 (0.24)	63.07 (0.24)	61.82 (0.24)	60.84 (0.23)	59.78 (0.23)	58.99 (0.23)
0.04	最大	160.20 (0.62)	148.46 (0.57)	149.01 (0.57)	151.42 (0.58)	151.84 (0.58)	157.48 (0.60)	148.97 (0.57)	149.45 (0.57)
	结束	63.93 (0.25)	65.11 (0.25)	61.76 (0.24)	61.58 (0.24)	58.10 (0.22)	56.82 (0.22)	58.32 (0.22)	55.35 (0.21)
0.05	最大	172.73 (0.66)	158.47 (0.61)	162.45 (0.62)	165.03 (0.63)	155.98 (0.60)	163.53 (0.63)	152.39 (0.59)	154.02 (0.59)
	结束	60.17 (0.23)	59.78 (0.23)	60.42 (0.23)	59.78 (0.23)	46.84 (0.18)	45.07 (0.17)	47.21 (0.18)	45.50 (0.17)

注：（ ）中为索力占极限索力值 T_u 比例。

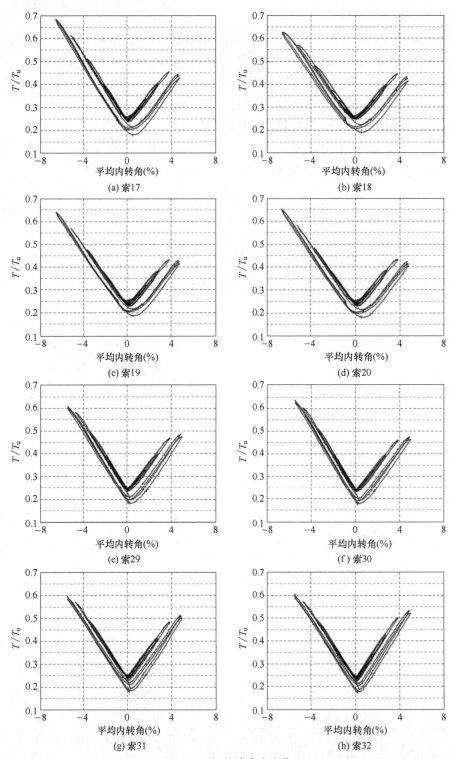

图 5-55 钢绞线索力变化

4. 应变变化

试验结构典型部位在整个拟静力试验过程中的各级应变曲线如图 5-56 所示，图中两条虚线为屈服应变,可见,在层间位移角为 0.015 时,非主要构件加强板进入塑性,柱脚翼缘、长梁段翼缘处于临界状态。当层间位移角为 0.02 时,柱脚翼缘也进入塑性状态。加载至层间位移角 0.04 时,柱脚有屈曲变形产生,其翼缘和腹板处的应变值都超过了 $10000\mu\varepsilon$,长梁段翼缘的应变也超过了 $10000\mu\varepsilon$,但是在试验现象中无明显可见变形,直至最后一个加载级层间位移角 0.05,柱脚和长梁段翼缘屈曲变形明显,其应变值均已超过 $20000\mu\varepsilon$,除了节点域腹板外,各部位的应变均较大,可见节点域加强板的作用是非常明显的。

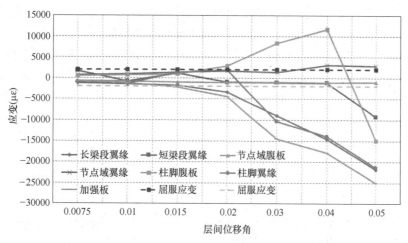

图 5-56 空间框架典型部位应变随层间位移角变化曲线

5.3.3 楼板作用对预应力装配式空间钢框架的影响

1. 楼板对结构的影响分析

对于可恢复功能预应力装配式空间钢框架,长梁段与短梁段在预应力作用下压紧,通过接触面的摩擦力和腹板处的连接板传递剪力,在地震作用下,产生"节点开口"现象,与此同时腹板摩擦耗能,使结构主体构件处于弹性状态,当地震能量消失,弹性能释放,结构才能回到初始状态。但是如图 5-57 所示,对于整体结构,可恢复功能预应力装配式

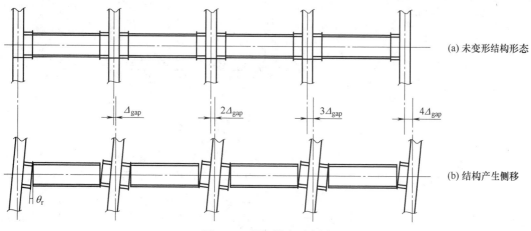

图 5-57 膨胀效应示意图

空间钢框架梁柱节点开口后,框架整体将产生一种"膨胀"效应,即结构变形之后,柱轴线间距较未变形时有增大。设每一个梁柱节点开口宽度为 Δ_{gap},如图 5-57 所示,图 5-57(a)为结构未变形时的状态,图 5-57(b)为结构产生侧移,节点开口。由几何关系可得,梁中线处的开口宽度应为 $\Delta_{gap}/2$,所以任意两柱轴线间距的增量应为 $n\Delta_{gap}/2$,其中 n 为任意两柱轴线间的跨数,由此可知,整体结构的跨数越多,可恢复功能预应力装配式空间钢框架的"膨胀"效应就越明显。

2. 带有新型次梁的楼板影响分析

针对上述现象,提出一种新型的次梁构造形式,目的有两点:第一是保证楼板承受并分配竖向荷载至框架柱和框架梁上,第二是可以放松整个楼板系统对可恢复功能预应力装配式空间钢框架"膨胀"效应的约束作用。为实现最初设想,在试验模型的次梁两端开设长槽孔,并通过在次梁与连接板之间布置聚四氟乙烯板或其他方式来减小摩擦系数,再通过栓钉将楼板、次梁和仅承受竖向荷载的内部框架梁固定。实际结构中的楼板布置形式如图 5-58 所示,虚线框选部分为最外围的梁,内部框架设计为仅承受竖向荷载,本章提出的次梁构造形式在图中以浅灰色线条表示,从图中可见,在实际工程应用时,可恢复功能预应力装配式空间钢框架所处的最外围楼板只与可滑动次梁和内部框架用栓钉连接,紧邻梁内侧加设一道滑动次梁,楼板在梁上仅仅做搭接处理即可,这样既可以达到楼板承担和分配竖向荷载的目的,又可以在框架产生膨胀效应时,使楼板不对可恢复功能预应力装配式空间钢框架产生约束,仅次梁的滑动摩擦力会造成一定的阻碍,但可以通过改变摩擦材料,降低摩擦系数进行优化。

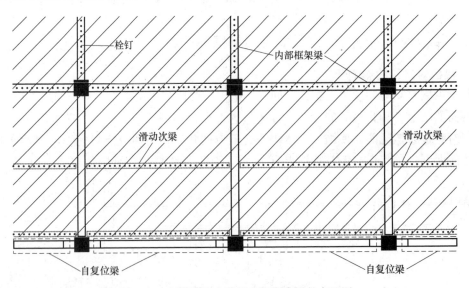

图 5-58　实际结构中楼板和新型次梁的布置图

为了研究该次梁构造的可行性,试验时用位移计监测每根次梁两端的滑动量,理论上讲,次梁的滑动量应该与所在跨两端开口大小的平均值接近,此处取①-②跨的两根次梁进行分析。图 5-59 给出了一、二层次梁滑动量 Δ' 和①-②跨两端开口平均值 Δ 随层间位移角的变化图,从中可以看出开口大小与层间位移角的比值(即深色线条的斜率)要明显大于次梁滑动量与层间位移角的比值(即浅色线条的斜率),这说明节点开口现象是层间位移角变化所直接产生的,而次梁的滑动现象则是节点开口的次生现象,从图形的峰值可以看出,次梁滑动量Δ′明显小于平均开口值Δ。表5-17给出了各加载级正负位移峰值时的次梁滑动和平均节点开口的具体数据,从中可以看出,在加载级为0.0075时,伴随着节点开口现象的出现,次梁开始产生滑动,最大滑动量在一层负向位移峰值时出现,为0.52mm,Δ′/Δ=0.42,表中Δ′/Δ为次梁滑动量与平均开口的比值。在层间位移角0.05之前,随着层间位移角的增大,从表中数据可以看出,Δ′/Δ的值也越来越大,至层间位移角0.04时,次梁最大的滑动量为负向位移峰值时的8mm,占平均开口值的0.79,说明次梁的最大静摩擦力逐渐被克服,滑动也变得越来越顺畅,至此,可以认为新型次梁构造形式已经基本实现了最初的设计目的。在层间位移角0.05时,由于柱脚和梁屈曲变形较大,整个结构的变形开始变得不协调,所以上述规律也就不再适用。

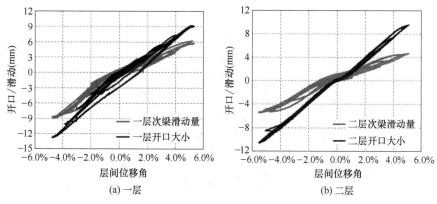

图 5-59　次梁滑动量与开口大小对比

各加载级次梁滑动量和平均节点开口数据　　　　　　　　　　　　　表 5-17

层间位移角	转角方向	一层①-②轴			二层①-②轴		
		次梁滑动量Δ′(mm)	平均节点开口Δ(mm)	Δ′/Δ	次梁滑动量Δ′(mm)	平均节点开口Δ(mm)	Δ′/Δ
0.0075	正	0.42	1.09	0.39	0.38	0.79	0.48
	负	−0.52	−1.25	0.42	−0.17	−0.87	0.20
0.010	正	0.72	1.53	0.47	0.63	1.23	0.51
	负	−0.82	−1.92	0.43	−0.25	−1.53	0.16
0.015	正	1.29	2.48	0.52	1.24	2.17	0.57
	负	−1.39	−3.00	0.46	−0.54	−2.58	0.21
0.02	正	1.93	3.49	0.55	1.62	3.24	0.50
	负	−2.25	−4.20	0.54	−1.20	−3.65	0.33
0.03	正	3.20	5.35	0.60	2.59	5.28	0.49
	负	−5.09	−6.93	0.73	−3.41	−6.46	0.53
0.04	正	4.21	7.35	0.57	3.50	7.45	0.47
	负	−8.00	−10.13	0.79	−5.20	−9.19	0.57
0.05	正	6.13	9.22	0.67	4.68	9.59	0.49
	负	−8.55	−12.53	0.68	−5.42	−10.62	0.51
结束		0.08	−1.48	−0.05	0.74	0.35	2.11

5.4 考虑楼板效应预应力装配式空间钢框架节点弯矩-转角理论模型

本节主要针对提出的带新型次梁构造的楼板体系，研究楼板对梁轴向力的影响并讨论考虑楼板效应后可恢复功能预应力装配式空间钢框架节点弯矩转角关系，针对实际结构中的设计和布置形式给出了相应的理论公式。

图 5-60 为可恢复功能预应力装配式空间钢框架节点典型构造的受力情况，其中索力的合力和传力梁的合力作用点均位于框架梁中轴线上。在考虑楼板效应后，楼板惯性力主要通过传力梁对框架产生作用，作用力主要分为：由传力梁传递的楼板惯性力 $-f^{\text{if}}$ 和由于传力梁自身变形而产生的传力梁附加力 $-f_i^{\text{cb}}$，其中 i 为第 i 个自复位跨。

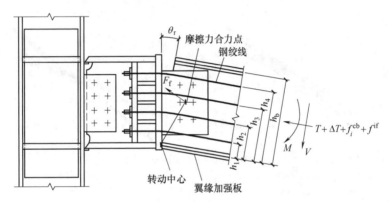

图 5-60 可恢复功能预应力装配式空间钢框架节点典型构造的受力情况

图 5-60 中梁所受到的轴向力可以表示为：

$$F = T + \Delta T + f_i^{\text{cb}} + f^{\text{if}} \tag{5-1}$$

式中：T——初始预应力；

ΔT——节点开口导致的索力增量；

f_i^{cb}——第 i 跨所对应的传力梁附加力，由于传力梁自身变形而产生；

f^{if}——楼板惯性力。

5.4.1 楼板惯性力

楼板惯性力 f^{if} 可由下面公式计算：

$$f^{\text{if}} = \gamma_{\text{Fi}} F_{\text{x}} \tag{5-2}$$

式中：γ_{Fi}——F_{x} 的调整系数；

F_{x}——设计楼层惯性力，主要考虑梁自身的惯性力。

F_{x} 随着结构所承受的地震的增强而增大，可以把 F_{x} 写成 θ_{r} 的函数，F_{x} 和 θ_{r} 的关系基于文献 [49] 中的试验数据，可以得到如下公式：

$$F_{\text{x}} = 1.6 F_{\text{des,x}} \left(1 + \frac{\Omega_{\text{SR}} - \Omega_{\text{D}}}{\theta_{\text{SR}} - \theta_{\text{D}}} \theta_{\text{r}}\right) \tag{5-3}$$

式中：1.6——经验系数；

$F_{\text{des,x}}$——设计楼层剪力，由等效侧向力方法计算得到；

Ω_D、Ω_{SR}——设防地震和罕遇地震作用下的可恢复功能预应力装配式空间钢框架基底剪力增大系数；

θ_D、θ_{SR}——设防地震和罕遇地震作用下的可恢复功能预应力装配式空间钢框架层间位移角；

θ_r——梁柱之间相对转角。

将式（5-3）代入到式（5-2）中，可得：

$$f^{if} = \gamma_{Fi} 1.6 F_{des,x}\left(1 + \frac{\Omega_{SR} - \Omega_D}{\theta_{SR} - \theta_D}\theta_r\right) \quad (5\text{-}4)$$

5.4.2 索力增量 ΔT 和传力梁附加力 f_i^{cb}

不考虑梁由于 f_i^{cb} 和 f^{if} 引起的轴向变形，在地震作用下可恢复功能预应力装配式空间钢框架节点开口，预应力钢绞线拉伸索力增量 ΔT 可由下式计算：

$$\Delta T = k^{bm}\delta^{bm} = k^{st}(\Delta_{gap} - \delta^{bm}) \quad (5\text{-}5)$$

式中：k^{st}——索的刚度；

k^{bm}——梁的刚度；

Δ_{gap}——梁柱节点开口宽度；

δ^{bm}——梁的收缩量。

由上式可以解出梁的收缩量 δ^{bm}，得：

$$\delta^{bm} = \frac{k^{st}}{k^{bm} + k^{st}}\Delta_{gap} \quad (5\text{-}6)$$

将 $\Delta_{gap} = 2d_2\theta_r$（$d_2$ 为索力增量的合力中心距旋转中心的垂直距离）代入式（5-4）可得：

$$\Delta T = 2d_2\left(\frac{k^{bm} \cdot k^{st}}{k^{bm} + k^{st}}\right)\theta_r \quad (5\text{-}7)$$

引起传力梁变形的力是由整体结构中梁的跨数（n_{bay}）和设置传力梁的数量（n_{seg}）决定的。当 n_{seg} 为偶数的时候，框架的中点则可表示为 $n_{seg}/2$；否则为 $(n_{seg}+1)/2$。这样的话由于节点开口传力梁变形产生的附加力 f_i^{cb} 可以表示为：

$$f_i^{cb} = \sum_{j=1}^{i-1} F_j^{cb} = \sum_{j=1}^{i-1}\left\{k^{cb}\left(\Delta_{gap}\gamma_{fj} - \left(\frac{n_{seg}}{2} - j\right)\frac{n_{bay}}{n_{seg}}\delta^{bm}\right)\right\}$$

$$\begin{cases} i = \left(2, \dfrac{n_{seg}}{2}\right) & n_{seg} \text{ 为偶数} \\ i = \left(2, \dfrac{n_{seg}+1}{2}\right) & n_{seg} \text{ 为奇数} \end{cases} \quad (5\text{-}8)$$

$n_{seg} = n_{bay} + 1$；

式中：k^{cb}——传力梁的刚度；

F_j^{cb}——j 号传力梁所产生的附加力，F_j^{cb} 最大值不能超过传力梁屈服力 f_p，超过 f_p 则传力梁进入屈服状态，形成塑性铰后对可恢复功能预应力装配式空间钢框架所产生的附加力不再增大；

γ_{fj}——传力梁的变形系数,与传力梁变形量相关。

将 $\Delta_{gap}=2d_2\theta_r$ 代入式(5-5)解得的 δ^{bm} 代入到式(5-8)中,同时假定每个节点所相关的 d_2、k^{cb} 和 θ_r 都是相同的,得:

$$f_i^{cb}=\sum_{j=1}^{i-1}F_j^{cb}=2d_2\theta_r k^{cb}\sum_{j=1}^{i-1}\left(\gamma_{fj}-\frac{n_{bay}}{n_{seg}}\left(\frac{n_{seg}}{2}-j\right)\times\left(\frac{k^{st}}{k^{bm}+k^{st}}\right)\right)$$

$$\begin{cases}i=\left(2,\dfrac{n_{seg}}{2}\right) & n_{seg}\text{为偶数}\\ i=\left(2,\dfrac{n_{seg}+1}{2}\right) & n_{seg}\text{为奇数}\end{cases} \quad (5\text{-}9)$$

5.4.3 理论滞回模型

图 5-61 为可恢复功能预应力装配式空间钢框架节点在循环荷载下的理论滞回模型,从 0 点到 1 点可恢复功能预应力装配式空间钢框架具有与刚接节点类似的刚度,其中 M_d 为消压弯矩(Decompression Moment),此时梁初始索力对短梁段的翼缘压力为零,继续加载,在 1 点处节点弯矩达到了临界开口弯矩(M_{IGO})中间梁段受拉侧翼缘与连接竖板脱开,产生开口后,开口处弯矩由预应力钢绞线提供的弯矩(M_{pt})和摩擦阻尼器摩擦力提供的弯矩(M_f)叠加组成,此时节点开口转动刚度为 K_{1-2}^{θ}。到 2 点后如果继续加载到 3 点会导致开口过大钢绞线屈服;若从 2 点卸载,2 点到 4 点 θ_r 不变,但是腹板摩擦器提供反向摩擦力则节点弯矩减小 $2M_f$;4 点至 5 点继续卸载至 θ_r 为 0,节点刚度为 K_{4-5}^{θ};5 点至 6 点继续卸载,中间梁段受拉侧翼缘与连接竖板完全接触压紧。反向加载过程同正向加载过程。

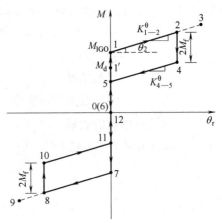

图 5-61 可恢复功能预应力装配式空间钢框架节点滞回模型

当节点尚未开口时传力梁没有变形,即 f_i^{cb} 为零,同时不考虑楼板惯性力 f^{if} 在开口前对消压弯矩 M_d 的影响,得:

$$M_d=T_0\cdot d_2 \quad (5\text{-}10)$$

当节点处于临界开口位置时,此时临界开口弯矩 M_{IGO} 计算如下:

$$M_{IGO}=M_d+M_f \quad (5\text{-}11)$$

其中摩擦弯矩 M_f 计算如下:

$$M_f=F_f\cdot r=npn_f\mu \quad (5\text{-}12)$$

式中:r——腹板摩擦的合力点到转动中心的距离;

μ——腹板与黄铜板之间的摩擦系数;

n——螺栓数量;

p——单个螺栓的压紧力;

n_f——摩擦面的数量。

即腹板摩擦阻尼器提供的摩擦弯矩 M_f 等于摩擦合力点 F_f 乘以摩擦力臂 r（合力点到转动中心的距离）。

这里需要进一步说明的是：为了提供足够的节点恢复力，保证节点在震后的自复位能力，消压弯矩 M_d 必须大于摩擦弯矩 M_f。理论上 $M_d \geq 0.5M_{IGO}$（M_{IGO} 为临界开口弯矩，为预应力拉索初始应力的消压弯矩 M_d 与克服摩擦力所需的弯矩 M_f 之和），而普林斯顿大学的 Galock 等则根据试验结果，提出为确保节点的自复位性能，$M_d \geq 0.6M_{IGO}$。

当节点开口时，腹板摩擦阻尼器开始耗能同时预应力钢绞线受拉伸长，此时节点弯矩为临界开口弯矩加上预应力钢绞线索力增量 ΔT、传力梁附加力 f_i^{cb} 和楼板惯性力 f^{if} 提供的弯矩之和，计算如下：

$$M_{1-2} = M_{IGO} + \Delta T d_2 + (f_i^{cb} + f^{if})d_2 \tag{5-13}$$

将式（5-10）和式（5-12）中结果代入到式（5-12）中得：

$$M_{1-2} = npn_f\mu + (T_0 + \Delta T + f_i^{cb} + f^{if})d_2 \tag{5-14}$$

相应 1 点到 2 点间的刚度为：

$$K_{1-2}^\theta = \frac{M_{1-2}}{\theta_r} \tag{5-15}$$

当节点开口从最大值（位于 $M-\theta_r$ 曲线 2 点）向 4 点处卸载时，腹板摩擦阻尼器提供了大小相等方向反向的摩擦力，但传力梁附加力 f_i^{cb} 和楼板传递侧向力 f^{if} 仍提供正向的弯矩，故 M_3 相比 M_2 减小 $2M_f$。

当节点从 4 点卸载到 5 点时，节点刚度仍由腹板摩擦阻尼器、预应力钢绞线、传力梁附加力和楼板传递的侧向力提供，故此时有：

$$K_{4-5}^\theta = K_{1-2}^\theta \tag{5-16}$$

本章的公式都是在预应力钢绞线和传力梁不屈服的情况下推导出的，如果超过弹性状态，节点的刚度应该做适当调整。

5.5 本章小结

本章 5.1 节和 5.2 节完成了可恢复功能预应力装配式空间钢框架试验模型设计与拟动力试验研究，得出结论如下：

（1）包含试验子结构和计算子结构的 8 层模型在地震作用下的最大层间位移角走势呈现出中间大两头小的规律，各层变形较为协调，无明显的突变现象。大震时的最大层间位移角出现在第四层，为 1/56，小于规范规定的钢框架弹塑性层间位移角限值 1/50。

（2）带有新型次梁的楼板应用到可恢复功能预应力装配式空间钢框架结构中，可以实现节点的开口闭合机制，在试验结构的最大层间位移角（1/67）接近规范规定的弹塑性层间位移角限值时，节点基本无残余开口，能够实现结构震后复位的目标。经过两条地震动、多个震级的拟动力试验后，结构主体仍基本保持无损状态，表明其具有良好的抗震、减震性能，具备承受多次余震的能力。

（3）梁的侧向变形如果得不到足够的约束，其钢绞线的预应力度会随着结构变形降低，但是不会影响结构的复位性能，证明设计时采用的 $M_d \geq 0.6M_{IGO}$ 是合理的。当结构复位，回到位移零点后，钢绞线的索力基本回到初始应力状态。说明使用的锚固措施和预应力张拉方法是可靠的。

本章5.3节和5.4节对可恢复功能预应力装配式空间钢框架进行了拟静力试验研究，并提出了考虑楼板效应的可恢复功能预应力装配式空间钢框架弯矩-转角理论模型。主要结论如下：

（1）在整个拟静力试验过程中，层间位移角0.0075之前结构仍处于弹性状态，层间位移角0.0075~0.04加载过程中，结构两层的承载力均呈上升走势，但由于节点开口，结构刚度明显减小。在加载至层间位移角0.05时，柱脚和梁发生屈曲变形，结构正向承载力开始下降，但负向承载力仍呈上升趋势，表明可恢复功能预应力装配式空间钢框架有较好的抗震性能。

（2）拟静力试验应变监测结果表明柱脚翼缘在层间位移角0.02时进入塑性状态，加载至层间位移角0.05时，除节点域腹板外各部位的应变均较大，满足"强节点、弱构件"设计要求。扭矩作用使梁的长梁段翼缘在层间位移角0.02之后应变增长速度加快，在今后的设计中可以考虑进一步提高对梁的侧向约束刚度。

（3）考虑了楼板作用的可恢复功能预应力装配式空间钢框架一层的力-位移滞回曲线为梭形，二层的为典型的"双旗帜"模型，在层间位移角不断增大过程中，可恢复功能预应力装配式空间钢框架表现出良好的开口闭合机制和耗能能力；同时在大变形下，可恢复功能预应力装配式空间钢框架结构无倒塌迹象，只有构件的局部屈曲现象，表现出了优越的抗震性能和变形能力。

（4）拟动力试验结束后，大部分无屈曲变形的梁上钢绞线索力基本无降低现象，在拟静力试验中最大索力出现在层间位移角0.05加载级，为172.73kN，相当于$0.66T_u$。表明设计的预应力钢索预留安全余量较为充足，钢绞线的锚固措施和张拉方法在结构大变形情况下仍是可靠的。

（5）带新型滑动次梁的可恢复功能预应力装配式空间钢框架主要通过传力梁对可恢复功能预应力装配式空间钢框架产生影响，5.4节给出了考虑楼板效应后自复位梁各轴向分力的理论计算公式和自复位钢框架节点弯矩-转角关系。

第 6 章

可恢复功能预应力钢框架整体结构动力性能分析

本章应用有限元软件 ABAQUS,采用连接单元法模拟可恢复功能预应力装配式钢框架中自复位梁柱节点弯矩-转角的双旗帜理论滞回模型并与试验进行了对比验证。在此基础上,开展了可恢复功能预应力装配式钢框架结构的抗震性能和震后恢复性能分析,并与普通刚接框架及可恢复功能预应力钢框架体系的受力性能进行对比;进一步对可恢复功能预应力钢框架-中间柱型阻尼器进行整体结构分析,并与不带有中间柱的可恢复功能预应力钢框架进行对比,分析了变形性能、耗能能力和震后恢复能力等。

6.1 整体结构有限元模型分析方法

6.1.1 单元类型和网格划分

采用 ABAQUS 建立三种钢框架三维有限元模型,梁柱单元同样采用能考虑剪切变形的二次差值铁木辛柯(Timoshenko)梁单元 B32,楼板单元采用 S4R 壳单元,为了兼顾整体模型的计算精度和计算效率,忽略了次梁的影响,梁柱单元包括楼板的网格尺寸均定为 1m 左右。

6.1.2 参数定义

梁柱均为 Q345B 钢材,为考虑包辛格效应,采用双折线随动强化准则;楼板混凝土强度等级为 C30,按弹性材料考虑,弹性模量为 3.0×10^4MPa。重力荷载代表值按"1.0×恒荷载+0.5×活荷载(雪荷载)"计算,在建模时通过增大楼板密度加以考虑。

6.1.3 梁柱节点双旗帜滞回模型的实现

采用 ABAQUS 连接单元模拟可恢复功能预应力钢框架中自复位梁柱节点经典双旗帜理论模型,通过对比该数值模拟的结果与第 2 章 4 个自复位梁柱节点的试验结果,验证采用连接单元法在整体结构中模拟双旗帜梁柱节点滞回模型的可行性。

(1)梁柱节点滞回模型的分解

如前所述,可恢复功能预应力装配式钢框架中自复位梁柱节点弯矩-转角的理论滞回模型为双旗帜形,如图 6-1 所示。产生开口后,开口处弯矩 M 由预应力钢绞线提供的弯矩和高强度螺栓摩擦力提供的弯矩共同组成。预应力钢绞线的滞回模型为双折线形，M_d 为临界开口时对应的预应力钢绞线产生的弯矩，即消压弯矩，曲线末端为节点开口转角最大时对应的钢绞线提供的弯矩；高强度螺栓摩擦力的滞回模型为矩形，最大弯矩为 M_f。

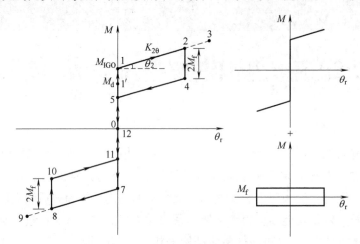

图 6-1 自复位梁柱节点滞回模型

(2) 模拟梁柱节点滞回性能的方法

在整体结构模型中，采用连接单元实现节点的双旗帜特性。双折线和矩形滞回模型是通过定义 Connector 连接单元来模拟的，如图 6-2 所示。在 Interaction 模块下创建 Connector 连接单元，采用基本（Basic）连接器，约束 3 个平动自由度 U_1、U_2、U_3 方向不允许滑动；转动自由度 UR_2、UR_3 定义成刚接，UR_1 方向的刚度包含两部分，一部分为非线性的弹性刚度，用来模拟预应力钢绞线

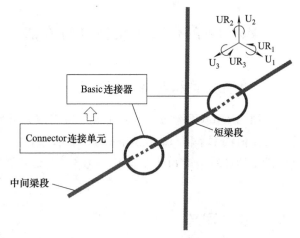

图 6-2 自复位梁柱节点滞回模型的模拟方法

提供的刚度，另一部分为耗能螺栓摩擦提供的刚度。

(3) 模拟方法的验证

选取第 2 章已经完成的自复位梁柱节点试件 RPPSC5、RPPSC6、RPPSC7 和 RPPSC8 进行模拟验证。框架梁和柱采用与整体结构建模一致的梁单元，边界条件和加载制度同试验。各个试件有限元分析的可恢复功能预应力装配式钢框架中自复位梁柱节点开口处弯矩-转角的滞回曲线与试验结果对比见图 6-3，因篇幅所限，仅列出节点左端有限元和试验滞回曲线对比图，有限元分析的节点弯矩-转角滞回曲线和试验左右两侧结果对比数据见表 6-1。从滞回曲线可以看出，有限元分析实现了梁柱节点双旗帜的特性，两者开口后刚度非常接近，每一级最大开口转角也接近。从表 6-1 中层间位移角分别为 1.5%、2%、3% 和 5% 的节点开口处弯矩的数据可知，有限元分析与试验的误差在 10% 以内，可以

认为采用连接单元法在整体结构中模拟梁柱节点开口处的双旗帜模型是可行的。

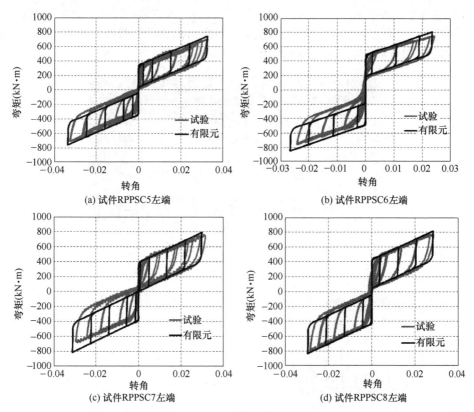

图 6-3 RPPSC5～RPPSC8 有限元分析与试验滞回曲线对比

RPPSC 5～RPPSC 8 开口处滞回性能有限元分析与试验结果对比　　表 6-1

位置		层间位移角 1.5%时节点弯矩(kN·m)			层间位移角 2%时节点弯矩(kN·m)			层间位移角 3%时节点弯矩(kN·m)			层间位移角 5%时节点弯矩(kN·m)		
		试验	模拟	误差	试验	模拟	误差	试验	模拟	误差	试验	模拟	误差
RPPSC5	左	399.7	374.5	6.3%	467.2	423.6	9.3%	565.7	529.0	6.5%	700.7	738.8	5.4%
	右	367.4	368.2	0.2%	441.1	428.2	2.9%	584.9	535.7	8.4%	717.8	747.0	4.1%
RPPSC6	左	450.4	409.3	9.1%	544.2	505.7	7.1%	596.2	634.6	6.4%	769.4	806.6	4.8%
	右	485.8	455.4	6.2%	570.0	526.8	7.6%	691.4	641.1	7.3%	792.0	822.3	3.8%
RPPSC7	左	396.7	397.4	0.2%	441.0	454.4	3.0%	618.9	568.4	8.2%	722.8	788.5	9.1%
	右	374.6	404.2	7.9%	435.0	461.3	6.0%	622.5	575.7	7.5%	769.5	798.0	3.7%
RPPSC8	左	419.0	407.1	2.8%	483.7	482.6	0.2%	584.0	596.7	2.2%	757.3	814.8	7.6%
	右	457.2	435.6	4.7%	483.2	489.6	1.3%	625.1	604.1	3.4%	761.2	824.7	8.3%

6.1.4　中间柱摩擦阻尼器滞回性能的实现

本节设计了一组摩擦阻尼器在反复循环荷载作用下的滑移试验，如图 6-4 所示，得到的摩擦阻尼器的滞回曲线（图 6-5）接近理想的矩形。

在带中间柱型阻尼器的可恢复功能预应力钢框架整体模型中，通过定义 Connector 连接单元来模拟中间柱摩擦阻尼器的滞回曲线，实现中间柱摩擦阻尼器矩形滞回性能的模拟。在 ABAQUS 的 Interaction 模块下创建 Connector 连接单元，采用 Translator 连接器，约束所有转动自由度，将平动自由度 U_1 方向定义为摩擦阻尼器发生滑移的方向，同时约束另外两个方向的平动自由度，输入摩擦力 F_f。通过监控 Connector 单元相应方向的单元位移 CP 和单元力 CF，绘制出摩擦阻尼器滞回曲线，如图 6-6 所示，由此看出有限元分析得到的滞回曲线与试验滞回曲线基本一致。

图 6-4 摩擦阻尼器滑移试验

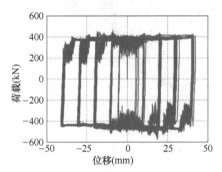

图 6-5 摩擦阻尼器试验滞回曲线

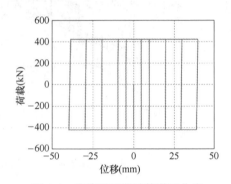

图 6-6 摩擦阻尼器计算滞回曲线

6.1.5 刚接和铰接节点的定义

刚接和铰接节点同样需要定义连接器和特征线，并将连接器赋予给对应特征线。刚接节点选用 Beam 连接器，同时约束 6 个自由度，铰接节点选用 Hinge 连接器，只保留平面内的转动自由度，其他 5 个自由度全部约束。

6.1.6 边界条件与荷载施加

结构模型柱子底部全部固接，约束全部 6 个自由度，楼板与梁的约束关系为绑定（Tie）。地震作用按照惯性力直接对整体结构施加加速度时程。计算地震作用时，罕遇地震作用下计算瑞利阻尼时阻尼比取 0.05，ABAQUS 整体模型可以考虑节点处摩擦耗能装置的附加阻尼。主体结构地震动参数取值依据《建筑抗震设计规范》GB 50011—2010（2016 年版）。

6.1.7 分析步与求解器选择

整个时程分析计算在 ABAQUS 的 Standard 求解器下进行求解。计算过程一共定义了 3 个分析步，第一个分析步计算结构自重，开启几何非线性，分析步类型为静力通用分析步（Static，General）；第二个分析步施加地震作用，分析步类型为动力隐式分析步（Dynamic，Implicit）；第三个分析步结束地震作用，考察地震结束后结构的复位情况，分析步类型同样为动力隐式分析步（Dynamic，Implicit）。

6.2 可恢复功能钢框架结构设计算例及动力时程分析

本节设计了一个可恢复功能预应力装配式钢框架，同时设计了刚接框架和可恢复功能预应力钢框架进行受力性能的对比。三个钢框架结构均设计为8层，首层层高3.9m，2～8层层高3.6m，X向5跨，Y向3跨，跨度9m，用途按医院进行设计，设计使用年限50年，安全等级二级，乙类建筑。楼面恒荷载（包括楼板自重）取$7.0kN/m^2$，楼面活荷载取$2.0kN/m^2$，屋面活荷载取$0.5kN/m^2$，雪荷载取北京地区100年一遇风压$0.45kN/m^2$，抗震设防烈度为8度。各个框架结构主要参数如下：

（1）可恢复功能预应力装配式钢框架（Resilient Cable Prestressed Prefabricated Steel Frame，简称预应力装配式钢框架或RPPSF框架）

可恢复功能预应力装配式钢框架三维有限元模型如图6-7所示，结构平面图如图6-8所示，周边方框圈出框架为可恢复功能预应力装配式钢框架，其余框架为铰接框架。框架梁柱截面尺寸：预应力装配式框架柱截面为□600×600×32×32，预应力装配式框架梁截面为H600×300×16×22，铰接框架柱截面为□450×450×20×20，铰接框架梁截面为H500×300×11×18；其中短梁段截面尺寸截

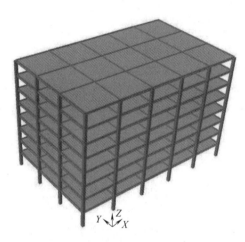

图6-7 可恢复功能预应力装配式钢框架三维有限元模型

面为H620×300×20×32，摩擦螺栓选用M24（6个），钢绞线采用$\phi 1mm \times 19$，其极限强度为1860MPa，极限索力T_u为591kN，公称直径21.8mm，钢绞线初始索力为$0.35T_u$。

（2）可恢复功能预应力钢框架（Resilient Cable Prestressed Steel Frame，简称预应力钢框架或RPSF框架）

可恢复功能预应力钢框架平面布置与可恢复功能预应力装配式钢框架相同，区别只是将其中横纵方向圈出的4榀RPPSF框架改为预应力钢框架，预应力钢框架没有短梁段，框架梁尺寸与RPPSF框架长梁截面相同；其余梁柱截面尺寸与RPPSF框架相同，摩擦螺栓和钢绞线选用与RPPSF框架相同。

（3）刚接框架（Rigid Steel Frame，简称RSF框架）

为和可恢复功能预应力装配式钢框架对比，仅周边方框圈出框架为刚接框架，其余框架为铰接框架，框架梁柱截面尺寸与预应力钢框架相同。

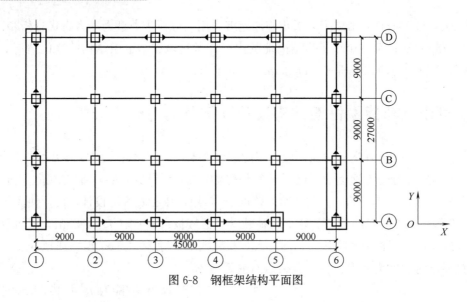

图 6-8 钢框架结构平面图

6.2.1 结构模态分析对比

在 ABAQUS 中设置线性摄动分析步,进行模态分析,提取结构频率。在特征值求解器中选用默认的 Lanczos 方法,分别计算 RSF、RPSF 与 RPPSF 三个框架前 18 阶频率和周期,查看三个框架的各阶振型,图 6-9～图 6-11 所示为三个框架前三阶振型图。从振型

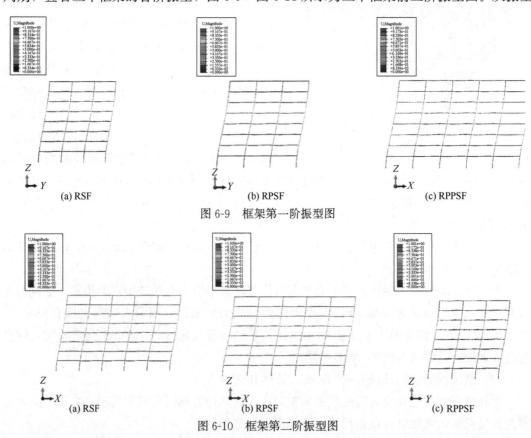

图 6-9 框架第一阶振型图

图 6-10 框架第二阶振型图

第6章 可恢复功能预应力钢框架整体结构动力性能分析

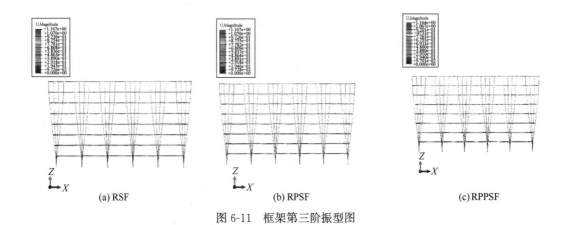

(a) RSF (b) RPSF (c) RPPSF

图 6-11 框架第三阶振型图

图可以看出 RPSF 各阶振型均与 RSF 保持一致，即将刚接节点改成双旗帜滞回的梁柱节点并未改变结构的原有振型。RPPSF 框架的第一振型为 X 向的平动，说明此方向的刚度小于 Y 向。

计算得到各阶自振周期结果如表 6-2 所示。从表中数据来看，RPSF 框架因通过预应力钢绞线连接梁柱节点，刚度较 RSF 框架也略有降低，RPPSF 框架在预应力框架基础上因短梁段翼缘和腹板加厚而刚度提高，各阶周期略小于 RSF 框架。

RSF、RPSF 和 RPPSF 框架前六阶自振周期对比　　　　　表 6-2

框架类型	1阶周期(s)	2阶周期(s)	3阶周期(s)	4阶周期(s)	5阶周期(s)	6阶周期(s)
RSF	2.513	2.479	1.552	0.737	0.728	0.473
RPSF	2.628	2.557	1.602	0.767	0.749	0.488
RPPSF	2.451	2.413	1.515	0.721	0.716	0.478

6.2.2 时程分析地震波的选取

本章在进行结构动力时程分析时，采用 ATC-63 (Applied Technology Council) 报告建议的 22 条远场地震的三维地震波数据以及实际工程中常用的 El-Centro 地震波和 Taft 地震波数据和 4 条汶川地震波数据，各地震波数据来源及地震信息如表 6-3 所示。进行有限元计算时采用每条地震波的双向水平分量，考虑 8 度（0.2g）多遇、设防、罕遇、8 度（0.3g）罕遇工况，将地震波峰值加速度分别调整为 0.07g、0.2g、0.4g 和 0.51g，在模型中主方向为 X 向，次方向为 Y 向，次方向幅值按 1:0.85 缩小。将 28 条代表地震波主方向的数据进行傅里叶变换，转成加速度反应谱。三个框架的自振周期均约为 2.6s，故计算每条地震波反应谱在自振周期为 2.6s 处的影响系数与规范谱相应周期数值差的百分比，即影响系数差（表 6-3），以此作为地震波的分类指标。

时程分析的 28 条地震波影响系数差　　　　　表 6-3

地震波编号	震级	发生年份	名称	地震台	影响系数差
GM1	6.7	1994	Northridge	BeverlyHills-Mulhol	−77.43%
GM2	6.7	1994	Northridge	CanyonCountry-WLC	−55.93%

续表

地震波编号	震级	发生年份	名称	地震台	影响系数差
GM3	7.1	1999	Duzce,Turkey	Bolu	−33.18%
GM4	7.1	1999	Hector Mine	Hector	−29.71%
GM5	6.5	1979	Imperial Valley	Delta	−60.56%
GM6	6.5	1979	Imperial Valley	EI-Centro Array#11	−30.17%
GM7	6.9	1995	Kobe,Japan	Nishi-Akashi	−84.86%
GM8	6.9	1995	Kobe,Japan	Shin-Osaka	−16.15%
GM9	7.5	1999	Kocaeli,Turkey	Duzce	−1.64%
GM10	7.5	1999	Kocaeli,Turkey	Arcelik	−35.99%
GM11	7.3	1992	Landers	Yermo Fire Station	−49.03%
GM12	7.3	1992	Landers	Coolwater	−76.41%
GM13	6.9	1989	Loma Prieta	Capitola	−91.77%
GM14	6.9	1989	Loma Prieta	Gilroy Array#3	−71.35%
GM15	7.4	1990	Manjil,Iran	Abbar	−34.15%
GM16	6.5	1987	Superstition Hills	EI Centro	−39.41%
GM17	6.5	1987	Superstition Hills	Poe Road(temp)	−4.03%
GM18	7	1992	Cape Mendocino	Rio Dell Overpass	−82.93%
GM19	7.6	1999	Chi-Chi,Taiwan,China	CHY101	117.41%
GM20	7.6	1999	Chi-Chi,Taiwan,China	TCU045	−71.85%
GM21	6.6	1971	San Fernando	LA-Hollywood Stor	−80.00%
GM22	6.5	1976	Friuli,Italy	Tolmezzo	−91.58%
GM23	7	1940	Imperial Valley	El-Centro Array#9	−17.65%
GM24	7.4	1952	Kern County	Taft Lincoln School	−41.86%
GM25	8	2008	什邡八角	八角	−55.32%
GM26	8	2008	理县木卡	木卡	−79.01%
GM27	8	2008	茂县叠溪	叠溪	−82.49%
GM28	8	2008	汶川卧龙	卧龙	−84.27%

限于篇幅，根据表 6-3 地震影响系数与规范谱对应数值差值大小，挑选 12 条代表地震波，差值从大到小排列分别为 GM19、GM9、GM17、GM8、GM23、GM4、GM6、GM3、GM10、GM24、GM25 和 GM5。12 条地震波加速度反应谱详见图 6-12，其按影响系数差排序的基本数据见表 6-4。

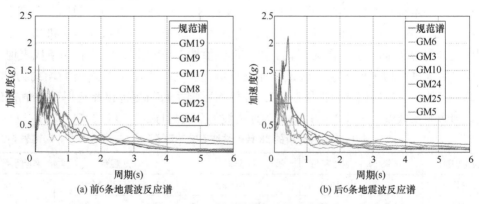

图 6-12　12 条地震波加速度反应谱

时程分析选用的 12 条地震波基本数据   表 6-4

序号	地震波编号	震级	发生年份	名称	地震台	影响系数差
1	GM19	7.6	1999	Chi-Chi,Taiwan,China	CHY101	117.41%
2	GM9	7.5	1999	Kocaeli,Turkey	Duzce	−1.64%
3	GM17	6.5	1987	Superstition Hills	Poe Road(temp)	−4.03%
4	GM8	6.9	1995	Kobe,Japan	Shin-Osaka	−16.15%
5	GM23	7	1940	Imperial Valley	El-Centro Array#9	−17.65%
6	GM4	7.1	1999	Hector Mine	Hector	−29.71%
7	GM6	6.5	1979	Imperial Valley	El-Centro Array#11	−30.17%
8	GM3	7.1	1999	Duzce,Turkey	Bolu	−33.18%
9	GM10	7.5	1999	Kocaeli,Turkey	Arcelik	−35.99%
10	GM24	7.4	1952	Kern County	Taft Lincoln School	−41.86%
11	GM25	8	2008	什邡八角	八角	−55.32%
12	GM5	6.5	1979	Imperial Valley	Delta	−60.56%

6.2.3 动力时程结果分析

对可恢复功能预应力装配式钢框架、刚接框架和可恢复功能预应力钢框架分别选取 12 条地震波进行动力时程分析，详细对比分析可恢复功能预应力装配式钢框架与其他两类框架在每条地震波作用下结构响应的异同，以此考察可恢复功能预应力装配式钢框架整体结构的抗震性能。

1. 8 度（0.2g）多遇地震（PGA＝0.07g）

（1）框架基底剪力比较

图 6-13 为 8 度（0.2g）多遇地震作用下三个框架两方向基底剪力时程曲线对比图，因篇幅所限，仅列出 GM23、GM4 和 GM10 三条波的计算图。如图 6-13 所示，三个框架基底剪力时程曲线走势保持一致，全部地震动两个方向基底剪力时程曲线的规律基本一致，在多遇地震作用下三个框架基底剪力相差不多，说明 8 度（0.2g）多遇地震作用时，RPSF、RPPSF 与 RSF 框架刚度较为接近。

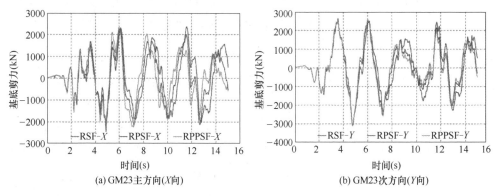

图 6-13 8 度（0.2g）多遇地震作用下三个框架基底剪力时程曲线（一）

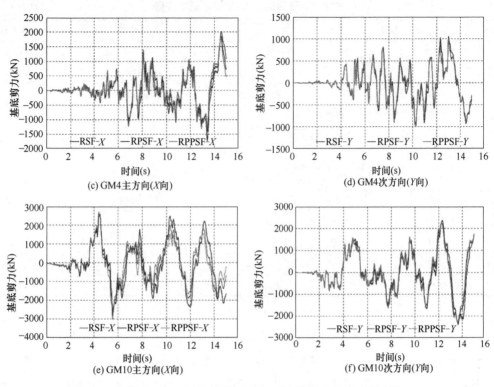

图 6-13 8 度（0.2g）多遇地震作用下三个框架基底剪力时程曲线（二）

（2）框架层间位移角比较

图 6-14 为 RSF、RPSF 和 RPPSF 框架在 8 度（0.2g）多遇地震作用下主次两个方向各层层间位移角的包络曲线。从图 6-14 中可以看出，三个框架的最大层间位移角一般均位于三层或四层，不同地震动下三个框架层间位移角的变化规律也不相同，但总体来说，三个框架各层层间位移角相差不大。

表 6-5 列出了在 12 条代表地震动作用下，三种框架主次方向的最大层间位移角。由表 6-5 还可以看出，在 8 度（0.2g）多遇地震作用下，除影响系数最大的 GM19 作用下次

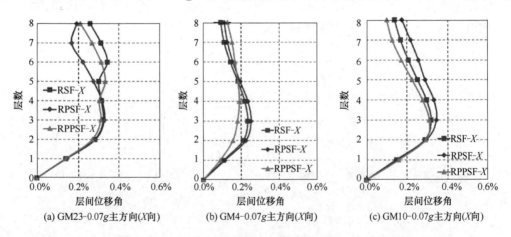

图 6-14 8 度（0.2g）多遇地震作用下三个框架各层最大层间位移角（一）

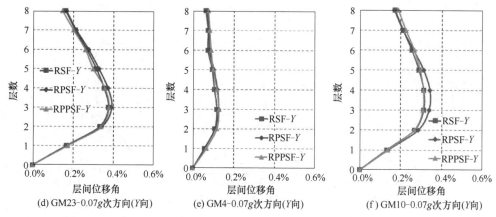

图 6-14 8度（0.2g）多遇地震作用下三个框架各层最大层间位移角（二）

方向三个框架的最大层间位移角外，其他大部分地震动下三个框架主次方向层间位移角均基本满足规范对多、高层钢结构弹性层间位移角 1/250（0.004）的限值。

8度（0.2g）多遇地震作用下三个框架最大层间位移角（单位:%）　　表 6-5

地震工况	主方向(X向)			次方向(Y向)		
	RSF	RPSF	RPPSF	RSF	RPSF	RPPSF
GM19	0.370	0.312	0.363	0.445	0.428	0.457
GM9	0.337	0.352	0.407	0.391	0.305	0.354
GM17	0.417	0.391	0.409	0.205	0.213	0.209
GM8	0.256	0.262	0.338	0.365	0.365	0.364
GM23	0.344	0.330	0.334	0.374	0.391	0.377
GM4	0.234	0.252	0.191	0.117	0.126	0.127
GM6	0.236	0.215	0.193	0.271	0.289	0.265
GM3	0.145	0.127	0.114	0.160	0.176	0.166
GM10	0.318	0.344	0.311	0.313	0.343	0.309
GM24	0.212	0.249	0.251	0.207	0.245	0.197
GM25	0.224	0.171	0.190	0.136	0.140	0.133
GM5	0.139	0.107	0.111	0.146	0.150	0.156

（3）各层残余层间位移角比较

8度（0.2g）多遇地震作用下 RSF、RPSF 和 RPPSF 框架各层残余层间位移角对比如图 6-15 所示。从图 6-15 中可以看出，RSF、RPPSF 框架在大部分地震动下残余位移角要小于 RSF 框架，但总体来说，RSF、RPSF 和 RPPSF 三个框架在 8度（0.2g）多遇地震作用下的震后残余位移角都很小。

（4）等效塑性应变比较

在 8度（0.2g）多遇地震作用下，12条地震动下的三个框架的等效塑性应变均为 0，结构全部保持弹性。

（5）结构耗能的比较

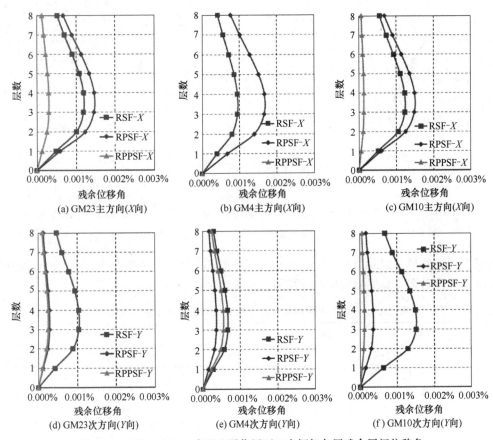

图 6-15 8 度（0.2g）多遇地震作用下三个框架各层残余层间位移角

在腹板摩擦耗能的可恢复功能结构中，当结构受到水平地震作用时，地震能量不断地输入到结构体系中，其中一部分能量以动能和可恢复的弹性应变能的方式储存起来，另一部分则被结构以其自身的阻尼和产生的塑性变形及摩擦耗散掉。如果结构体系在地震动持时过程中不发生倒塌，则结构体系的总耗能与地震动的总输入能量相平衡，如式（6-1）所示：

$$E_I(t)=E_K(t)+E_D(t)+E_S(t)+E_Y(t)+E_F(t) \quad (6\text{-}1)$$

式中：$E_I(t)$——地震波的总输入能量；

$E_K(t)$——结构的动能；

$E_D(t)$——结构的阻尼耗能；

$E_S(t)$——结构弹性变形能；

$E_Y(t)$——结构塑性耗能；

$E_F(t)$——结构摩擦耗能。

图 6-16 为 8 度（0.2g）多遇地震作用下 RSF、RPSF 和 RPPSF 框架能量耗散对比图。从图 6-16 可以看出在 8 度（0.2g）多遇地震作用时，三种框架地震吸收的总能量基本上大部分均转化为结构的弹性应变能，只有小部分转化为结构的动能和阻尼耗散能。RPSF 和 RPPSF 框架因 8 度（0.2g）多遇地震作用时没有开口，框架吸收的总能量和各能量所占的比例均与 RSF 框架保持一致，三个框架塑性耗能全部为零。

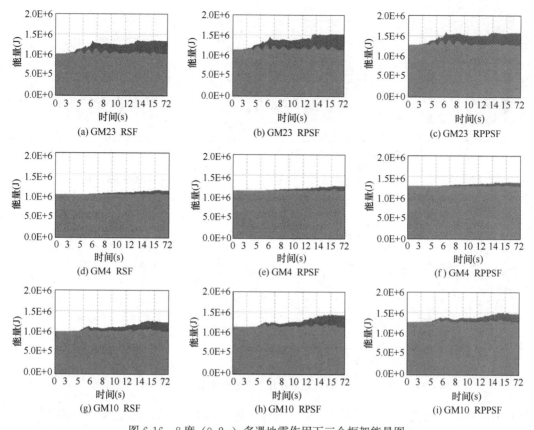

图 6-16 8度（0.2g）多遇地震作用下三个框架能量图

■ EKE—动能； ■ EFD—摩擦耗能； ■ EV—阻尼耗能； ■ EP—塑性耗能； ■ ESE—弹性应变能。

2. 8度（0.2g）设防地震（PGA=0.2g）

（1）框架基底剪力比较

图 6-17 为 8 度（0.2g）设防地震作用下三个框架两方向基底剪力时程曲线对比图。表 6-6 给出了 12 条代表地震动下，RSF、RPSF 和 RPPSF 框架在 8 度（0.2g）设防地震作用下主次两个方向最大基底剪力。从图 6-17 和表 6-6 中数据同样可以看出，与 RSF 框架相比，绝大部分地震动下，RPSF 框架的最大基底剪力较 RSF 框架均有不同程度的减小，下降幅度最大的

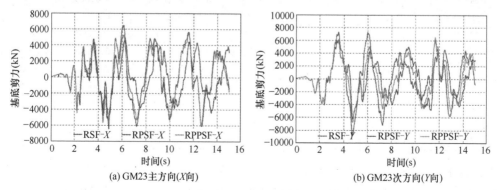

图 6-17 8度（0.2g）设防地震作用下三个框架基底剪力时程曲线（一）

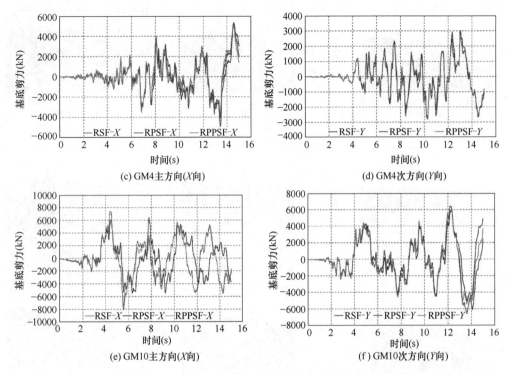

图 6-17 8 度（0.2g）设防地震作用下三个框架基底剪力时程曲线（二）

是 GM17 作用下的主方向，最大基底剪力的降幅达 32.62%。这是由于 RPSF 框架在设防地震时，自复位梁柱节点最大开口宽度达 3.643mm（表 6-7），开口后结构刚度有所下降，最大基底剪力也有减小。

8 度（0.2g）设防地震作用下三个框架最大基底剪力（单位：kN） 表 6-6

地震工况	主方向（X 向）			次方向（Y 向）		
	RSF	RPSF	RPPSF	RSF	RPSF	RPPSF
GM19	8565.77	7675.2	7987.57	10297.3	7088.23	7356.44
GM9	6580.81	6249.54	5981.67	6841.08	6047.02	6106.65
GM17	8982.85	6053.06	7568.07	4749.68	4376.58	4683.48
GM8	7606.93	6018.05	7424.75	7606.93	6151.52	6784.68
GM23	6461.57	6153.62	5828.58	8723.44	6256.68	6761.73
GM4	5343.54	5197.44	5123.08	2827.63	3023.54	2824.51
GM6	4388	3900.56	4581.65	5773.85	5009.78	5072.61
GM3	3149.79	2978.59	3384.85	3894.6	3783.49	3962.81
GM10	8131.3	6394.24	7411.92	6609.73	6116.6	6023.47
GM24	5710.23	6472.11	5859.86	5588.29	5550.81	5378.59
GM25	5119.28	4925.46	5373.66	4018.91	3888.45	4130.35
GM5	2603.28	2541.28	2691.56	5352.65	5448.09	5409.08

大部分地震动下 RPPSF 框架的最大基底剪力介于 RSF 和 RPSF 框架之间，这同样是因为在 8 度（0.2g）设防地震作用下，RPPSF 框架节点有开口（表 6-7）导致刚度较 RSF 框架有所下降。同时 RPPSF 框架有截面较大的短梁段，刚度与 RPSF 框架相比有所提高。

8度（0.2g）设防地震作用下梁柱节点开口值（单位：mm）　　　表6-7

地震工况	主方向（X向）		次方向（Y向）	
	RPSF	RPPSF	RPSF	RPPSF
GM19	1.937	2.151	3.643	2.966
GM9	1.971	2.303	1.932	1.765
GM17	2.497	2.464	0.681	0.577
GM8	1.710	2.245	2.263	1.809
GM23	1.912	1.787	2.356	2.093
GM4	1.431	0.265	0.044	0.029
GM6	0.963	1.131	1.368	0.438
GM3	0.430	0.081	0.289	0.070
GM10	3.016	1.524	1.828	1.842
GM24	1.276	1.065	1.041	0.398
GM25	0.512	0.431	0.090	0.064
GM5	0.075	0.031	0.110	0.065

（2）框架层间位移角比较

图 6-18 为 8 度（0.2g）设防地震作用下 RSF、RPSF 和 RPPSF 框架主次两个方向各层层间位移角的包络曲线对比。表 6-8 列出了在 12 条代表地震波作用下，三种框架主次方向的最大层间位移角。从图 6-18 和表 6-8 可以看出，三种框架底部一至二层位移响应基本一致，三个框架的最大层间位移角一般位于三、四层，并且对比三个框架在不同地震波作用下的最大层间位移角发现，大部分地震动下的三个框架最大层间位移角还是比较接近的。

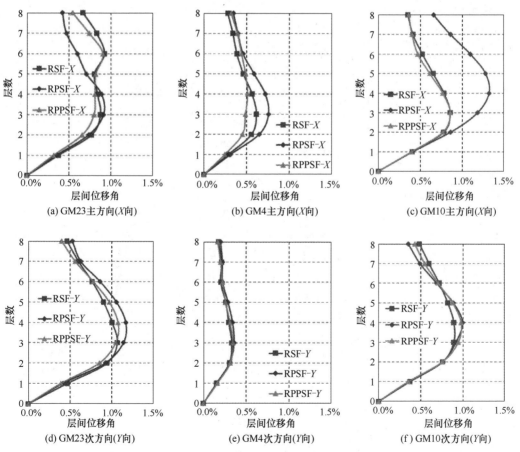

图 6-18　8 度（0.2g）设防地震作用下三个框架各层最大层间位移角

8度（0.2g）设防地震作用下三个框架最大层间位移角（单位：%）　　表6-8

地震工况	主方向(X向)			次方向(Y向)		
	RSF	RPSF	RPPSF	RSF	RPSF	RPPSF
GM19	0.999	0.924	1.026	1.270	1.239	1.148
GM9	1.057	0.894	1.095	0.966	1.040	0.985
GM17	1.141	1.096	1.162	0.582	0.620	0.594
GM8	0.836	0.851	0.929	1.044	1.131	1.116
GM23	0.919	0.909	0.903	1.067	1.168	1.076
GM4	0.616	0.755	0.513	0.332	0.358	0.344
GM6	0.622	0.635	0.569	0.778	0.849	0.752
GM3	0.345	0.356	0.310	0.452	0.507	0.455
GM10	0.855	1.325	0.856	0.891	0.994	0.976
GM24	0.597	0.677	0.704	0.588	0.727	0.548
GM25	0.579	0.497	0.509	0.393	0.405	0.386
GM5	0.332	0.302	0.286	0.414	0.429	0.425

（3）各层残余层间位移角比较

8度（0.2g）设防地震作用下 RSF、RPSF 和 RPPSF 框架各层残余层间位移角对比如图 6-19 所示，12 条地震动下 RSF、RPSF 和 RPPSF 框架主次方向最大残余层间位移角的结果详见表 6-9。

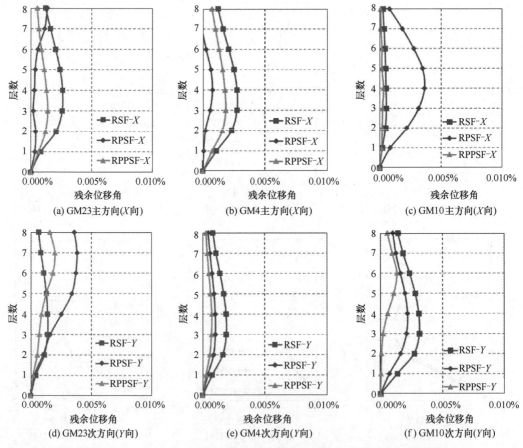

图 6-19　8度（0.2g）设防地震作用下三个框架各层残余层间位移角对比

8度（0.2g）设防地震作用下三个框架震后最大残余层间位移角（单位：%）　　表6-9

地震工况	主方向			次方向		
	RSF	RPSF	RPPSF	RSF	RPSF	RPPSF
GM19	0.0034	0.0031	0.0023	0.0782	0.0020	0.0042
GM9	0.0012	0.0014	0.0017	0.0041	0.0024	0.0007
GM17	0.0104	0.0013	0.0006	0.0010	0.0009	0.0005
GM8	0.0020	0.0011	0.0031	0.0041	0.0023	0.0024
GM23	0.0024	0.0014	0.0013	0.0013	0.0038	0.0018
GM4	0.0027	0.0008	0.0018	0.0019	0.0010	0.0008
GM6	0.0023	0.0014	0.0016	0.0034	0.0026	0.0014
GM3	0.0019	0.0020	0.0015	0.0023	0.0011	0.0009
GM10	0.0005	0.0037	0.0003	0.0029	0.0022	0.0012
GM24	0.0014	0.0011	0.0005	0.0014	0.0005	0.0025
GM25	0.0003	0.0045	0.0004	0.0002	0.0001	0.0003
GM5	0.0014	0.0007	0.0011	0.0023	0.0018	0.0006

从图6-19和表6-9看出，大部分RPSF框架和RPPSF框架的最大残余位移角均小于RSF框架，但总体来说，在设防地震作用下，三个框架的残余位移角均较小，RPSF和RPPSF框架的残余位移角与RSF框架相比，优势不明显。

（4）等效塑性应变比较

在8度（0.2g）设防地震作用下，影响系数较小的GM24、GM25、GM5作用下的等效塑性应变均为零，全部保持弹性，表6-10仅列出了GM19、GM9、GM17、GM8、GM23、GM4、GM6、GM3和GM10作用下的三种框架梁、柱主要部位在8度（0.2g）设防地震作用下的最大等效塑性应变值（PEEQ）。RPSF和RPPSF框架较RSF最大等效塑性应变有所减少，柱底仅在GM23和GM10作用下进入塑性，且数值均很小。从表6-10可以看出RPSF框架和RPPSF框架的能够减轻结构塑性的发展。

8度（0.2g）设防地震作用下框架等效塑性应变（单位：$\mu\varepsilon$）　　表6-10

地震工况	位置	RSF	RPSF	RPPSF
GM19	柱底	弹性	弹性	弹性
	梁端	2.137×10^{-3}	弹性	弹性
GM9	柱底	弹性	弹性	弹性
	梁端	3.448×10^{-5}	弹性	弹性
GM17	柱底	弹性	弹性	弹性
	梁端	3.657×10^{-4}	弹性	弹性
GM8	柱底	弹性	弹性	弹性
	梁端	弹性	弹性	弹性
GM23	柱底	2.759×10^{-4}	2.313×10^{-4}	3.802×10^{-5}
	梁端	弹性	弹性	弹性
GM4	柱底	弹性	弹性	弹性
	梁端	弹性	弹性	弹性
GM6	柱底	弹性	弹性	弹性
	梁端	弹性	弹性	弹性
GM3	柱底	弹性	弹性	弹性
	梁端	弹性	弹性	弹性
GM10	柱底	弹性	弹性	1.499×10^{-5}
	梁端	弹性	弹性	弹性

(5) 8度（0.2g）设防地震时耗能的比较

图6-20为8度（0.2g）设防地震作用下RSF、RPSF和RPPSF框架能量耗散对比图。表6-11为RSF、RPSF和RPPSF三种框架的能量值比较。从图6-20和表6-11可以看出，在8度（0.2g）设防地震作用时，RPSF和RPPSF框架吸收的总能量均高于RSF框架，主要是因为RSF框架在8度（0.2g）设防地震作用下塑性较差，但是RPSF和RPPSF框架的节点区已经产生开口耗能，因而吸收了更多的能量。

从表6-11可以看出，在8度（0.2g）设防地震作用下，RSF框架主要依靠阻尼耗能和塑性耗能，其中大部分为阻尼耗能，RSF框架塑性耗能最大占1.79%。RPSF和RPPSF框架则主要依靠阻尼耗能和摩擦耗能，在影响系数较小的地震波作用下摩擦耗能占总耗能一般在10%以下；在影响系数较大的地震波作用下，摩擦耗能则占到20%以上，最大达到35.09%和29.73%。而RPSF和RPPSF框架在8度（0.2g）设防地震时塑性耗能几乎为零，这一点在两种框架的最大等效塑性应变值（表6-10）上也有体现。

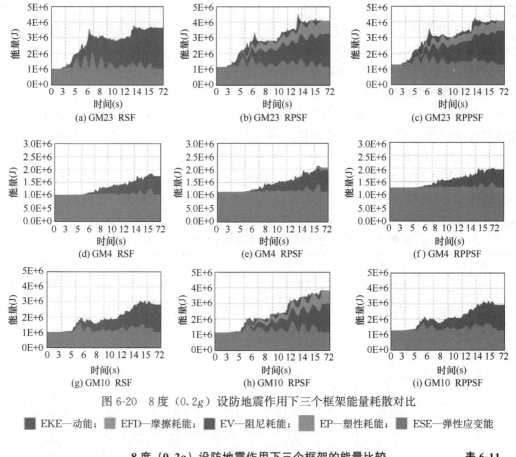

图6-20　8度（0.2g）设防地震作用下三个框架能量耗散对比

■ EKE—动能；■ EFD—摩擦耗能；■ EV—阻尼耗能；■ EP—塑性耗能；■ ESE—弹性应变能

8度（0.2g）设防地震作用下三个框架的能量比较　　　　表6-11

地震工况	框架类型	WK (J)	ESE (J)	EKE (J)	EWK (J)	EP (J)	EV (J)	EFD (J)	EP/EWK (%)	EV/EWK (%)	EFD/EWK (%)
GM19	RSF	4225810	2502120	429608	1287164	22984	126412376	0	1.79	98.21	0.00
	RPSF	4052550	1790980	792680	1463546	2670	110878245	35212917	0.18	75.76	24.06
	RPPSF	4414900	2298430	619759	1485080	1372	118227219	30132273	0.09	79.61	20.29

续表

地震工况	框架类型	WK(J)	ESE(J)	EKE(J)	EWK(J)	EP(J)	EV(J)	EFD(J)	EP/EWK(%)	EV/EWK(%)	EFD/EWK(%)
GM9	RSF	3091250	1225090	296983	1565622	732	1564839	0	0.05	99.95	0.00
	RPSF	3018940	1338640	212883	1464197	293	1022888	441016	0.02	69.86	30.12
	RPPSF	3359810	1493440	190871	1666483	12	1171037	495445	0.00	70.27	29.73
GM17	RSF	2336750	1022900	24045	1284042	9522	1274540	0	0.74	99.26	0.00
	RPSF	2806570	1343660	5739	1451723	0	1053079	398643	0.00	72.54	27.46
	RPPSF	2673670	1283230	30640	1348271	0	1055291	292979	0.00	78.27	21.73
GM8	RSF	3225470	1235580	190459	1794811	21	1794811	0	0.00	100.00	0.00
	RPSF	3235690	1238540	187605	1805778	0	1352708	453069	0.00	74.91	25.09
	RPPSF	3450030	1344670	219677	1876104	28	1449290	426813	0.00	77.25	22.75
GM23	RSF	3671130	1030000	322487	2312917	3087	2309910	0	0.13	99.87	0.00
	RPSF	4132460	1395450	17363	2712727	1352	1864999	846370	0.05	68.75	31.20
	RPPSF	4095360	1352540	219992	2512778	218	1879055	633471	0.01	74.78	25.21
GM4	RSF	1812040	1163750	76694	564443	0	564443	0	0.00	100.00	0.00
	RPSF	2112180	1402880	38992	663023	0	618998	44024	0.00	93.36	6.64
	RPPSF	1984080	1340930	79209	552449	0	551565	883	0.00	99.84	0.16
GM6	RSF	2070850	1237500	44082	782989	0	782989	0	0.00	100.00	0.00
	RPSF	2392660	1176250	293147	917406	0	764382	153023	0.00	83.32	16.68
	RPPSF	2313710	1424420	47423	831474	0	735189	96284	0.00	88.42	11.58
GM3	RSF	1645780	1053140	55897	533102	0	533102	0	0.00	100.00	0.00
	RPSF	1800830	1208063	35650	554036	0	549548	4487	0.00	99.19	0.81
	RPPSF	1904820	1295750	61205	539678	0	539624	53	0.00	99.99	0.01
GM10	RSF	2901450	1342200	89064	1459980	100	1459834	0	0.01	99.99	0.00
	RPSF	3847890	1296810	379422	2160199	336	1401753	758013	0.02	64.89	35.09
	RPPSF	3330000	1468210	151516	1695508	12	1333347	362160	0.00	78.64	21.36
GM24	RSF	2570670	1181460	110323	1273090	0	1273090	0	0.00	100.00	0.00
	RPSF	2849550	1236410	173529	1433624	0	1292125	141498	0.00	90.13	9.87
	RPPSF	2792320	1415690	82047	1284464	0	1243874	40589	0.00	96.84	3.16
GM25	RSF	2498750	1016132	2213	1440083	0	1440083	0	0.00	100.00	0.00
	RPSF	2579990	1151320	11501	1406135	0	1396854	9280	0.00	99.34	0.66
	RPPSF	2915080	1323630	18382	1556930	0	1553193	3736	0.00	99.76	0.24
GM5	RSF	1622610	1061850	79928	474585	0	474585	0	0.00	100.00	0.00
	RPSF	1796320	1180490	111939	497270	0	497071	198	0.00	99.96	0.04
	RPPSF	1863470	1319220	60848	472219	0	472077	141	0.00	99.97	0.03

注：表中符号含义，WK—总能量；ESE—弹性应变能；EKE—动能；EWK—总耗能；EFD—摩擦耗能；EV—阻尼耗能；EP—塑性耗能。

3. 8度（0.2g）罕遇地震（PGA＝0.4g）

（1）框架基底剪力比较

图 6-21 为 8 度（0.2g）罕遇地震作用下 RSF、RPSF 和 RPPSF 框架两个方向基底剪力时程曲线。表 6-12 列出了 12 条地震波作用下 RSF、RPSF 和 RPPSF 框架主次两个方向最大的基底剪力。从图 6-21 和表 6-12 中可以看出，RPSF 框架的基底剪力较 RSF 框架均有不同程度的减小，下降幅度最大的是 GM17 作用下的主方向，最大降幅达 42.96%。这是由于 RPSF 框架在 8 度（0.2g）罕遇地震作用梁柱节点出现开口，开口宽度详见表 6-13，最大开口宽度达 10.58mm，节点开口后刚度下降，结构自振周期变长，相应的基底剪力的降低表现得更明显。

与 RPSF 框架相比,在 8 度（0.2g）罕遇地震作用下,RPPSF 框架 GM10 作用下次方向的最大基底剪力小于 RPSF 框架；GM6 作用下主方向、GM9 和 GM10 作用下次方向与 RPSF 框架基本接近；其余地震波作用下的最大基底剪力与 RPSF 框架均有不同程度的提高,提高幅度最大的是 GM17 作用下的主方向,基底剪力的增幅达 28.89%。这主要是因为 RPPSF 框架有短梁段且开口大小与 RPSF 框架不一致,刚度与 RPSF 框架相比有所不同。

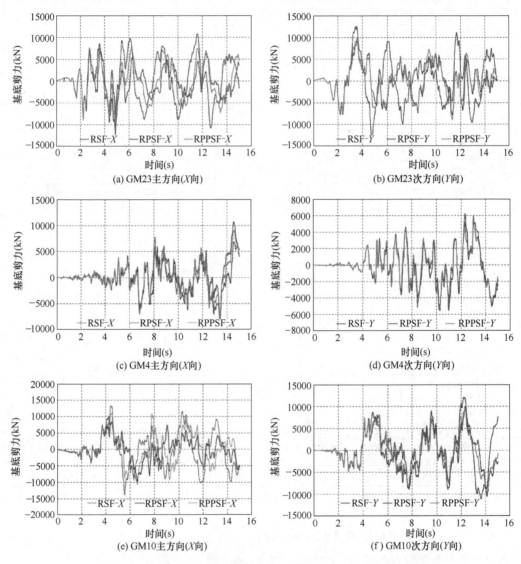

图 6-21　8 度（0.2g）罕遇地震作用下三个框架基底剪力时程曲线

8 度（0.2g）罕遇地震作用下三个框架最大基底剪力（单位：kN）　　表 6-12

地震工况	主方向（X 向）			次方向（Y 向）		
	RSF	RPSF	RPPSF	RSF	RPSF	RPPSF
GM19	15554.40	11677.90	13260.90	14483.20	10408.70	11038.00
GM9	11207.40	9871.64	11166.50	12716.40	11819.10	11039.70
GM17	14296.10	8154.87	10511.20	9352.45	6658.37	6802.69

(续)

地震工况	主方向（X 向）			次方向（Y 向）		
	RSF	RPSF	RPPSF	RSF	RPSF	RPPSF
GM8	14235.70	10874.50	12320.00	14401.00	9342.29	9391.37
GM23	12303.60	8558.22	10365.90	13196.20	9611.51	9833.76
GM4	10667.50	8382.95	9023.46	5654.44	6223.77	5776.31
GM6	8676.42	8056.06	7988.47	10459.20	7918.72	8155.70
GM3	6298.82	5872.13	5940.44	7788.36	6422.29	6839.67
GM10	13858.80	10080.60	11234.90	12042.00	10551.00	9938.55
GM24	10004.80	10023.80	11337.90	11161.10	8745.11	8404.79
GM25	9399.96	8336.09	9564.60	7167.33	6366.54	7014.37
GM5	5205.69	5167.45	5354.77	10705.50	10237.00	10377.10

8 度（0.2g）罕遇地震作用下最大梁柱节点开口值（单位：mm）　　表 6-13

地震工况	主方向（X 向）		次方向（Y 向）	
	RPSF	RPPSF	RPSF	RPPSF
GM19	10.58	4.44	8.10	8.92
GM9	4.46	8.02	10.05	4.32
GM17	2.51	5.51	5.51	2.51
GM8	3.70	4.76	5.68	5.12
GM23	4.14	4.35	6.29	6.13
GM4	3.52	0.87	1.20	2.92
GM6	5.68	2.63	2.98	4.11
GM3	2.37	1.61	1.65	1.85
GM10	7.46	5.94	5.27	4.76
GM24	3.74	3.03	2.78	2.93
GM25	1.71	2.13	1.59	1.53
GM5	1.45	0.87	1.64	1.32

（2）框架层间位移角比较

图 6-22 为三条地震波 8 度（0.2g）罕遇地震作用下 RSF、RPSF 和 RPPSF 框架主次两个方向各层层间位移角的包络曲线。表 6-14 列出了在 12 条代表地震波作用下，三种框架的主次方向最大层间位移角。由图 6-22 可以看出三种框架底部两层位移响应基本一致，除影响系数较小的地震波外，在影响系数较大的地震波作用下三个框架的最大层间位移角一般位于三、四层。由表 6-14 可以发现，大部分地震波作用下 RPPSF 框架的最大层间位移角处于 RSF 和 RPSF 框架之间，同样是因为 RPPSF 框架的刚度介于两者之间。

8 度（0.2g）罕遇地震作用下三个框架最大层间位移角（单位：%）　　表 6-14

地震工况	主方向（X 向）			次方向（Y 向）		
	RSF	RPSF	RPPSF	RSF	RPSF	RPPSF
GM19	2.270	4.024	1.793	2.020	2.939	3.030
GM9	1.700	1.714	1.687	2.077	3.745	2.987
GM17	2.229	1.846	2.064	1.164	1.171	1.169
GM8	1.685	1.531	1.814	2.151	2.189	1.910
GM23	1.573	1.732	1.750	2.114	2.421	2.325
GM4	1.207	1.508	1.311	0.662	0.773	0.695
GM6	1.218	1.279	1.248	1.469	1.868	1.728

续表

地震工况	主方向(X向)			次方向(Y向)		
	RSF	RPSF	RPPSF	RSF	RPSF	RPPSF
GM3	0.652	0.852	0.606	0.903	0.906	0.985
GM10	1.771	2.705	2.265	1.706	2.043	1.830
GM24	1.209	1.479	1.206	1.172	1.295	1.338
GM25	1.127	0.839	1.025	0.787	0.862	0.839
GM5	0.629	0.776	0.586	0.828	0.882	0.818

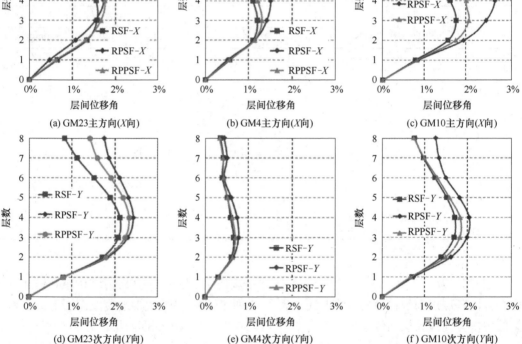

图 6-22　8度（0.2g）罕遇地震作用下三个框架各层最大层间位移角对比图

此外，由表 6-14 可以看出，大部分地震波作用下 RPPSF 框架各层层间位移角均满足规范中对多高层钢结构弹塑性层间位移角限值 1/50 的要求。但是 GM10 作用下主方向、GM19 和 GM9 作用下次方向的最大层间位移角已经超过限值 1/50。

（3）各层残余层间位移角比较

8度（0.2g）罕遇地震作用下 RSF、RPSF 和 RPPSF 框架各层残余层间位移角对比如图 6-23 所示，12 条代表地震波作用下 RSF、RPSF 和 RPPSF 框架在 8 度（0.2g）罕遇地震作用下主次方向最大残余层间位移角的数据详见表 6-15。

从图 6-23 和表 6-15 可以看出，影响系数较小的地震波作用下，三个框架的残余层间位移角均较小，相比而言 RPSF 和 RPPSF 框架的残余层间位移角与 RSF 框架相比优势不

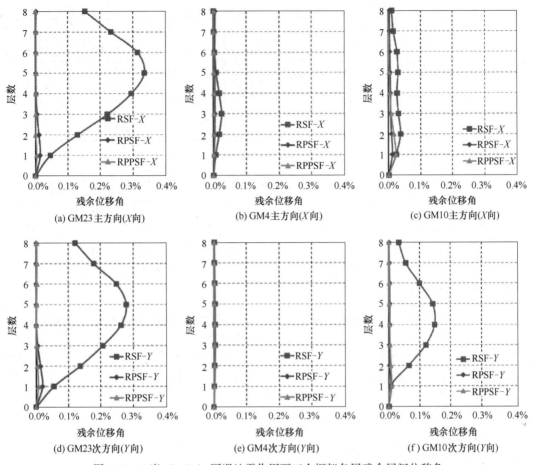

图 6-23 8度（0.2g）罕遇地震作用下三个框架各层残余层间位移角

明显。但当地震波的影响系数较大时，除 GM19 作用下 RPSF 框架的主方向最大残余层间位移角略大于 RSF 框架以外，对比其余影响系数较大地震波的残余层间位移角数据可以看出，RPSF 和 RPPSF 框架的残余层间位移角明显小于 RSF 框架。RPSF 和 RPPSF 框架的自动复位效果尤为明显，说明两种钢框架具有良好的震后恢复结构功能的能力。此外，由表 6-15 还可以看出，在影响系数较大的地震波作用下，RPPSF 框架的最大残余层间位移角均小于 RPSF 框架，说明可恢复功能预应力装配式钢框架在地震作用较大时具有更好的震后自动复位的能力。

8度（0.2g）罕遇地震作用下三个框架震后最大残余层间位移角（单位：%） 表 6-15

地震工况	主方向（X 向）			次方向（Y 向）		
	RSF	RPSF	RPPSF	RSF	RPSF	RPPSF
GM19	0.578	0.615	0.085	0.622	0.150	0.032
GM9	0.077	0.029	0.025	0.261	0.128	0.017
GM17	0.283	0.003	0.004	0.012	0.002	0.002
GM8	0.293	0.002	0.003	0.356	0.002	0.002
GM23	0.309	0.014	0.004	0.257	0.019	0.007
GM4	0.024	0.005	0.002	0.004	0.004	0.003
GM6	0.028	0.002	0.002	0.079	0.003	0.002

续表

地震工况	主方向(X向)			次方向(Y向)		
	RSF	RPSF	RPPSF	RSF	RPSF	RPPSF
GM3	0.003	0.005	0.003	0.004	0.001	0.002
GM10	0.034	0.011	0.022	0.137	0.007	0.009
GM24	0.051	0.003	0.004	0.022	0.002	0.003
GM25	0.017	0.003	0.000	0.001	0.002	0.003
GM5	0.001	0.001	0.001	0.003	0.002	0.004

(4) 框架震后等效塑性应变比较

表 6-16 详细列出了三个框架梁、柱在 8 度（0.2g）罕遇地震作用下的最大等效塑性应变值。RSF 框架塑性发展严重，除柱底塑性应变较大外，框架梁端等效塑性应变同样较大。大部分 RPSF 框架的梁端塑性应变均为 0；除 GM19、GM9 和 GM10 作用时，RPSF 柱底塑性均小于 RSF 框架。RPPSF 框架的所有梁端保持弹性，柱底的塑性应变均小于 RPSF 框架。说明两种可恢复功能钢框架因摩擦耗能而大大减轻了构件的塑性发展，且 RPPSF 优势更明显。

8 度（0.2g）罕遇地震作用下三个框架震后等效塑性应变（单位：$\mu\varepsilon$）　　表 6-16

地震工况	位置	RSF	RPSF	RPPSF
GM19	柱底	1.703×10^{-3}	2.375×10^{-3}	1.783×10^{-3}
	梁端	1.293×10^{-2}	3.952×10^{-4}	弹性
GM9	柱底	6.971×10^{-4}	2.014×10^{-3}	1.390×10^{-3}
	梁端	9.634×10^{-3}	1.501×10^{-3}	弹性
GM17	柱底	3.385×10^{-4}	2.375×10^{-4}	5.734×10^{-4}
	梁端	8.409×10^{-3}	弹性	弹性
GM8	柱底	9.317×10^{-4}	3.935×10^{-4}	7.235×10^{-4}
	梁端	5.633×10^{-3}	弹性	弹性
GM23	柱底	3.845×10^{-3}	6.352×10^{-4}	1.015×10^{-3}
	梁端	9.415×10^{-3}	弹性	弹性
GM4	柱底	弹性	弹性	弹性
	梁端	5.256×10^{-4}	弹性	弹性
GM6	柱底	5.485×10^{-5}	6.678×10^{-5}	弹性
	梁端	3.859×10^{-3}	弹性	弹性
GM3	柱底	7.328×10^{-5}	弹性	弹性
	梁端	弹性	弹性	弹性
GM10	柱底	1.609×10^{-3}	1.634×10^{-3}	1.013×10^{-3}
	梁端	9.739×10^{-3}	弹性	弹性
GM24	柱底	2.844×10^{-4}	弹性	2.745×10^{-5}
	梁端	9.159×10^{-4}	弹性	弹性
GM25	柱底	弹性	弹性	弹性
	梁端	4.704×10^{-4}	弹性	弹性
GM5	柱底	弹性	弹性	弹性
	梁端	弹性	弹性	弹性

(5) 8 度（0.2g）罕遇地震时耗能的比较

图 6-24 为 8 度（0.2g）罕遇地震作用下 RSF、RPSF 和 RPPSF 框架能量耗散对比图。表 6-17 为 RSF、RPSF 和 RPPSF 三个框架的能量数据比较。

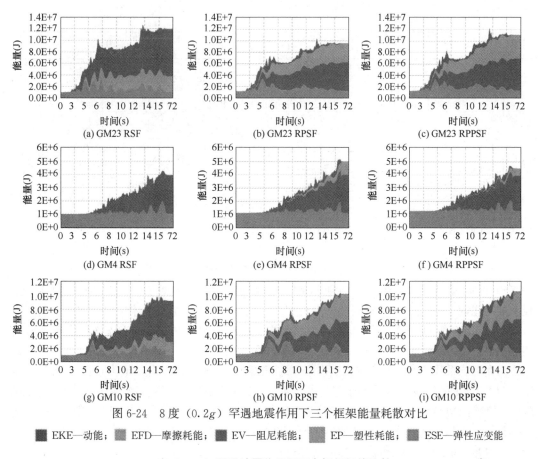

图 6-24　8 度（0.2g）罕遇地震作用下三个框架能量耗散对比

■ EKE—动能；　■ EFD—摩擦耗能；　■ EV—阻尼耗能；　■ EP—塑性耗能；　■ ESE—弹性应变能

8 度（0.2g）罕遇地震作用下三个框架耗能比较　　　　　　　　　　　　　表 6-17

地震工况	框架类型	WK(J)	ESE(J)	EKE(J)	EWK(J)	EP(J)	EV(J)	EFD(J)	EP/EWK(%)	EV/EWK(%)	EFD/EWK(%)
GM19	RSF	13525600	4276710	1902270	7333200	2493490	483991200	0	34.00	66.00	0.00
	RPSF	13595400	3864410	3154670	6556493	549853	362049543	238590780	8.39	55.22	36.39
	RPPSF	11599600	2744480	3049020	5787695	142645	372496050	191977843	2.46	64.36	33.17
GM9	RSF	9970330	1569150	755828	7638570	2860190	477868939	0	37.44	62.56	0.00
	RPSF	11687300	4541670	130759	6990612	393002	346594543	313109511	5.62	49.58	44.79
	RPPSF	10234700	3569640	376360	6264745	97055	327019689	289744456	1.55	52.20	46.25
GM17	RSF	6669380	1095260	122481	5437670	1450610	398689964	0	26.68	73.32	0.00
	RPSF	6659890	1195330	253210	5198111	14261	307208360	211199250	0.27	59.10	40.63
	RPPSF	7862380	1848920	30754	5964437	15087	347667033	247285558	0.25	58.29	41.46
GM8	RSF	9766210	1716070	466173	7573180	1671750	590177917	0	22.07	77.93	0.00
	RPSF	7639470	1207260	65870	6355993	22313	373732388	259642314	0.35	58.80	40.85
	RPPSF	8884200	1608950	136727	7119233	23113	413342668	296302477	0.32	58.06	41.62
GM23	RSF	12035100	1111930	1044650	9863790	2711600	715223413	0	27.49	72.51	0.00
	RPSF	9653190	1256550	131890	8249646	71806	485739156	332048252	0.87	58.88	40.25
	RPPSF	11139800	1602350	40054	9473431	69291	525680686	414652075	0.73	55.49	43.77
GM4	RSF	4141300	1541650	297861	2282492	25532	225692809	0	1.12	98.88	0.00
	RPSF	5143830	1979150	219886	2926439	1516	232593372	59904206	0.05	79.48	20.47
	RPPSF	4609690	1967350	115940	2503716	1471	214593498	35627879	0.06	85.71	14.23
GM6	RSF	5231450	1622780	203582	3390076	421186	296902856	0	12.42	87.58	0.00
	RPSF	6227870	1993050	538885	3682600	20190	237859134	128375436	0.55	64.59	34.86
	RPPSF	6125890	1679670	689794	3741247	9987	245276153	127838410	0.27	65.56	34.17
GM3	RSF	3501360	1139870	223608	2132477	127	213226375	0	0.01	99.99	0.00
	RPSF	3762330	1302000	197505	2259008	14	174124337	51776463	0.00	77.08	22.92
	RPPSF	3964810	1510110	85843	2356193	0	189508603	46110697	0.00	80.43	19.57

续表

地震工况	框架类型	WK(J)	ESE(J)	EKE(J)	EWK(J)	EP(J)	EV(J)	EFD(J)	EP/EWK(%)	EV/EWK(%)	EFD/EWK(%)
GM10	RSF	9383070	1873060	285018	7194620	1920130	527437592	0	26.69	73.31	0.00
	RPSF	10356700	1952160	718728	7653165	162365	385796048	363295743	2.12	50.41	47.47
	RPPSF	10993900	1628340	1197610	8138275	90025	427584969	377209046	1.11	52.54	46.35
GM24	RSF	7227360	1650410	428097	5134824	106334	502853314	0	2.07	97.93	0.00
	RPSF	7437510	1196340	603746	5627550	4150	389595287	172765785	0.07	69.23	30.70
	RPPSF	7750560	1444880	595956	5695541	2431	406775538	162550740	0.04	71.42	28.54
GM25	RSF	6940460	1061540	9208	5834356	15786	581860324	0	0.27	99.73	0.00
	RPSF	7203100	1190300	46722	5930328	74	538829602	54203198	0.00	90.86	9.14
	RPPSF	7432350	1354940	57411	5978629	0	543995453	53867447	0.00	90.99	9.01
GM5	RSF	3413140	1179270	319683	1898361	151	189817116	0	0.01	99.99	0.00
	RPSF	3776220	1256410	478048	2030979	36	173181579	29916321	0.00	85.27	14.73
	RPPSF	3668020	1459380	329831	1866308	107	167295849	19334951	0.01	89.64	10.36

注：表中符号含义，WK—总能量；ESE—弹性应变能；EKE—动能；EWK—总耗能；EFD—摩擦耗能；EV—阻尼耗能；EP—塑性耗能。

从图 6-24 和表 6-17 可以看出在 8 度（0.2g）罕遇不同地震波作用下，RSF 框架较 8 度（0.2g）设防地震作用时结构塑性耗能开始增大，此时 RPPSF 框架与 RPSF 框架因有摩擦耗能吸收的总能量，耗能与 RSF 框架非常接近。在 8 度（0.2g）罕遇地震作用下，RSF 框架主要依靠阻尼耗能和塑性耗能，其中塑性耗能占结构总耗能的 20%～40%；RPSF 框架和 RPPSF 框架则主要依靠阻尼耗能和摩擦耗能，在影响系数较小的地震波作用下，摩擦耗能占总耗能 10% 左右，在影响系数较大的地震波作用时，摩擦耗能则占到 30% 以上，最大达到 47.47%。而 RPSF 框架和 RPPSF 框架的塑性耗能很少，在 GM19 作用下 RPSF 框架塑性耗能最大，塑性耗能约为刚接框架的 24.66%。除 GM5 作用时以外，其他地震波作用下结构塑性耗能则基本在刚接框架的 10% 以下，几乎所有的 RPPSF 框架塑性耗能均接近或少于 RPSF 框架。

4. 8 度（0.3g）罕遇地震（PGA=0.51g）

（1）框架基底剪力比较

图 6-25 为 8 度（0.3g）罕遇地震作用下 RSF、RPSF 和 RPPSF 框架两个方向基底剪力时程曲线。表 6-18 给出了 12 条代表地震波作用下，RSF、RPSF 和 RPPSF 框架在 8 度（0.3g）罕遇地震作用下主次两个方向底层最大基底剪力。从图 6-25 和表 6-18 中可以看出，大部分地震波作用下 RPSF 框架的最大基底剪力均小于 RSF 框架，其中下降幅度最大的是 GM17 作用下的主方向，降幅高达 41.53%。整体来看，主次方向降幅均比 8 度（0.2g）罕遇地震时大，说明在 8 度（0.3g）罕遇地震时自复位梁柱节点出现了更大的开口，开口宽度详见表 6-19，最大开口宽度达 16.99mm，因而刚度下降较 8 度（0.3g）罕遇地震时更明显，基底剪力下降也更显著。

与 RSF 框架相比，除 GM9 作用时以外，RPPSF 框架的最大基底剪力均小于 RSF 框架；与 RPSF 框架相比，在 8 度（0.3g）罕遇地震作用下，除 GM3 和 GM5 作用下以外，无论是主方向还是次方向，RPPSF 框架的最大基底剪力均大于 RPSF 框架，提高幅度最大的是 GM24 作用下的主方向，基底剪力的增幅高达 40.30%，同样是因其刚度与 RPSF 框架相比有所提高。

8 度（0.3g）罕遇地震作用下三个框架基底剪力（单位：kN）　　表 6-18

地震工况	主方向（X 向）			次方向（Y 向）		
	RSF	RPSF	RPPSF	RSF	RPSF	RPPSF
GM19	17493	12849.7	15845.3	16332.9	11134	11807
GM9	12766.8	11271.5	13406.5	14795.1	12370.6	13077.4
GM17	15907.9	9301.53	11908.6	10805.6	8474.16	8623.37
GM8	17354.1	13319.6	15081.6	16382.7	10784.5	10842.8
GM23	14463.8	10602.5	12511.9	14402	10389	10867.2

续表

地震工况	主方向(X向)			次方向(Y向)		
	RSF	RPSF	RPPSF	RSF	RPSF	RPPSF
GM4	12933.5	9284.91	10233.7	7204.84	8068.33	7507.96
GM6	10450.7	9944.57	10349	11606.9	9054.78	9319.61
GM3	7991.63	7568.66	6721.2	9822.24	7143.33	7599.25
GM10	15159.7	10816.8	12995.4	13840.3	11426.6	12228.9
GM24	13220.2	9978.25	13999.3	13653.6	10494.1	10668.8
GM25	13015.2	10318.4	11626.7	10240.9	7505.31	8047.24
GM5	6636.03	7231.18	6509	13640.9	12298.8	12469.9

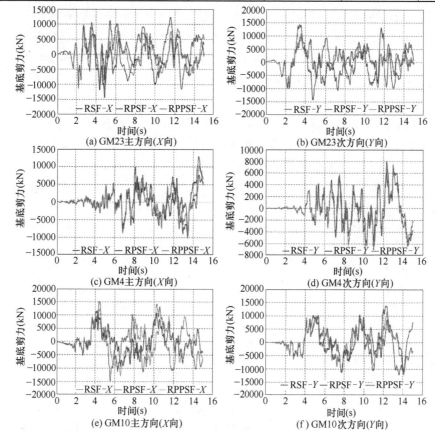

图 6-25 8 度（0.3g）罕遇地震作用下三个框架基底剪力时程曲线

8 度（0.3g）罕遇地震作用下最大梁柱节点开口值（单位：mm）　　表 6-19

地震工况	主方向(X向)		次方向(Y向)	
	RPSF	RPPSF	RPSF	RPPSF
GM19	16.99	7.79	9.86	10.71
GM9	6.71	12.83	14.42	5.98
GM17	6.29	7.50	2.99	3.32
GM8	5.14	5.99	7.74	7.44
GM23	5.67	8.01	8.26	5.89
GM4	4.06	4.60	2.09	1.68
GM6	4.20	3.64	5.22	5.17
GM3	3.55	2.59	2.20	2.38
GM10	11.01	7.67	7.45	6.70
GM24	5.08	3.81	3.35	3.91
GM25	3.14	2.91	2.37	2.42
GM5	2.16	1.58	2.72	2.20

(2) 框架层间位移角比较

图 6-26 为三条地震波 8 度（0.3g）罕遇地震作用下 RSF、RPSF 和 RPPSF 框架主次两个方向各层层间位移角的包络曲线，表 6-20 列出了在 12 条代表地震波作用下，三种框架的主次方向最大层间位移。从图 6-26 和表 6-20 中可以看出，在 8 度（0.3g）罕遇地震作用下，三种框架底部两层位移响应基本一致，在影响系数较大的地震波作用下三个框架的最大层间位移角一般位于三、四层。对比 RPSF 框架与 RSF 框架在不同地震波作用下主次方向的最大层间位移角时发现，除小部分地震波 RPSF 框架层间位移响应和 RSF 框架基本一致甚至更小外，其他大部分地震波 RPSF 框架的最大层间位移角均大于 RSF 框架。

与 RSF 框架相比，大部分 RPPSF 框架的最大层间位移角大于 RSF 框架。相对于 RPSF 框架，一部分地震动 RPPSF 框架的最大层间位移角小于 RPSF 框架，另外一部分地震波 RPPSF 框架层间位移响应则稍大于 RPSF 框架，主要集中在影响系数较大的几条地震波的主方向上，与 8 度（0.2g）罕遇地震作用下的规律不一致。结合 8 度（0.3g）罕遇地震作用下的节点开口值（表 6-19）可以发现，RPPSF 在这几条波的主方向上的最大开口均大于 RPSF 框架的开口，因其刚度降低所致。此外，由表 6-20 可以看出，无论主方向还是次方向，影响系数较小的 GM4、GM6、GM3、GM24、GM25 和 GM5 地震波作用下的 RPPSF 框架最大层间位移角均小于文献中的限值（1/50），而其他地震波作用下的最大层间位移角则超过了 1/50。

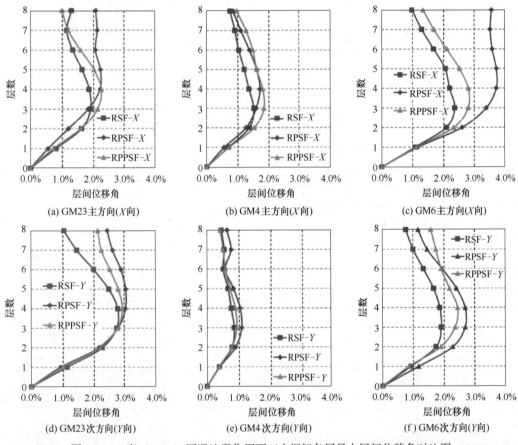

图 6-26　8 度（0.3g）罕遇地震作用下三个框架各层最大层间位移角对比图

8度（0.3g）罕遇地震作用下三个框架最大层间位移角（单位：%）　　　表 6-20

地震工况	主方向(X向)			次方向(Y向)		
	RSF	RPSF	RPPSF	RSF	RPSF	RPPSF
GM19	3.167	5.796	2.967	2.507	3.470	3.700
GM9	1.940	2.116	2.170	2.697	5.305	4.494
GM17	2.537	2.344	2.507	1.425	1.412	1.426
GM8	2.039	1.925	2.165	2.594	2.733	2.630
GM23	1.894	2.225	2.258	2.789	3.044	2.939
GM4	1.514	1.716	1.847	0.843	1.077	0.924
GM6	1.573	1.709	1.564	1.754	2.174	2.110
GM3	0.828	1.256	0.911	1.155	1.124	1.130
GM10	2.355	3.737	2.805	1.900	2.681	2.435
GM24	1.408	1.776	1.542	1.479	1.489	1.629
GM25	1.404	1.277	1.267	1.005	1.121	1.100
GM5	0.792	0.802	0.764	1.054	1.183	1.076

（3）各层残余层间位移角比较

8度（0.3g）罕遇地震作用下 RSF、RPSF 和 RPPSF 框架各层残余层间位移角对比如图 6-27 所示，12 条代表地震波作用下 RSF、RRF、RPSF 和 RPPSF 框架 8 度（0.3g）罕遇地震作用下主次方向最大残余层间位移角的数据详见表 6-21。

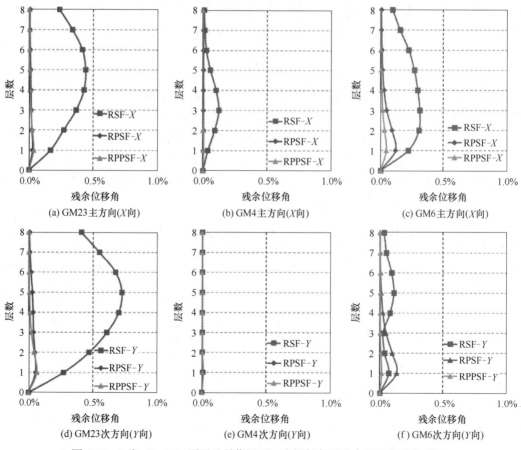

图 6-27　8度（0.3g）罕遇地震作用下三个框架各层残余层间位移角对比

8度（0.3g）罕遇地震作用下三个框架最大残余层间位移角（单位：%）　　表6-21

地震工况	主方向(X向)			次方向(Y向)		
	RSF	RPSF	RPPSF	RSF	RPSF	RPPSF
GM19	1.3978	2.3279	0.5315	0.9574	0.7297	0.0571
GM9	0.1303	0.1989	0.3049	0.5482	0.9214	0.0883
GM17	0.5010	0.0044	0.0174	0.0235	0.0032	0.0142
GM8	0.5400	0.0068	0.0213	0.6283	0.0081	0.0264
GM23	0.4405	0.0273	0.0357	0.7273	0.0544	0.0632
GM4	0.1339	0.0042	0.0044	0.0082	0.0041	0.0046
GM6	0.1675	0.0023	0.0047	0.0796	0.0042	0.0075
GM3	0.0159	0.0051	0.0037	0.0127	0.0018	0.0023
GM10	0.3115	0.1208	0.0471	0.1114	0.1352	0.0156
GM24	0.1526	0.0017	0.0069	0.0613	0.0058	0.0082
GM25	0.1274	0.0026	0.0023	0.0041	0.0014	0.0006
GM5	0.0030	0.0013	0.0022	0.0012	0.0041	0.0041

从图6-27和表6-21可以看出，在影响系数较小的地震工况GM3和GM5作用下，三个框架的残余层间位移角均较小，RPSF和RPPSF框架的复位优势不明显；而其余大部分地震动作用下的最大残余层间位移角RPSF和RPPSF框架明显小于RSF框架，RPSF和RPPSF框架的自动复位效果尤为明显。尤其是RPPSF框架，除GM19和GM9作用下最大残余层间位移角稍大之外，其余最大残余层间位移角数值均很小，说明新型可恢复功能预应力装配式钢框架在地震波较大时具有更好的恢复结构功能的能力。

（4）等效塑性应变比较

表6-22详细列出了三个框架梁端和柱底在8度（0.3g）罕遇地震作用下的最大等效塑性应变值。RSF框架塑性发展严重，除柱底塑性应变较大外，框架梁端等效塑性应变同样较大，除GM5外均大于柱底塑性。大部分RPSF柱底塑性应变大于RSF框架，但梁端塑性应变均小于RSF框架。RPPSF框架除几个层间位移角较大的地震波作用下柱底应变大于RSF框架，大部分地震波作用下柱底应变小于RSF框架且小于RPSF框架，所有梁端全部保持弹性，优于RPSF框架，因此RPPSF框架在高震级时较RPSF框架更能减轻塑性发展，抗震性能更优。

8度（0.3g）罕遇地震作用下框架震后等效塑性应变（单位：$\mu\varepsilon$）　　表6-22

地震工况	位置	RSF	RPSF	RPPSF
GM19	柱底	4.168×10^{-3}	6.718×10^{-3}	5.985×10^{-3}
	梁端	1.798×10^{-2}	1.427×10^{-3}	弹性
GM9	柱底	1.620×10^{-3}	4.994×10^{-3}	3.760×10^{-3}
	梁端	1.511×10^{-2}	6.185×10^{-3}	弹性
GM17	柱底	8.089×10^{-4}	9.648×10^{-4}	1.127×10^{-3}
	梁端	1.295×10^{-2}	弹性	弹性
GM8	柱底	1.743×10^{-3}	1.066×10^{-3}	1.566×10^{-3}
	梁端	8.510×10^{-3}	1.924×10^{-4}	弹性
GM23	柱底	7.916×10^{-3}	1.501×10^{-3}	2.070×10^{-3}
	梁端	1.490×10^{-2}	5.165×10^{-3}	弹性
GM4	柱底	弹性	1.627×10^{-4}	1.086×10^{-4}
	梁端	2.540×10^{-3}	弹性	弹性

续表

地震工况	位置	RSF	RPSF	RPPSF
GM6	柱底	3.363×10^{-3}	4.256×10^{-4}	2.896×10^{-4}
	梁端	9.319×10^{-3}	弹性	弹性
GM3	柱底	3.142×10^{-4}	弹性	弹性
	梁端	4.441×10^{-4}	8.025×10^{-5}	弹性
GM10	柱底	2.561×10^{-3}	8.493×10^{-3}	3.364×10^{-3}
	梁端	1.746×10^{-2}	弹性	弹性
GM24	柱底	5.567×10^{-4}	3.323×10^{-4}	4.823×10^{-4}
	梁端	3.891×10^{-3}	弹性	弹性
GM25	柱底	1.445×10^{-5}	1.586×10^{-5}	1.762×10^{-3}
	梁端	1.762×10^{-3}	弹性	弹性
GM5	柱底	1.194×10^{-4}	1.356×10^{-4}	弹性
	梁端	1.330×10^{-5}	弹性	弹性

（5）8度（0.3g）罕遇地震时耗能的比较

图6-28为8度（0.3g）罕遇地震作用下RSF、RPSF和RPPSF框架能量耗散对比图。表6-23为RSF、RPSF和RRPSF三个框架的能量数据比较。

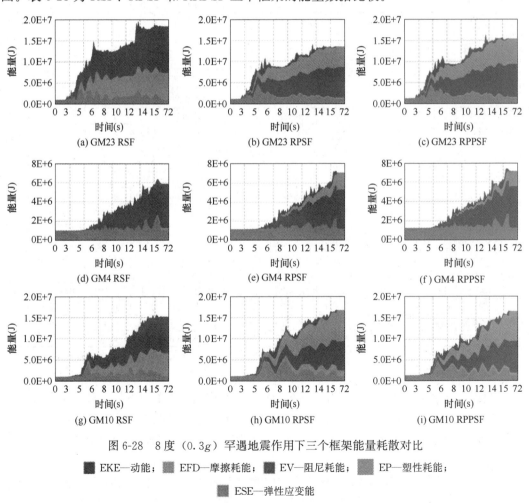

图6-28　8度（0.3g）罕遇地震作用下三个框架能量耗散对比

■ EKE—动能；　■ EFD—摩擦耗能；　■ EV—阻尼耗能；　■ EP—塑性耗能；
■ ESE—弹性应变能

8度（0.3g）罕遇地震作用下三个框架的耗能比较　　　　表6-23

地震工况	框架类型	WK(J)	ESE(J)	EKE(J)	EWK(J)	EP(J)	EV(J)	EFD(J)	EP/EWK(%)	EV/EWK(%)	EFD/EWK(%)
GM19	RSF	21017300	4686240	3156600	13157590	5697230	7460353	0	43.30	56.70	0.00
	RPSF	22242600	5808920	5258440	11136540	1658490	5665157	3813151	14.89	50.87	34.24
	RPPSF	18128600	3826330	4392510	9879348	966038	5537374	3375773	9.78	56.05	34.17
GM9	RSF	16058100	1994240	801761	13249970	6396780	6852884	0	48.28	51.72	0.00
	RPSF	20016000	6635470	242727	13089440	2069960	5815638	5203052	15.81	44.43	39.75
	RPPSF	17590100	6382790	58833	11097368	826588	5262371	5008242	7.45	47.42	45.13
GM17	RSF	10202000	1231010	156552	8793540	3063490	5729870	0	34.84	65.16	0.00
	RPSF	8982410	1261320	287524	7412786	48966	4332773	3031088	0.66	58.45	40.89
	RPPSF	11392000	1676940	270836	9417430	92870	5274702	4049494	0.99	56.01	43.00
GM8	RSF	15125800	2092700	563923	12452170	3814310	8638070	0	30.63	69.37	0.00
	RPSF	11374100	1216330	156737	9989594	110824	5628137	4250572	1.11	56.34	42.55
	RPPSF	12273200	1360770	250765	10635644	123834	5926180	4585026	1.16	55.72	43.11
GM23	RSF	18582300	1239760	1136140	16181620	6202970	9979205	0	38.33	61.67	0.00
	RPSF	13546600	1241060	286634	11997691	233851	6967059	4797876	1.95	58.07	39.99
	RPPSF	15511400	1596870	161651	13723384	240764	7506691	5976533	1.75	54.70	43.55
GM4	RSF	6122740	1798040	388203	3906892	252242	3654506	0	6.46	93.54	0.00
	RPSF	7331290	2288920	296403	4719332	9792	3501744	1207677	0.21	74.20	25.59
	RPPSF	7290770	2660760	157969	4434256	11706	3418811	1003915	0.26	77.10	22.64
GM6	RSF	7959750	1659260	448271	5830830	1429270	4401693	0	24.51	75.49	0.00
	RPSF	8621850	2618660	406986	5575905	55275	3447024	2073679	0.99	61.82	37.19
	RPPSF	8960610	2212990	910216	5810861	56301	3613774	2140721	0.97	62.19	36.84
GM3	RSF	5056780	1210890	356712	3482294	41174	3441202	0	1.18	98.82	0.00
	RPSF	5060030	1256060	350234	3445214	854	2429909	1014615	0.02	70.53	29.45
	RPPSF	5520380	1578620	176961	3747149	29	2732795	1014353	0.00	72.93	27.07
GM10	RSF	15330700	2008730	429498	12845650	5293190	7551957	0	41.21	58.79	0.00
	RPSF	16942100	2209120	790351	13884530	1286910	5955074	6642359	9.27	42.89	47.84
	RPPSF	16991900	2428720	1224510	13297067	587747	6466363	6242972	4.42	48.63	46.95
GM24	RSF	11156900	1873980	608158	8654668	919428	7735542	0	10.62	89.38	0.00
	RPSF	10699900	1260230	925735	8490653	12763	5589396	2888520	0.15	65.83	34.02
	RPPSF	11309400	1332700	762782	9200231	25701	6025231	3149239	0.28	65.49	34.23
GM25	RSF	10702800	1102790	17876	9526574	159234	9367480	0	1.67	98.33	0.00
	RPSF	11623700	1214660	86905	10278089	4619	8633594	1639355	0.04	84.00	15.95
	RPPSF	11278400	1388130	115918	9723998	548	8505581	1217444	0.01	87.47	12.52
GM5	RSF	4907790	1276230	519771	3087970	4230	3083646	0	0.14	99.86	0.00
	RPSF	5463200	1294640	750659	3403616	4936	2654480	744370	0.15	77.99	21.87
	RPPSF	5205710	1465560	679049	3040375	1729	2472432	566117	0.06	81.32	18.62

注：表中符号含义，WK—总能量；ESE—弹性应变能；EKE—动能；EWK—总耗能；EFD—摩擦耗能；EV—阻尼耗能；EP—塑性耗能。

从图 6-28 和表 6-23 可以看出在 8 度（0.3g）罕遇地震作用下，小部分地震工况下 RPSF 框架吸收的能量小于 RSF 框架，大部分地震工况下因摩擦耗能吸收的能量大于 RSF 框架，而接近一半的地震波作用下 RPPSF 框架吸收的总能量大于 RPSF 框架，另一半则正好相反。

在 8 度（0.3g）罕遇地震作用下，RSF 框架主要依靠阻尼耗能和塑性耗能，其中在影响系数较小的地震波作用时，塑性耗能所占比例较小，在影响系数较大的地震波作用时，塑性耗能占结构总耗能约 35%~50%。RPSF 和 RPPSF 框架则主要依靠阻尼耗能和摩擦耗能，其中在影响系数较小的地震波作用时，摩擦耗能占总耗能 20%左右，在影响系数较大的地震波作用时，摩擦耗能则占到 30%以上，最大达到 47.84%和 46.95%。而 RPSF 和 RPPSF 框架的塑性耗能则相对很少，RPSF 框架塑性耗能最大为 GM9 作用下，塑性耗能约为 RSF 框架的 33%；其次为 GM19 和 GM9 作用下，约为 RSF 框架的 29%和 24%，其他地震波作用下结构塑性耗能则基本在刚接框架的 5%以下。大部分地震波作用下 RPPSF 框架的塑性耗能接近或小于 RPSF 框架，与前面框架塑性应变状况基本吻合。

结合以上耗能数据和典型位置等效塑性应变值可以发现，RSF 框架是以主体结构尤其是柱脚的塑性变形来耗能的，RPSF 框架和 RPPSF 框架则主要依靠阻尼耗能和摩擦耗能，这些耗能大大减少了两种框架主体结构的塑性发展和主体结构的损伤程度。而 RPPSF 框架主体结构的塑性发展和损伤则较 RPSF 框架更小，从而更好地实现结构自动恢复功能。

6.3 可恢复功能预应力钢框架-中间柱型阻尼器结构动力时程分析

可恢复功能预应力钢框架-中间柱型阻尼器（Resilient Cable Prestressed Steel Frame with Intermediate Column Friction Damper，简称预应力中间柱钢框架或 ICRPSF 框架）结构设计为 8 层，首层层高 3.9m，2~8 层层高 3.6m，横向为 3 跨，纵向为 5 跨，跨度均为 12m，结构平面图如图 6-29 所示。

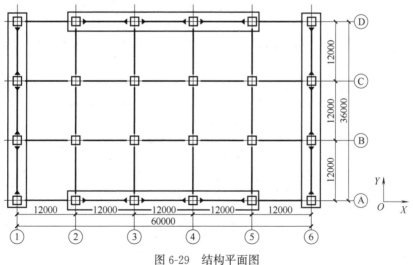

图 6-29 结构平面图

方框圈出部分为预应力中间柱钢框架结构（仅 1~6 层设置，7、8 两层为预应力钢框架），其余部分为铰接体系。结构按医院标准进行设计，设计使用年限 50 年，安全等级为二级，乙类建筑。楼面恒荷载（包括楼板自重）7.0kN/m²，楼面活荷载 2.0kN/m²，屋面活荷载 0.5kN/m²，雪荷载取北京地区 100 年一遇雪压 0.45kN/m²。抗震设防烈度为 8 度，场地类别为Ⅲ类。结构主要参数确定如下：ICRPSF 框架箱型柱 650mm×650mm×32mm×32mm，ICRPSF 框架梁 750mm×350mm×24mm×30mm。铰接框架柱 500mm×

500mm×24mm×24mm，铰接框架梁 650mm×300mm×12mm×20mm。中间柱尺寸 500mm×350mm×14mm×20mm，中间柱摩擦阻尼器螺栓为 6 个 M20 高强度螺栓。预应力梁柱节点设计有双剪切板，螺栓为 12 个 10.9 级 M24 高强度螺栓，四排三列均匀布置。每个节点布置 12 根抗拉强度等级为 1860MPa 的 $\phi 1mm\times 19$ 低松弛高强度钢绞线，极限索力 $T_u = 591kN$，单根钢绞线初始预应力值取 $0.4T_u$。将上述模型中的所有中间柱去掉，即构建为可恢复功能预应力钢框架模型（RPSF 框架），用来与 ICRPSF 框架的抗震性能进行对比。

6.3.1 结构模态分析对比

在 ABAQUS 中设置线性摄动分析步，进行模态分析，提取结构自振频率。特征值求解器选用 Lanczos 方法，分别计算 ICRPSF 与 RPSF 两种框架前 18 阶频率和周期，查看两种框架的前三阶振型，图 6-30～图 6-32 为 ICRPSF 和 RPSF 框架前三阶振型图。从中可以看出，ICRPSF 框架前三阶振型与 RPSF 框架基本保持一致。根据频率计算得到的前三阶自振周期结果如表 6-24 所示。从表 6-24 中可以看出，相对于 RPSF 框架，ICRPSF 框架的周期明显减少，减少幅度达到 26% 以上。由此可以看出由于设置了中间柱摩擦阻尼器，ICRPSF 框架的侧移刚度和扭转刚度较 RPSF 框架明显增大，中间柱对整体结构刚度的贡献较为显著。

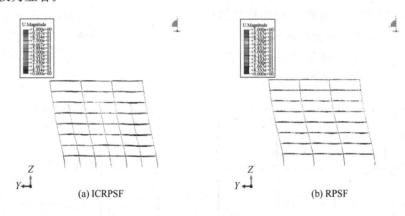

(a) ICRPSF　　　　　　　　　(b) RPSF

图 6-30　两个框架第一阶振型图

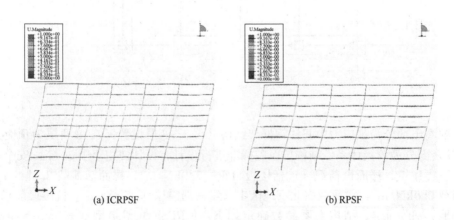

(a) ICRPSF　　　　　　　　　(b) RPSF

图 6-31　两个框架第二阶振型图

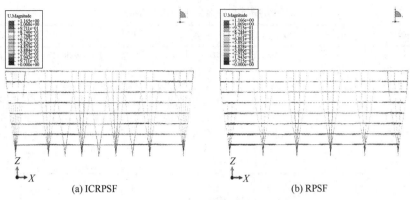

(a) ICRPSF　　　　　　　　　　　　(b) RPSF

图 6-32　两个框架第三阶振型图

ICRPSF 和 RPSF 框架前三阶自振周期（单位：s）　　表 6-24

框架类型	1 阶自振周期	2 阶自振周期	3 阶自振周期
RPSF	2.697	2.665	1.644
ICRPSF	1.993	1.915	1.203
差值百分比	26.08%	28.16%	26.81%

6.3.2　时程分析地震波的选取

本节进行时程分析时，采用 ATC-63 报告建议的 22 条远场地震的三维地震波数据以及实际工程中常用的 El-Centro、Taft 波和汶川地震的四条波。进行有限元计算时采用每条地震波的双向水平分量，并调幅为 8 度（$0.2g$）多遇地震、设防地震、罕遇地震和 8 度（$0.3g$）罕遇地震水准（即峰值加速度分别为 $0.07g$、$0.2g$、$0.4g$ 和 $0.51g$），在模型中主方向为 X 向，次方向为 Y 向，幅值按 1∶0.85 缩放。

ICRPSF 框架的自振周期约为 2s，计算每条地震波反应谱在自振周期为 2s 处的地震影响系数与规范谱的差值百分比。限于篇幅，以计算所得的影响系数差作为地震波的分类指标，仅列出选取的 8 条典型地震波的分析结果，典型加速度谱如图 6-33 所示，其地震影响系数的差值由大到小的排序依次为 GM8、GM2、GM23、GM5、GM4、GM25、GM15、GM3，如表 6-25 所示。

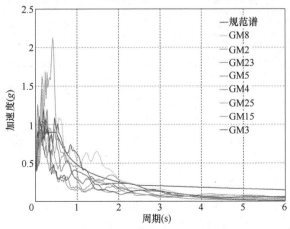

图 6-33　8 条地震波加速度反应谱

时程分析选用的8条地震波基本数据 表6-25

序号	地震波	震级	发生年份	地震名称	地震台	影响系数差
1	GM8	6.9	1995	Kobe,Japan	Shin-Osaka	13.11%
2	GM2	6.7	1994	Northridge	Canyon Country-WLC	8.66%
3	GM23	7	1940	Imperial Valley	EL-Centro Array#9	−7.04%
4	GM5	6.5	1979	Imperial Valley	Delta	−27.12%
5	GM4	7.1	1999	Hector Mine	Hector	−32.53%
6	GM25	8	2008	什邡八角	八角	−55.32%
7	GM15	7.4	1990	Manjil,Iran	Abbar	−48.99%
8	GM3	7.1	1999	Duzce,Turkey	Bolu	−62.43%

6.3.3 动力时程结果分析

本节详细对比分析 ICRPSF 和 RPSF 框架在不同水准地震作用下的动力响应，以此考察预应力中间柱钢框架整体结构的抗震性能及中间柱摩擦阻尼器对预应力钢框架抗震性能的影响，并与预应力钢框架的性能进行对比，因8度（0.2g）小震时两种框架基本无开口和滑移，限于篇幅，此处仅列出8度（0.2g）设防、罕遇和8度（0.3g）罕遇地震的计算结果。

1. 8度（0.2g）设防地震

（1）中间柱摩擦阻尼器滑移响应和节点开口

8度（0.2g）设防地震作用下 ICRPSF 框架中间柱摩擦阻尼器（Intermediate Column Friction Damper，缩写为 ICFD）最大滑移如表6-26所示，ICRPSF 框架在设防地震时开始出现较为明显的中间柱阻尼器滑移，且主要集中在影响系数较大的地震波上，最大为 GM23 地震波作用时 X 向滑移20.2mm。表6-27为8度（0.2g）设防地震作用下两种框架梁柱节点最大开口值，由表中数据可以看出：总体来说两种框架节点开口大小相差不多。

8度（0.2g）设防地震动作用下 ICRPSF 框架中间柱摩擦阻尼器最大滑移（单位：mm） 表6-26

方向	GM 8	GM 2	GM 23	GM 5	GM 4	GM 25	GM 15	GM 3
X 向	14.9	0.5	15.4	0	3.4	2.1	3.6	0
Y 向	10.9	7.8	20.2	0.1	0.1	0.1	0.1	0.1

8度（0.2g）设防地震动作用下两种框架梁柱节点最大开口（单位：mm） 表6-27

框架类型	方向	GM 8	GM 2	GM 23	GM 5	GM 4	GM 25	GM 15	GM 3
ICRPSF	X 向	1.925	0.365	1.624	0.168	0.563	0.42	0.577	0.266
	Y 向	0.999	1.398	1.753	0.24	0.176	0.109	0.116	0.258
RPSF	X 向	1.343	0.274	1.996	0.141	1.76	0.243	1.036	0.266
	Y 向	2.821	1.217	2.981	0.197	0.11	0.151	0.263	0.198

（2）框架基底剪力比较

图6-34～图6-36为3种地震波作用下8度（0.2g）设防时两种框架基底剪力时程对比。表6-28给出了上述8条典型地震波作用下，ICRPSF 与 RPSF 框架在8度（0.2g）设防地震作用下主次两个方向最大基底剪力。可以看出，除地震波 GM25 外，其余的地震波作用下基底剪力 ICRPSF 框架均大于 RPSF 框架，最大高出133.87%。同样是因为中间柱阻尼器钢框架侧向刚度较大，结构周期较小，相应的基底剪力随之增大。

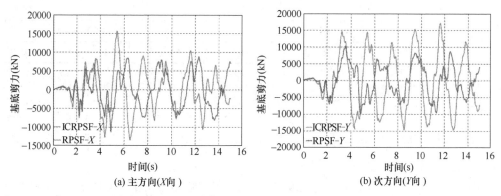

图 6-34 8 度（0.2g）设防 GM23 地震波作用下两种框架两个方向基底剪力时程曲线（PGA=0.2g）

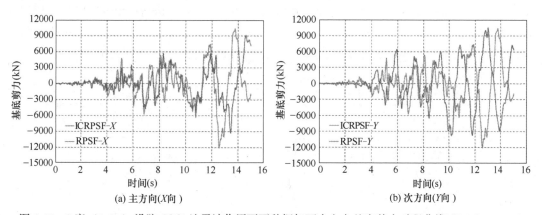

图 6-35 8 度（0.2g）设防 GM4 地震波作用下两种框架两个方向基底剪力时程曲线（PGA=0.2g）

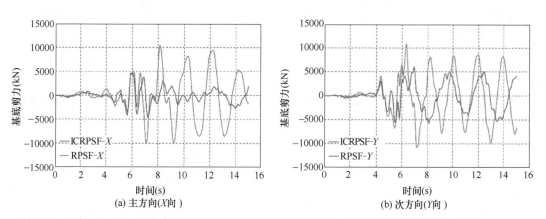

图 6-36 8 度（0.2g）设防 GM3 地震波作用下两种框架两个方向基底剪力时程曲线（PGA=0.2g）

8 度（0.2g）设防地震作用下两种框架最大基底剪力对比（单位：kN）　　表 6-28

地震工况	主方向（X 向）			次方向（Y 向）		
	RPSF	ICRPSF	增幅	RPSF	ICRPSF	增幅
GM8	9595.40	18302.90	90.75%	10939.60	16252.90	48.57%
GM2	6425.53	10055	56.49%	7311.01	15752.10	115.46%
GM23	11199.4	15697.30	40.16%	10349.70	17189.60	66.09%

续表

地震工况	主方向(X 向)			次方向(Y 向)		
	RPSF	ICRPSF	增幅	RPSF	ICRPSF	增幅
GM5	5148.22	8242.20	60.10%	8572.04	10797.40	25.96%
GM4	9285.30	12056	29.84%	5396.25	10508.40	94.74%
GM25	9156.88	5913.76	−35.42%	11494.40	8699.76	−24.31%
GM15	8299.26	13034.30	57.05%	7771.51	10323.60	32.84%
GM3	4648.58	10405.30	123.84%	5995.09	10769.90	79.65%

(3) 层间位移角比较

图 6-37（a）~（c）列出了不同 8 度（0.2g）设防地震波作用下 ICRPSF 与 RPSF 框架主次两个方向各层层间位移角的包络值，最大层间位移角数据见表 6-29。从图 6-37 和表 6-29 得知，大部分 ICRPSF 框架层间位移角小于 RPSF 框架。RPSF 和 ICRPSF 框架层间位移角较大值均出现在 GM23 作用下结构三层的次方向，RPSF 框架最大层间位移角为 1.24%（相当于 1/80），ICRPSF 框架最大层间位移角则为 1.0%（相当于 1/100）。

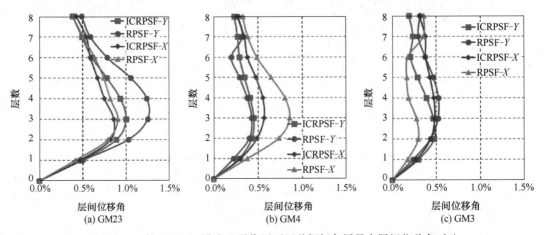

图 6-37　8 度（0.2g）设防地震作用下两种框架各层最大层间位移角对比

8 度（0.2g）设防地震作用下两种框架最大层间位移角（单位：%）　表 6-29

地震工况	主方向(X 向)		次方向(Y 向)	
	RPSF	ICRPSF	RPSF	ICRPSF
GM8	0.757	0.871	1.117	0.654
GM2	0.531	0.536	0.776	0.842
GM23	0.916	0.865	1.244	1.0
GM5	0.368	0.382	0.491	0.469
GM4	0.856	0.567	0.427	0.450
GM25	0.448	0.540	0.426	0.404
GM15	0.707	0.566	0.607	0.369
GM3	0.359	0.483	0.525	0.477

(4) 各层残余层间位移角比较

图 6-38 为 ICRPSF 框架和 RPSF 框架在不同 8 度（0.2g）设防地震波作用下的各层最大残余层间位移角对比。其较大值主要分布在层间位移角较大楼层，ICRPSF 框架的残余层间位移角虽比 RPSF 框架普遍偏大，但 ICRPSF 和 RPSF 框架的最大残余层间位移角

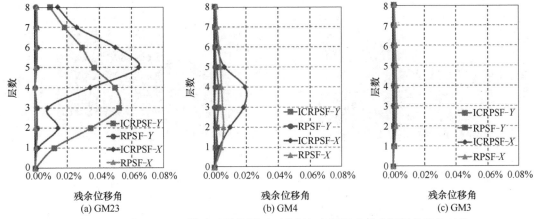

图 6-38　8 度（0.2g）设防地震作用下两种框架各层最大残余层间位移角对比

也仅为 0.0646% 和 0.0059%，数值均较小可以忽略不计。

表 6-30 列出了 8 度（0.2g）设防地震作用下 ICRPSF 框架摩擦阻尼器最大残余位移。从表中可以看出，Y 向的复位效果普遍好于 X 向。摩擦阻尼器滑开位移较大后残余位移也相应较大，最大残余位移为 7.1mm。摩擦阻尼器的残余位移对整体结构的刚度略有影响。

8 度（0.2g）设防地震作用下 ICRPSF 框架中间柱摩擦阻尼器最大残余位移（单位：mm）

表 6-30

方向	GM 8	GM 2	GM 23	GM 5	GM 4	GM 25	GM 15	GM 3
X 向	7.9	0.4	8.8	0	2.9	2.1	1.4	0
Y 向	1.7	7.1	3.6	0	0	0	0	0

（5）框架能量耗散比较

图 6-39 为 8 度（0.2g）设防地震作用下 ICRPSF 框架和 RPSF 框架能量耗散对比，表 6-31 则给出了具体能量数据。不同地震波作用下的结构吸收总能量 ICRPSF 框架高出 RPSF 框架 35% 左右，最大高出 60.1%。结构的动能及弹性应变能部分只是能量的相互转化，并不参与耗能。在 8 度（0.2g）设防地震时，除几条较大地震波作用下结构摩擦耗能相对较大外，大部分地震波作用下结构摩擦耗能均较小。两种框架均以阻尼耗能为主，塑性应变耗能较小，说明此时结构基本处于弹性状态。

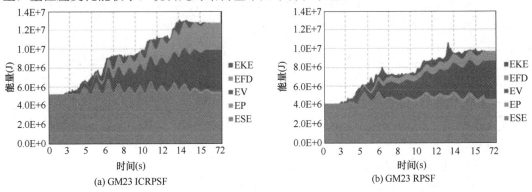

图 6-39　8 度（0.2g）设防地震作用下两种框架能量耗散对比（一）

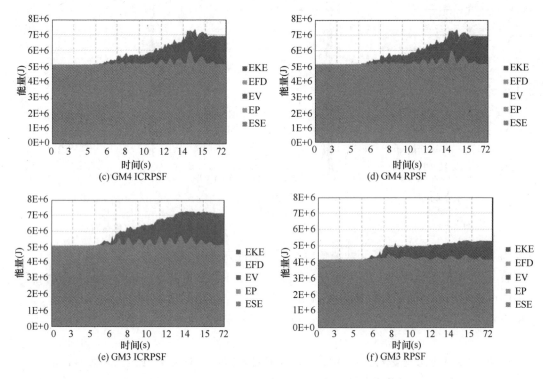

图 6-39 8 度（0.2g）设防地震作用下两种框架能量耗散对比（二）

■ EKE—动能； ■ EFD—摩擦耗能； ■ EV—阻尼耗散能； ■ EP—塑性耗散能； ■ ESE—弹性应变能

8 度（0.2g）设防地震作用下 ICRPSF 和 RPSF 框架能量表　　表 6-31

地震工况	框架类型	WK(J)	ESE(J)	EKE(J)	EWK(J)	EP(J)	EV(J)	EFD(J)	EP/EWK(%)	EV/EWK(%)	EFD/EWK(%)
GM8	RPSF	7627810	4428420	191085	3008305	158786	230827243	50900521	5.28	76.73	16.92
	ICRPSF	9491640	5194160	125857	4171623	132659	311036211	78509945	3.18	74.56	18.82
GM2	RPSF	5787700	4223510	19350	1544840	22134	143731914	5252456	1.43	93.04	3.40
	ICRPSF	9406120	5203900	215156	3987064	89918	306047033	69095819	2.26	76.76	17.33
GM23	RPSF	9771210	4624010	17251	5129949	446161	361764003	102804178	8.70	70.52	20.04
	ICRPSF	12899800	5473830	40417	7385553	256293	414772656	282645113	3.47	56.16	38.27
GM5	RPSF	5395010	4211120	260586	923304	5322	88221697	18466	0.58	95.55	0.02
	ICRPSF	6927530	5491450	115991	1320089	2913	117171100	343223	0.22	88.76	0.26
GM4	RPSF	6084410	4748510	62998	1272902	37949	115070341	4735195	2.98	90.40	3.72
	ICRPSF	7089060	5274910	46209	1767941	14080	158230720	2846385	0.80	89.50	1.61
GM25	RPSF	6963080	4412530	44769	2505781	6002	245541480	0	0.24	97.99	0.00
	ICRPSF	8994810	5251080	15423	3728307	6031	355382223	1043926	0.16	95.32	0.28
GM15	RPSF	6030410	4505720	140299	1384391	63450	125771922	2284245	4.58	90.85	1.65
	ICRPSF	6868140	5271590	25392	1571158	30204	135292415	3817914	1.92	86.11	2.43
GM3	RPSF	5344160	4302850	70480	970830	3452	93588012	48542	0.36	96.40	0.05
	ICRPSF	7302010	5296490	63183	1942337	14930	178753274	58270	0.77	92.03	0.03

注：表中符号含义，WK—总能量；ESE—弹性应变能；EKE—动能；EWK—总耗能；EFD—摩擦耗能；EV—阻尼耗能；EP—塑性耗能。

2. 8 度（0.2g）罕遇地震（PGA=0.4g）

（1）中间柱摩擦阻尼器滑移响应和节点开口

表 6-32 为 8 度（0.2g）罕遇地震作用下 ICRPSF 框架和 RPSF 框架摩擦阻尼器最大

位移值。中间柱摩擦阻尼器最大位移响应在影响系数较大的地震波作用下数值较大,最大为 GM8 地震波作用下 X 向位移 49.3mm。表 6-33 为 8 度(0.2g)罕遇地震作用下两种框架梁柱节点最大开口值,由表中数据可以看出两种框架节点开口大小相差不大。

8 度(0.2g)罕遇地震作用下 ICRPSF 框架中间柱摩擦阻尼器最大位移(单位:mm)　　表 6-32

方向	GM 8	GM 2	GM 23	GM 5	GM 4	GM 25	GM 15	GM 3
X 向	49.3	15.4	36.4	11.3	26.3	0.0	26.7	21.6
Y 向	28.1	34.6	45.8	18.2	15.6	0.1	13.2	15.1

8 度(0.2g)罕遇地震作用下两种框架梁柱节点最大开口(单位:mm)　　表 6-33

框架类型	方向	GM 8	GM 2	GM 23	GM 5	GM 4	GM 25	GM 15	GM 3
ICRPSF	X 向	4.979	2.563	3.442	1.483	2.831	0.246	2.714	2.102
	Y 向	4.366	3.033	4.464	1.977	1.523	0.220	1.362	1.422
RPSF	X 向	3.665	2.510	5.080	1.424	4.573	1.827	3.704	2.773
	Y 向	6.216	3.660	7.812	2.106	1.541	1.754	2.642	1.913

(2)框架基底剪力比较

图 6-40~图 6-42 为 3 个 8 度(0.2g)罕遇地震波作用下两种框架两个方向基底剪力时程响应对比。表 6-34 给出了 ICRPSF 框架与 RPSF 框架在 8 度(0.2g)罕遇地震作用下主次两个方向最大基底剪力值。由此可以看出,除 GM25 作用下的主方向,绝大多数地震波作用下 ICRPSF 框架基底剪力大于 RPSF 框架,但较 8 度(0.2g)设防地震,增长的幅度有所减小。这说明随着震级的提高和中间柱摩擦阻尼器水平滑移的加大,ICRPSF 框架和 RPSF 框架之间相对刚度差有所缩减。

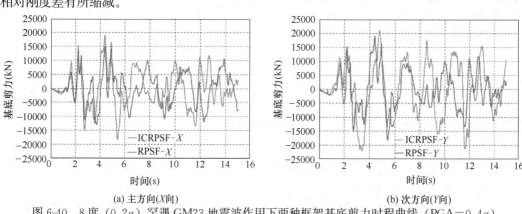

图 6-40　8 度(0.2g)罕遇 GM23 地震波作用下两种框架基底剪力时程曲线(PGA=0.4g)

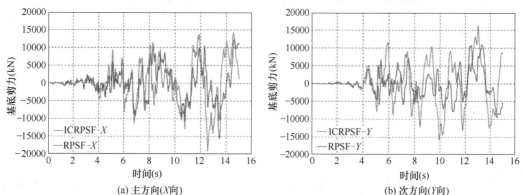

图 6-41　8 度(0.2g)罕遇 GM4 地震波作用下两种框架两个方向基底剪力时程曲线(PGA=0.4g)

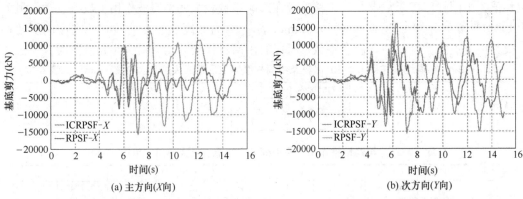

图 6-42 8 度（0.2g）罕遇 GM3 地震波作用下两种框架两个方向基底剪力时程曲线（PGA=0.4g）

8 度（0.2g）罕遇地震作用下两种框架最大基底剪力对比（单位：kN）　　表 6-34

地震工况	主方向(X 向)			次方向(Y 向)		
	RPSF	ICRPSF	增幅	RPSF	ICRPSF	增幅
GM8	16865.6	24351.9	44.39%	15818.4	23538.6	48.81%
GM2	12681.5	16550.5	30.51%	11042.4	18560.5	68.08%
GM23	15044.3	19093.2	26.91%	13574.9	21966.4	61.82%
GM5	10249.6	16608.5	62.04%	16175.2	21453.5	32.63%
GM4	15597.9	20824.2	33.51%	10967.4	18826.7	71.66%
GM25	15852.9	10210.9	−35.59%	11358.2	13159.5	15.86%
GM15	12967.8	18566.1	43.17%	12270.4	18117.1	47.65%
GM3	9446.3	15705.3	66.26%	10340.8	16281	57.44%

（3）层间位移角比较

图 6-43 列出了不同 8 度（0.2g）罕遇地震波作用下 ICRPSF 框架与 RPSF 框架主次两个方向各层层间位移角的包络值，最大层间位移角数据见表 6-35。从图 6-43 和表 6-35 得知，在主方向或次方向，大部分地震波作用下 ICRPSF 框架的最大层间位移角小于 RPSF 框架。RPSF 框架最大层间位移角为 GM23 地震波作用下的 2.624%（相当于 1/38），已经超过规范弹塑性层间位移角的限值 1/50，而相应的 ICRPSF 框架最大层间位移角为 1.65%（相当于 1/60）。

8 度（0.2g）罕遇地震作用下两种框架最大层间位移角（单位:%）　　表 6-35

地震工况	主方向(X 向)		次方向(Y 向)	
	RPSF	ICRPSF	RPSF	ICRPSF
GM8	1.384	1.750	2.114	1.647
GM2	1.036	0.984	1.253	1.359
GM23	1.785	1.189	2.624	1.649
GM5	0.770	0.937	1.007	0.920
GM4	1.612	1.333	0.928	1.072
GM25	0.745	0.295	0.912	0.442
GM15	1.345	1.200	0.929	0.875
GM3	0.772	0.702	0.929	0.875

（4）各层残余层间位移角比较

图 6-44（a）～(c) 为 ICRPSF 框架和 RPSF 框架在不同 8 度（0.2g）罕遇地震波作用下的各层最大残余层间位移角对比。ICRPSF 框架残余层间位移角虽比 RPSF 框架普遍偏

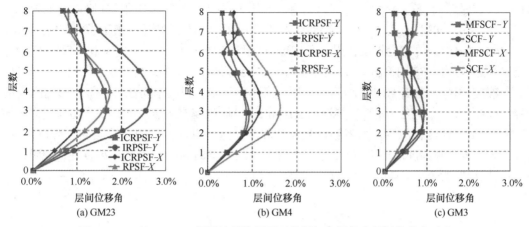

图 6-43 8 度（0.2g）罕遇地震作用下两种框架各层最大层间位移角对比

大。但最大残余层间位移角为 0.132%，基本可以实现震后自动复位的目标。

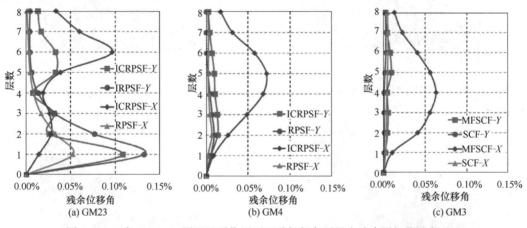

图 6-44 8 度（0.2g）罕遇地震作用下两种框架各层最大残余层间位移角对比

8 度（0.2g）罕遇地震作用下 ICRPSF 框架摩擦阻尼器最大残余位移如表 6-36 所示。从表中可以看出，Y 向的复位效果依然普遍好于 X 向，GM8 和 GM5 的残余位移较大。较大的残余位移会影响结构的刚度，但地震波结束后，可以通过放松中间柱摩擦阻尼器上的高强度螺栓使其恢复原位。

8 度（0.2g）罕遇地震作用下 ICRPSF 框架中间柱摩擦阻尼器最大残余位移（单位：mm）

表 6-36

方向	GM 8	GM 2	GM 23	GM 5	GM 4	GM 25	GM 15	GM 3
Z 向	12.3	2.5	3.9	11.3	7.9	0	2.1	6.5
X 向	5.0	3.8	5.9	5.1	0.7	0	3.0	1.3

（5）框架塑性及能量耗散比较

表 6-37 为 8 度（0.2g）罕遇地震作用下 ICRPSF 框架和 RPSF 框架柱脚及梁的等效塑性应变（PEEQ），由表中数据可以看出，普通柱柱脚均出现了较小的塑性，最大应变为 2.13×10^{-3}。少部分地震波作用下两种框架的震后可恢复功能框架柱柱脚和 ICRPSF

框架中间柱柱脚有较小塑性，大部分地震波作用下框架柱柱脚、中间柱柱脚以及框架梁均保持弹性状态，说明 8 度（0.2g）罕遇地震作用下两种框架结构构件的塑性发展均很小。图 6-45 为 8 度（0.2g）罕遇地震作用下 ICRPSF 框架和 RPSF 框架能量耗散对比，表 6-37 为等效塑性应变，表 6-38 则给出了具体能量值。不同地震波作用下的结构吸收总能量 ICRPSF 框架平均高出 RPSF 框架 41.3%，GM2 作用下高出近一倍，说明中间柱对于整体结构刚度的贡献非常之大。在 8 度（0.2g）罕遇地震作用下，两种框架较 8 度（0.2g）设防地震摩擦耗能增大，阻尼耗能在减少，两者塑性耗能均较小，这一点从构件的塑性应变上可以体现。ICRPSF 框架的摩擦耗能多于 RPSF 框架，最大占总耗能 54.21%，耗能效果良好，说明中间柱摩擦阻尼器对于结构耗能的贡献较为明显。

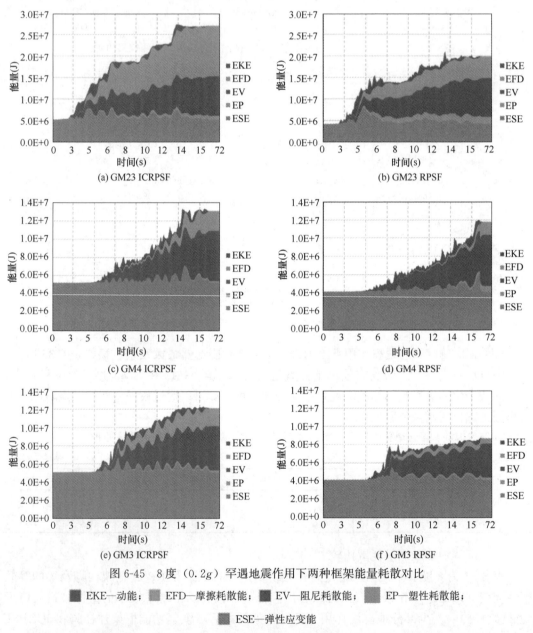

图 6-45　8 度（0.2g）罕遇地震作用下两种框架能量耗散对比

EKE—动能；　EFD—摩擦耗散能；　EV—阻尼耗散能；　EP—塑性耗散能；
ESE—弹性应变能

8度（0.2g）罕遇地震作用下两种框架等效塑性应变　　　　　表6-37

地震工况	RPSF		ICRPSF		
	框架柱柱脚	梁	框架柱柱脚	梁	中间柱柱脚
GM8	5.72×10^{-4}	弹性	9.38×10^{-4}	弹性	8.72×10^{-4}
GM2	弹性	弹性	弹性	弹性	弹性
GM23	2.13×10^{-3}	弹性	2.31×10^{-3}	弹性	8.50×10^{-4}
GM5	弹性	弹性	弹性	弹性	弹性
GM4	弹性	弹性	弹性	弹性	弹性
GM25	弹性	弹性	弹性	弹性	弹性
GM15	弹性	弹性	弹性	弹性	5.27×10^{-4}
GM3	弹性	弹性	2.48×10^{-4}	弹性	1.11×10^{-4}

8度（0.2g）罕遇地震作用下两种框架能量耗散表　　　　　表6-38

地震工况	框架类型	WK(J)	ESE(J)	EKE(J)	EWK(J)	EP(J)	EV(J)	EFD(J)	EP/EWK(%)	EV/EWK(%)	EFD/EWK(%)
GM8	RPSF	15459000	4190310	229603	11039087	848389	643357990	371686059	7.69	58.28	33.67
	ICRPSF	21764900	5383170	438482	15943248	914160	683646474	804974592	5.73	42.88	50.49
GM2	RPSF	9838780	4180410	32544	5625826	232408	422668307	112460262	4.13	75.13	19.99
	ICRPSF	18609900	5228700	277906	13103294	451401	720288071	530945473	3.44	54.97	40.52
GM23	RPSF	19968800	4449380	289669	15229751	1631130	856521196	497708263	10.71	56.24	32.68
	ICRPSF	27159800	5558010	63338	21538452	860846	884368839	1167599483	4.00	41.06	54.21
GM5	RPSF	9240540	4357850	1070170	3812520	202127	329782980	27068892	5.30	86.50	7.10
	ICRPSF	11806700	5772400	835588	5198712	128510	379298028	112084231	2.47	72.96	21.56
GM4	RPSF	11987600	5958130	346897	5682573	417542	439433370	80635711	7.35	77.33	14.19
	ICRPSF	13293900	5649840	159801	7484259	159080	497403853	218540363	2.13	66.46	29.20
GM25	RPSF	15445800	4514090	219026	10712684	397818	976139766	46493049	3.71	91.12	4.34
	ICRPSF	8994810	5251080	15423	3728307	6031	355382223	1043926	0.16	95.32	0.28
GM15	RPSF	10309400	4348190	553675	5407535	418287	386963205	104635802	7.75	71.56	19.35
	ICRPSF	13847300	5473170	522788	7851442	394942	433870685	295920849	5.03	55.26	37.69
GM3	RPSF	8692340	4365450	481662	3845328	207766	307164801	52988620	5.40	79.88	13.78
	ICRPSF	12287400	5553810	86246	6647344	198638	437727602	192640029	2.99	65.85	28.98

注：表中符号含义，WK—总能量；ESE—弹性应变能；EKE—动能；EWK—总耗能；EFD—摩擦耗能；EV—阻尼耗能；EP—塑性耗能。

3. 8度（0.3g）罕遇地震（PGA=0.51g）

（1）中间柱摩擦阻尼器滑移响应和节点开口

表6-39为8度（0.3g）罕遇地震作用下ICRPSF框架和RPSF框架各层摩擦阻尼器最大位移。中间柱摩擦阻尼器最大位移响应依然是在影响系数较大的地震波作用下产生的，最大为GM8地震波作用下Y向位移67.3mm。故进行本结构8度（0.3g）罕遇地震设计时，还应考虑中间柱阻尼器滑槽的冗余度。表6-40为8度（0.3g）罕遇地震作用下两种框架梁柱节点最大开口值，由表中数据可以看出：总体来说两种框架大部分地震波作用下节点开口大小没有明显的差异。

8度（0.3g）罕遇地震作用下ICRPSF框架中间柱摩擦阻尼器最大位移（单位：mm）　　表6-39

方向	GM 8	GM 2	GM 23	GM 5	GM 4	GM 25	GM 15	GM 3
X向	59.2	19.9	49.5	17.9	26.3	4.0	40.9	31.5
Y向	67.3	48.1	67.0	26.6	23.0	3.9	23.9	4.2

8度（0.3g）罕遇地震作用下两种框架梁柱节点最大开口（单位：mm）　　表6-40

框架类型	方向	GM 8	GM 2	GM 23	GM 5	GM 4	GM 25	GM 15	GM 3
ICRPSF	X向	10.906	3.538	5.078	2.353	3.339	0.688	4.018	3.206
	Y向	14.124	4.271	6.072	2.694	2.179	0.501	2.202	2.050
RPSF	X向	4.608	3.559	6.179	2.466	5.166	2.864	4.813	4.028
	Y向	7.784	4.085	9.713	9.307	2.235	3.074	3.519	2.725

（2）框架基底剪力比较

图6-46～图6-48为8度（0.3g）罕遇地震作用下两种框架两个方向基底剪力时程响应对比。从两种框架结构在不同地震波作用下的基底剪力时程响应来看，8度（0.3g）罕遇地震作用下总体响应与图6-40～图6-42所示8度（0.2g）罕遇地震响应相似，响应值高出约10%。

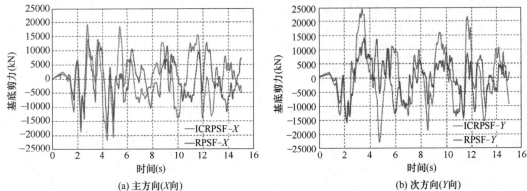

图6-46　8度（0.3g）罕遇GM23地震波作用下两种框架两个方向基底剪力时程曲线（PGA=0.51g）

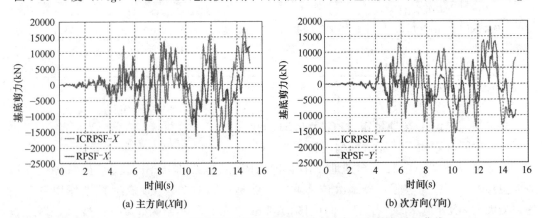

图6-47　8度（0.3g）罕遇GM4地震波作用下两种框架两个方向基底剪力时程曲线（PGA=0.51g）

两种框架在8度（0.3g）罕遇地震作用下主次两个方向最大基底剪力值如表6-41所示。从表中数据同样可以看出，影响系数较大的地震波对结构产生的基底剪力普遍偏大，

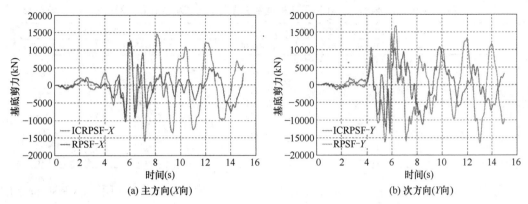

图 6-48　8度（0.3g）罕遇 GM3 地震动下两种框架两个方向基底剪力时程曲线（PGA=0.51g）

但对比 8 度（0.2g）罕遇地震波响应结果，对应的增长的幅度有所降低，这说明随着震级的进一步提高和中间柱摩擦阻尼器水平位移的加大，ICRPSF 框架和 RPSF 框架之间相对刚度差进一步缩小。

8 度（0.3g）罕遇地震作用下两种框架最大基底剪力对比（单位：kN）　表 6-41

地震工况	主方向（X 向）			次方向（Y 向）		
	RPSF	ICRPSF	增幅	RPSF	ICRPSF	增幅
GM8	20205.8	26590.5	31.60%	16376.9	26677.1	62.89%
GM2	16473.9	17586.5	6.75%	12414	20529.6	65.37%
GM23	18560.3	21651.2	16.65%	14630.2	24384	66.67%
GM5	12450.7	16608.5	33.39%	19326.8	21453.5	11.00%
GM4	17340.1	20824.2	20.09%	13807.2	18826.7	36.35%
GM25	17884	12953.7	−27.57%	14090.2	16215.8	15.09%
GM15	14683.2	19502.4	32.82%	13898.2	20648.2	48.57%
GM3	12126.2	15912.7	31.23%	13724.9	16746.7	22.02%

（3）层间位移角比较

图 6-49 给出了三条地震波作用下 ICRPSF 框架与 RPSF 框架主次两个方向各层层间位移角的包络值，最大层间位移角数据见表 6-42。

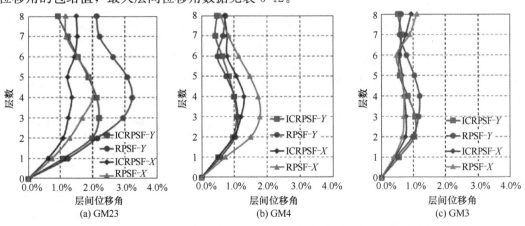

图 6-49　8度（0.3g）罕遇地震作用下两种框架各层最大层间位移角对比

8度（0.3g）罕遇地震作用下两种框架主方向最大层间位移角（单位:%） 表6-42

地震工况	主方向（X向）		次方向（Y向）	
	RPSF	ICRPSF	RPSF	ICRPSF
GM8	1.625	2.014	2.206	2.197
GM2	1.176	1.523	1.630	1.693
GM23	2.012	1.527	3.223	2.190
GM5	0.749	0.731	1.318	0.919
GM4	1.779	1.298	1.108	1.071
GM25	0.389	0.569	0.446	0.586
GM15	1.651	1.568	1.452	1.090
GM3	1.102	0.930	1.186	1.048

从图6-49和表6-42得知，在主方向或次方向，大部分地震波作用下ICRPSF框架的最大层间位移角小于RPSF框架。RPSF框架的最大位移响应为GM23地震波作用下的3.223%，远大于ICRPSF框架在GM23地震波作用下的位移响应2.19%。ICRPSF框架在层间位移角控制方面优于RPSF框架。

（4）各层残余层间位移角比较

图6-50为ICRPSF框架和RPSF框架在不同8度（0.3g）罕遇地震波作用下的各层最大残余层间位移角对比。8度（0.3g）罕遇地震作用下ICRPSF框架震后最大残余层间位移角ICRPSF小于RPSF框架，分别为0.121%和0.287%，具有更好的震后恢复能力。

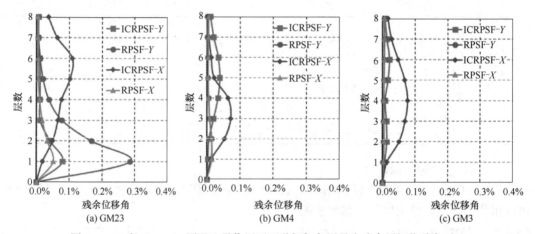

图6-50 8度（0.3g）罕遇地震作用下两种框架各层最大残余层间位移角对比

表6-43给出了8度（0.3g）罕遇地震作用下ICRPSF框架摩擦阻尼器最大残余位移。摩擦阻尼器滑移较大后残余位移也相应较大。但这对整体结构的性能影响不大，并且震后可通过放松高强度螺栓使中间柱摩擦阻尼器恢复原位。

8度（0.3g）罕遇地震作用下ICRPSF框架中间柱摩擦阻尼器最大残余位移（单位：mm） 表6-43

方向	GM 8	GM 2	GM 23	GM 5	GM 4	GM 25	GM 15	GM 3
Z向	14.4	3.1	0.4	15.2	2.2	4.0	4.0	9.8
X向	13.1	3.0	7.3	4.9	4.4	3.8	2.9	2.7

（5）框架塑性及能量耗散比较

8度（0.3g）罕遇地震作用下ICRPSF框架和RPSF框架柱脚及梁的等效塑性应变值

如表 6-44 所示。由表可知，框架梁始终处于弹性状态，两种框架柱脚的等效塑性应变值较 8 度（0.2g）罕遇地震时略有增大，两种框架柱柱底塑性相差不大。

8 度（0.3g）罕遇地震作用下 ICRPSF 框架和 RPSF 框架等效塑性应变（单位：$\mu\varepsilon$） 表 6-44

地震工况	RPSF		ICRPSF		
	框架柱柱脚	梁	框架柱柱脚	梁	中间柱柱脚
GM8	1.79×10^{-3}	弹性	2.73×10^{-3}	弹性	1.24×10^{-3}
GM2	2.39×10^{-4}	弹性	5.52×10^{-4}	弹性	3.22×10^{-4}
GM23	4.71×10^{-3}	弹性	4.95×10^{-3}	弹性	7.29×10^{-4}
GM5	弹性	弹性	弹性	弹性	弹性
GM4	3.81×10^{-6}	弹性	弹性	弹性	2.30×10^{-7}
GM25	5.82×10^{-5}	弹性	1.56×10^{-5}	弹性	弹性
GM15	弹性	弹性	弹性	弹性	9.59×10^{-4}
GM3	弹性	弹性	2.26×10^{-4}	弹性	2.17×10^{-4}

图 6-51 为 ICRPSF 框架和 RPSF 框架能量耗散对比，表 6-45 则给出了具体能量值。不同地震波作用下的结构吸收总能量 ICRPSF 框架平均高出 RPSF 框架 44.4%，GM2 作用下高出近一倍，说明中间柱对于整体结构刚度的贡献明显。在 8 度（0.3g）罕遇地震作用下，摩擦耗能增大，阻尼耗能在减少，摩擦耗能占总耗能最大达 55.12%，ICRPSF 框架的摩擦耗能性能明显优于 RPSF 框架。总体来说 ICRPSF 和 RPSF 框架在 8 度（0.3g）罕遇地震作用下的塑性耗能比例均较小，RPSF 框架最大值为 GM23 作用下的 11.28%。但 ICRPSF 框架的塑性耗能更小，最大为 6.42%，平均仅为 3.91%，因此结构的塑性发展小于 RPSF 框架，更利于结构震后恢复功能。

8 度（0.3g）罕遇地震作用下 ICRPSF 和 RPSF 框架能量耗散表 表 6-45

地震工况	框架类型	WK (J)	ESE (J)	EKE (J)	EWK (J)	EP (J)	EV (J)	EFD (J)	EP/EWK (%)	EV/EWK (%)	EFD/EWK (%)
GM8	RPSF	21276800	4275280	151868	16849652	1433040	916621069	619730201	8.50	54.40	36.78
	ICRPSF	31000800	5698340	111802	25190658	1618030	991000486	1351478802	6.42	39.34	53.65
GM2	RPSF	12875000	4182780	8610	8683610	437003	611499816	208580312	5.03	70.42	24.02
	ICRPSF	24426800	5256710	253515	18916575	686605	951314557	856353350	3.63	50.29	45.27
GM23	RPSF	27270300	4679850	447171	22143279	2498360	1191529843	765714588	11.28	53.81	34.58
	ICRPSF	38641100	5580590	502779	32557731	1839880	1261286499	1794582133	5.65	38.74	55.12
GM5	RPSF	12176800	4453980	1422920	6299900	397867	493912160	92104538	6.32	78.40	14.62
	ICRPSF	15180200	5694810	1243090	8242300	233834	522314551	263341485	2.84	63.37	31.95
GM4	RPSF	16454200	6536690	537917	9379593	846174	661448898	184684186	9.02	70.52	19.69
	ICRPSF	18341800	5957690	218524	12165586	297370	711321813	458642592	2.44	58.47	37.70
GM25	RPSF	23329100	4589540	367320	18372240	916400	1535184374	198603914	4.99	83.56	10.81
	ICRPSF	13866200	5287400	676589	7902611	60007	758533234	11221140	0.76	95.99	1.42
GM15	RPSF	13012300	4251090	637004	8124206	654308	542696961	196605785	8.05	66.80	24.20
	ICRPSF	19606900	5485520	602023	13519357	832700	630678004	621890422	6.16	46.65	46.00
GM3	RPSF	11028900	4298690	673499	6056711	350814	418034193	148631688	5.79	69.02	24.54
	ICRPSF	15450000	5646320	74586	9729094	274582	557671668	373208046	2.82	57.32	38.36

注：表中符号含义，WK—总能量；ESE—弹性应变能；EKE—动能；EWK—总耗能；EFD—摩擦耗能；EV—阻尼耗能；EP—塑性耗能。以下能量表相同。

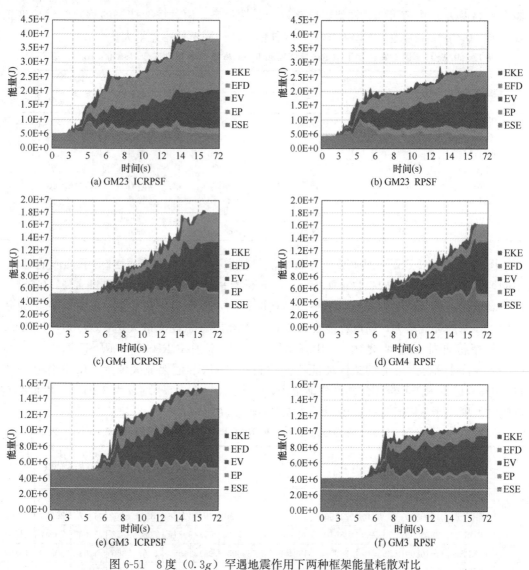

图 6-51 8 度（0.3g）罕遇地震作用下两种框架能量耗散对比

■ EKE—动能；　■ EFD—摩擦耗能；　■ EV—阻尼耗散能；　■ EP—塑性耗散能；　■ ESE—弹性应变能

6.4 本章小结

本章 6.1 节和 6.2 节阐述了可恢复功能预应力装配式梁柱节点滞回模型的分解，介绍了可恢复功能预应力装配式钢框架中的梁柱节点与中间柱摩擦阻尼器在整体结构中的模拟分析方法，并与试验结果进行了对比验证。建立了 8 层刚接框架、可恢复功能预应力钢框架和可恢复功能预应力装配式钢框架三种模型，分别对其进行了模态分析和动力时程分析，并详细对比分析三种类型框架的受力性能，得出以下结论：

（1）通过刚接框架、可恢复功能预应力钢框架和可恢复功能预应力装配式钢框架三种类型钢框架的模态分析可知，不同梁柱节点形式尤其是双旗帜滞回模型的梁柱节点基本未改变结构的原有振型。可恢复功能预应力钢框架各阶周期均大于刚接框架。可恢复功能预应力装配式钢框架在可恢复功能预应力钢框架基础上因短梁段而刚度提高,各阶周期小于可恢复功能预应力钢框架但与刚接框架较为接近。

(2) 在8度(0.2g)多遇地震作用时,可恢复功能预应力钢框架和可恢复功能预应力装配式钢框架与刚接框架基底剪力因刚度基本相同而较为接近,三种类型框架层间位移角也基本相同。在8度(0.2g)设防地震、罕遇地震和8度(0.3g)罕遇地震时,三个框架的基底剪力有着相似的规律,即可恢复功能预应力钢框架梁柱节点出现开口后刚度下降导致基底剪力小于刚接框架,可恢复功能预应力装配式钢框架因短梁段刚度提高,基底剪力介于刚接框架和预应力钢框架之间。可恢复功能预应力钢框架的层间位移角大于刚接框架,可恢复功能预应力装配式钢框架的层间位移角大于可恢复功能预应力钢框架,与基底剪力所反映出的三个框架的刚度大小规律是一致的。

(3) 在8度(0.2g)多遇地震、设防地震、罕遇地震和8度(0.3g)罕遇地震作用时较小的地震波作用下,刚接框架、可恢复功能预应力钢框架和可恢复功能预应力装配式钢框架三个框架的残余层间位移角都很小,与刚接框架相比优势不明显。但在8度(0.2g)罕遇和8度(0.3g)罕遇地震的较大地震作用时,可恢复功能预应力钢框架和可恢复功能预应力装配式钢框架残余层间位移角远远小于刚接框架,震后自动复位明显。

(4) 在8度(0.2g)多遇地震时,三个框架地震输入的总能量大部分均转化为结构的弹性应变能,三个框架塑性耗能全部为零,结构保持弹性。在8度(0.2g)设防地震作用时,刚接框架主要依靠阻尼耗能和塑性耗能,可恢复功能预应力钢框架和可恢复功能预应力装配式钢框架则主要依靠阻尼耗能和摩擦耗能。可恢复功能预应力钢框架和可恢复功能预应力装配式钢框架在设防地震时塑性耗能几乎为零,结构基本处于弹性状态。

(5) 在8度(0.2g)罕遇地震和8度(0.3g)罕遇地震作用下,刚接框架同样主要依靠阻尼耗能和塑性耗能。可恢复功能预应力钢框架和可恢复功能预应力装配式钢框架则主要依靠阻尼耗能和摩擦耗能,塑性耗能很少,并且可恢复功能预应力装配式钢框架塑性耗能均少于预应力钢框架。两种框架梁端塑性应变均为零,可恢复功能预应力装配式钢框架柱底的塑性应变小于预应力钢框架,在更高震级时较预应力钢框架塑性发展程度更小,抗震性能更优。

本章6.3节建立了可恢复功能预应力钢框架-中间柱型阻尼器8层有限元模型,并与可恢复功能预应力钢框架的受力性能进行了详细的对比分析,得出以下结论:

(1) 与可恢复功能预应力钢框架相比,可恢复功能预应力钢框架-中间柱型阻尼器的周期较小,两者相差约为26%。中间柱对整体结构平动、转动刚度的贡献较为显著,并且中间柱摩擦阻尼器所提供的附加刚度使得可恢复功能中间柱钢框架的基底剪力峰值始终大于可恢复功能预应力钢框架。随着震级的提高,中间柱摩擦阻尼器出现滑动,降低了两种框架的侧向刚度差,使得两种框架基底剪力的差距越来越小。

(2) 可恢复功能预应力钢框架-中间柱型阻尼器结构侧向刚度较大,在不同震级下,最大层间位移角均小于预应力钢框架。8度(0.2g)设防地震时,可恢复功能预应力钢框架最大层间位移角为1.24%,相应的可恢复功能中间柱钢框架仅为1%。8度(0.2g)罕遇地震时,可恢复功能预应力钢框架最大层间位移角为2.6%,已经超过现行规范弹塑性层间位移角2%的限值,而相应的可恢复功能预应力钢框架-中间柱型阻尼器仅为1.6%仍满足规范要求。8度（0.3g）罕遇地震时，可恢复功能预应力钢框架最大层间位移角为3.22%，已经远远超过现行规范弹塑性层间位移角2%的限值，而相应的可恢复功能预应力钢框架-中间柱型阻尼器仅为2.19%，刚刚超出规范限值，可恢复功能预应力钢框架-中间柱型阻尼器对层间位移角的控制明显优于可恢复功能预应力钢框架。

(3) 两种框架在设防地震时的残余位移角均很小，可以忽略不计。可恢复功能预应力钢框架-中间柱型阻尼器在8度（0.2g）罕遇地震和8度（0.3g）罕遇地震最大残余层间位移角均小于可恢复功能预应力钢框架，结构残余变形最大值0.121%。但中间柱摩擦阻尼器残余水平位移相对较大，恢复到初始位置是个逐渐的过程，震后可以通过放松高强度螺栓使中间柱摩擦阻尼器恢复原位。

(4) 震级较小时，两种框架吸收的能量主要以弹性应变能为主；随着震级增大，以阻尼耗能和摩擦耗能为主，塑性耗能相对较少。可恢复功能预应力钢框架-中间柱型阻尼器的总耗能与摩擦耗能始终高于可恢复功能预应力钢框架，较高震级时可恢复功能预应力钢框架-中间柱型阻尼器的摩擦耗散能接近总耗能的一半，而非弹性耗散能却低于可恢复功能预应力钢框架。中间柱摩擦阻尼器对于整体结构的耗能贡献明显。

(5) 可恢复功能预应力钢框架-中间柱型阻尼器结构体系不仅能够有效地控制层间位移角，而且能够通过中间柱摩擦阻尼器耗散更多的能量进而减小构件的塑性发展，震后残余层间位移角也非常小，并且震级越高，这种优越性能越明显。因此该体系非常适合应用于跨度较大的预应力钢框架结构和高震区建筑中。

第7章

可恢复功能预应力装配式钢框架体系性能化设计

本章在前文研究基础上,结合现行《建筑抗震设计规范》GB 50011—2010(2016 年版),提出腹板摩擦耗能的可恢复功能预应力装配式钢框架的设计原则、方法和设计流程,并通过结构算例验证该性能化设计方法的可行性。进一步结合单质点体系的性能化设计方法,提出可恢复功能预应力钢框架-中间柱型阻尼器结构的性能化设计方法并给出详细的设计流程,设计了一个 10 层的带中间柱型阻尼器的可恢复功能预应力钢框架,并运用 ABAQUS 对其进行小震和中震下的弹塑性时程分析,对该设计方法进行验证。

7.1 可恢复功能预应力装配式钢框架性能化设计内容

7.1.1 预应力装配式钢框架性能化设计目标

我国《建筑抗震设计规范》GB 50011—2010(2016 年版)关于结构构件抗震性能化设计方法中将性能指标分为四个等级,结构不同部位的不同构件,可选用相同或不同的抗震性能指标。性能1 的要求:结构"中震后无需修理,大震时既保护生命又保护财产安全,大震后既可修又快修,承受密集和较大余震"。

参照国内外研究成果,结合 RPPSF 框架特点,提出了"多遇地震无开口、无损伤,设防地震开口耗能且主体结构无损伤,罕遇地震主体结构损伤较小且仍能正常使用"的性能化设计目标,各个构件具体性能化设计指标如表 7-1 所示。

RPPSF 性能化设计指标　　　　表 7-1

序号	项目	多遇地震	设防地震	罕遇地震	罕遇地震(0.3g)
1	长梁段与连接竖板之间	不开口	开口	开口	开口
2	柱节点域	弹性	弹性	屈服,控制应变≤$2\varepsilon_y$	屈服,控制应变≤$2.5\varepsilon_y$
3	柱底	弹性	弹性	屈服,控制应变≤$2\varepsilon_y$	屈服,控制应变≤$2.5\varepsilon_y$
4	短梁段腹板	弹性	弹性	屈服,控制应变≤$2\varepsilon_y$	屈服,控制应变≤$2.5\varepsilon_y$
5	短梁段翼缘	弹性	弹性	屈服,控制应变≤$2\varepsilon_y$	屈服,控制应变≤$2.5\varepsilon_y$
6	长梁段腹板	弹性	弹性	不屈服	屈服
7	长梁段翼缘	弹性	弹性	不屈服	屈服
8	长梁段翼缘加强板	弹性	弹性	屈服	屈服
9	预应力索	弹性	弹性	不屈服	不屈服
10	层间位移角限值	1/250	—	1/50	—

7.1.2 预应力装配式钢框架性能化设计准则

为达到 RPPSF 性能化设计目标，在第 2~6 章的试验和理论分析的基础上，提出以下设计准则：

1. 节点开口临界弯矩 M_{IGO} 的设计

根据 Garlock（2002）和 RojasP（2005）的研究及前几章的研究结果，装配式预应力自复位梁柱节点应达到 $M_{IGO}/M_{des}=1.1\sim1.2$ 的目标值，其中 M_{des} 为按刚接模型求得的梁端最大设计弯矩。

2. 消压弯矩 M_d 的设计

对于自复位梁柱节点，开口后为了提供足够的节点恢复力，保证节点能够自动复位，消压弯矩 M_d 必须大于摩擦弯矩 M_f，即 $M_d > 0.5M_{IGO}$。否则，节点在预应力钢绞线作用下，开口保持不变，无法做到完全闭合，即节点丧失了自动复位能力。普林斯顿大学的 Garlock 根据试验结果，提出一个更保守的建议，即 $M_d \geqslant 0.6M_{IGO}$，确保节点的可恢复性能。

3. 梁柱节点强柱弱梁设计原则

对于预应力装配式钢框架而言，传统框架节点"强柱弱梁"的构造准则依旧需要保证。长梁段也要满足强柱弱梁要求，不同的是梁端弯矩采用自复位梁柱节点钢绞线屈服时提供的弯矩和摩擦阻尼器提供的弯矩之和，不是通过梁塑性截面模量计算得出。具体验算见式（7-1）和式（7-2）：

短梁段：
$$\sum W_{pc}(f_{yc}-N/A_c) > \eta \sum W_{pb}f_{yb} \quad (7\text{-}1)$$

长梁段：
$$\sum W_{pb}f_{yb} > \sum(P_y d_2 + M_f) \quad (7\text{-}2)$$

式中：W_{pc}——钢柱塑性截面模量；
f_{yc}——钢柱钢材屈服强度；
N——钢柱轴向压力设计值；
A_c——钢柱截面面积；
η——强度系数，6 度 IV 类场地和 7 度时可取 1.0，8 度时可取 1.05，9 度时可取 1.15；
P_y——钢绞线屈服时长梁段所受轴向力；
d_2——长梁段梁形心到转动中心的距离。

4. 防止长梁段梁腹板局部屈曲的设计

框架梁腹板防止局部屈曲设计，参考《建筑抗震设计规范》GB 50011—2010（2016 年版）按抗震等级一级构件进行验算：

$$h/t_w \leqslant 72 - 120 N_b/Af \quad (7\text{-}3)$$

式中：h/t_w——梁腹板高厚比；
N_b/Af——梁的轴压比。

5. 短梁段的设计

短梁段翼缘：厚度不小于或接近于长梁段翼缘厚与加强板厚度之和。

短梁段腹板：不低于长梁腹板厚度。

短梁段截面尺寸：最终要满足强柱弱梁原则。

短梁段长度：根据螺栓布置、加劲肋及锚头安置空间构造确定。在满足构造要求的前提下，尽可能短，以保证短梁段刚度。

6. 防止预应力钢绞线屈服的设计

随着震后自复位梁柱节点相对转角的增大，预应力钢绞线应力增大。将"钢绞线的索力不超过钢绞线的屈服索力"作为设计准则，如式 7-4 或式 7-5 所示：

$$T_i = T_{0i} + K_{si}\theta_r \left[h_i - \frac{K_s h_b}{2(K_s + K_b)}\right] \leq T_y \tag{7-4}$$

$$\theta_{r,\max} = \frac{2\sum_{i=1}^{n}(T_i - T_{0i})(K_i + K_b)}{K_b K_s h_b} \tag{7-5}$$

设计自复位梁柱节点时，需要保证 $\theta_{r,\mathrm{MCE}} \leq \theta_{r,\max}$ 即可，$\theta_{r,\mathrm{MCE}}$ 为罕遇地震时的开口处转角。

式中：T_y——所有钢绞线的屈服力；

T_{0i}——第 i 根钢绞线的初始预拉力；

θ_r——节点开口转角；

h_i——第 i 根钢绞线至节点开口转动中心的垂直距离；

h_b——长梁段钢梁截面高度；

K_{si}——第 i 根钢绞线的轴向刚度；

T_i——第 i 根钢绞线的索力；

T_0——所有钢绞线的初始预拉力；

K_b——梁截面轴向刚度，计算长度取框架跨度；

K_s——所有钢绞线轴向总刚度，计算长度取框架跨度，面积取所有钢绞线面积总和。

7. 节点抗剪验算

考虑节点承担的剪力，选取两个受力状态：

（1）未施加水平荷载时，要保证长梁段端面与连接竖板之间产生的静摩擦力大于竖向荷载引起的剪力，其中考虑到张拉过程中剪切板与长梁段腹板产生的反向作用力会使长梁段端面与短梁连接竖板之间的压力减小，满足如下公式：

$$\mu\left(\sum_{i=1}^{n} T_{0i} - mn_1\mu_1 P\right) + V_f > V_d \tag{7-6}$$

式中：m——高强度螺栓数量；

P——螺栓预拉力；

n_1——摩擦面数量；

μ——长梁与竖板之间的摩擦系数；

μ_1——黄铜板与梁腹板之间的摩擦系数；

V_f——剪切板与竖板之间焊缝的抗剪承载力；

V_d——竖向荷载引起的剪力。

（2）开口转角为最大值时，要保证此时的长梁段端面与连接竖板之间产生的摩擦力大于竖向荷载引起的剪力与水平荷载引起的剪力之和，同时考虑剪切板与长梁段腹板产生的摩擦力对长梁段端面与连接竖板之间的压力的贡献，故满足如下公式：

$$\mu\sum_{i=1}^{n}T_{i,\max}+V_{f}>F+V_{d} \tag{7-7}$$

式中：F——水平荷载引起的剪力；

$T_{i,\max}$——节点开口最大时第 i 根钢绞线的索力。

8. 腹板长孔的设计

长梁段腹板长孔的设计，考虑满足节点最大开口转角的需要。

长梁段腹板长孔宽度：

$$W_{lh}=2h_{x1}\theta_{r,MCE}+d+4 \tag{7-8}$$

式中：h_{x1}——最远摩擦螺栓到转动中心的距离；

d——摩擦螺栓直径。

长梁段腹板长孔长度：

$$L_{lh}=h_{2}\theta_{r,MCE}+(h_{x1}-h_{x2})(d+4) \tag{7-9}$$

式中：h_{x2}——最近摩擦螺栓到转动中心的距离。

9. 长梁段翼缘加强板长度设计

自复位梁柱节点开口时，长梁段翼缘和连接加强板受压，长梁段腹板和连接竖板不接触，同时长梁段梁腹板不是全梁长受剪，因此保守认为长梁段腹板受剪长度与长梁段翼缘加强板同长度。忽略节点开口以后框架"膨胀"之后引起的钢柱变形，简化成长梁段腹板剪力与预应力钢绞线屈服力相等即可：

$$L_{frp}\tau_{w,y}t_{w}=n_{s}F_{y} \tag{7-10}$$

式中：L_{frp}——长梁段翼缘加强板长度；

$\tau_{w,y}$——长梁段腹板剪应力屈服值；

t_{w}——长梁段腹板厚度；

F_{y}——单根钢绞线的屈服力；

n_{s}——钢绞线根数。

7.1.3 预应力装配式钢框架结构响应估算

按刚接模型计算基底剪力 V_{des}，并按照线弹性方法计算结构顶层弹性位移 Δ_{el-des}，为震后可恢复结构的性能化设计提供计算依据。

由此计算 8 度（0.2g）设防地震作用下预应力装配式钢框架顶层位移和顶点位移角，如式（7-11）、式（7-12）和式（7-13）所示：

$$\Delta_{顶,D}=C_{\xi}C_{T}R\Delta_{el-des} \tag{7-11}$$

$$\theta_{顶,D}=\frac{C_{\xi}C_{T}R\Delta_{el-des}}{h} \tag{7-12}$$

式中：$\Delta_{顶,D}$——RPPSF 结构在 8 度（0.2g）设防地震作用下顶层位移；

$\theta_{顶,D}$——RPPSF 结构在 8 度（0.2g）设防地震作用下顶层位移角；

C_{ξ}——阻尼修正系数，依据美国《建筑荷载规范》ASCE 7-10，阻尼比为 5%时，取值为 1.0；

C_{T}——周期修正系数；

R——结构反应修正系数，依据美国《建筑荷载规范》ASCE 7-10，R 取值为 8。

周期修正系数 C_{T} 按式（7-13）计算得出：

$$C_T = \frac{T_{des}}{T_1} = \frac{C_t h^x}{T_1} \quad (7\text{-}13)$$

式中：T_{des}——结构近似周期；

T_1——结构第一振型对应周期；

C_t——周期近似系数，依据美国《建筑荷载规范》ASCE 7-10 表 12.8.2.1，钢框架取值 0.0724；

h——结构计算高度；

x——结构高度系数，依据美国《建筑荷载规范》ASCE 7-10 表 12.8.2.1，钢框架取 0.8。

在这里引入三个层间位移角放大系数 $C_{D\theta}$，$C_{R\theta}$ 和 $C_{SR\theta}$，由 8 度（0.2g）设防地震时的顶层位移角计算 8 度（0.2g）设防地震，8 度（0.2g）罕遇地震和 8 度（0.3g）罕遇地震时的层间位移角，计算公式如下：

$$\theta_D = C_{D\theta} \theta_{顶,D} \quad (7\text{-}14)$$

$$\theta_R = C_{R\theta} \theta_{顶,D} \quad (7\text{-}15)$$

$$\theta_{SR} = C_{SR\theta} \theta_{顶,D} \quad (7\text{-}16)$$

θ_D，θ_R 和 θ_{SR} 取值由 RPPSF 进行的不同地震水准下的动力时程分析结果获得，选取 12 条代表地震波作用下 RPPSF 的分析结果和通过 ETABS 软件计算所得刚接框架原模型的 $\Delta_{el\text{-}des}$，按式（7-12）得出 $\theta_{顶,D}$，再利用公式（7-14）～（7-16）求出不同地震波作用下层间位移角放大系数 $C_{D\theta}$，$C_{R\theta}$ 和 $C_{SR\theta}$，计算结果示于表 7-2 中，下标加字母 T 代表时程分析结果。

由动力时程分析结果可知结构在地震波 GM19 和 GM9 作用下各项响应指标偏大，如果按照这两个地震波计算结果选定放大系数估算层间位移角，则设计显得过于保守，很不经济。如果按平均值选定放大系数，又可能低估结构响应，降低结构的可靠性。这里采用的两次平均法，具体做法是对所有结果进行第一次平均，再将大于平均值的数据进行第二次平均作为最终放大系数的取值。

自复位梁柱节点开口转角 θ_r 的计算可以从层间位移角 θ 中扣除弹性位移角 θ_e 的部分，即为式（7-17）：

$$\theta_r = \theta - \theta_e \quad (7\text{-}17)$$

但考虑到主体结构柱底的塑性随着地震作用的增强而增大及短梁段作用，8 度（0.2g）设防、8 度（0.2g）罕遇和 8 度（0.3g）罕遇地震作用下分别对应的节点转角公式如式（7-18）、式（7-19）、式（7-20）所示：

$$\theta_{r,D} = \theta_D - \frac{C_{D\theta} V_D}{1.1 K_{f\Delta} h} \quad (7\text{-}18)$$

$$\theta_{r,R} = \theta_R - \frac{C_{D\theta} V_R}{1.3 K_{f\Delta} h} \quad (7\text{-}19)$$

$$\theta_{r,SR} = \theta_{SR} - \frac{C_{D\theta} V_{SR}}{1.5 K_{f\Delta} h} \quad (7\text{-}20)$$

式中：$K_{f\Delta}$——RPPSF 的弹性刚度，取值为结构基底剪力除以结构顶点位移；

V_D、V_R、V_{SR}——RPPSF 在 8 度（0.2g）设防、8 度（0.2g）罕遇和 8 度（0.3g）罕遇地震作用下的基底剪力。

层间位移角放大系数　　　　　　　　　　　表 7-2

地震工况	0.2g			0.4g		0.51g	
	$\theta_{顶,D}(\%)$	$\theta_{DT}(\%)$	$C_{D\theta}$	$\theta_{RT}(\%)$	$C_{R\theta}$	$\theta_{SRT}(\%)$	$C_{SR\theta}$
GM19	0.012	1.148	0.92	3.030	2.42	3.700	2.95
GM9	0.012	1.095	0.87	2.987	2.38	4.494	3.59
GM17	0.012	1.162	0.93	2.064	1.65	2.507	2
GM8	0.012	1.116	0.89	1.910	1.52	2.630	2.1
GM23	0.012	1.076	0.86	2.325	1.86	2.939	2.35
GM4	0.012	0.513	0.41	1.311	1.05	1.847	1.47
GM6	0.012	0.752	0.6	1.728	1.38	2.110	1.68
GM3	0.012	0.455	0.36	0.985	0.79	2.110	1.68
GM10	0.012	0.976	0.78	2.265	1.81	2.805	2.24
GM24	0.012	0.704	0.56	1.338	1.07	1.629	1.3
GM25	0.012	0.509	0.41	1.025	0.82	1.267	1.01
GM5	0.012	0.425	0.34	0.818	0.65	1.076	0.86
平均值		0.66		1.45		1.94	
二次平均值		0.88		1.94		2.54	

8 度（0.2g）设防、8 度（0.2g）罕遇和 8 度（0.3g）罕遇地震作用下结构基底剪力 V_D、V_R 和 V_{SR} 大于按刚接框架计算得到的基底剪力 V_{des}，其具体数值与结构位移和节点弯矩有关，按式（7-21）~式（7-23）进行估算：

$$V_D = \Omega_D V_{des} \quad (7-21)$$

$$V_R = \Omega_R V_{des} \quad (7-22)$$

$$V_{SR} = \Omega_{SR} V_{des} \quad (7-23)$$

式中：Ω_D、Ω_R、Ω_{SR}——8 度（0.2g）设防（PGA=0.2g）、8 度（0.2g）罕遇（PGA=0.4g）和 8 度（0.3g）罕遇（PGA=0.51g）地震时预应力装配式钢框架基底剪力增大系数。

Ω_D、Ω_R、Ω_{SR} 通过对 RPPSF 进行的 12 条地震波不同地震水准下的动力时程分析结果获得。对基底剪力增大系数的计算如表 7-3 所示，最终取值同样采用二次平均值。

基底剪力增大系数　　　　　　　　　　　表 7-3

地震工况	PGA=0.2g			PGA=0.4g		PGA=0.51g	
	V_{des}(kN)	V_{DT}(kN)	Ω_D	V_{RT}(kN)	Ω_R	V_{SRT}(kN)	Ω_{SR}
GM19	3661.01	7987.57	2.69	13260.9	4.46	15845.3	5.33
GM9	3661.01	6106.65	2.05	11166.5	3.76	13406.5	4.51
GM17	3661.01	7568.07	2.55	10511.2	3.54	11908.6	4.01
GM8	3661.01	7424.75	2.5	12320	4.14	15081.6	5.07
GM23	3661.01	6761.73	2.27	10365.9	3.49	12511.9	4.21
GM4	3661.01	5123.08	1.72	9023.46	3.04	10233.7	3.44
GM6	3661.01	5072.61	1.71	8155.7	2.74	10349	3.48
GM3	3661.01	3962.81	1.33	6839.67	2.3	7599.25	2.56
GM10	3661.01	7411.92	2.49	11234.9	3.78	12995.4	4.37
GM24	3661.01	5859.86	1.97	11337.9	3.81	13999.3	4.71
GM25	3661.01	5373.66	1.81	9564.6	3.22	11626.7	3.91
GM5	3661.01	5409.08	1.82	10377.1	3.49	12469.9	4.19
平均值			2.08		3.48		4.15
二次平均值			2.43		3.81		4.63

7.1.4　预应力装配式钢框架结构设计流程

1. 结构平面布置和刚接框架设计

根据建筑平面，确定结构柱网尺寸，然后布置 RPPSF，其余框架则为铰接框架，形成可恢复功能预应力装配式钢框架。仅将其中结构预应力装配式钢框架改为刚接框架。采用常用结构设计软件 SETWE、ETABS 等，按照相关结构设计规范对刚接框架进行设计，确定刚接框架梁柱截面尺寸。预应力装配式钢框架取相同的梁柱尺寸，如果布置钢绞线和螺栓空间不够或需要控制层间位移角，可适当增大梁截面高度 50～100mm，同时验算是否满足第 7.1.2 节准则 4 的要求。

2. 计算结构主要指标

按照 RPPSF 梁柱截面尺寸设计，但梁柱节点采用刚性连接并按刚接框架进行结构分析，计算基底剪力 V_{des} 和梁端最大弯矩 M_{des}，计算各层的位移和层间位移角 θ_i，结构刚度 $K_{f\Delta}$，顶层弹性位移 $\Delta_{el\text{-}des}$。结构阻尼比取 5%，确定结构反应修正系数 R。

3. 计算节点临界开口弯矩

按照第 7.1.2 节准则 1，自复位梁柱节点临界开口弯矩 $M_{IGO}=\alpha M_{des}$，α 取 $1.1\sim 1.2$。

4. 摩擦阻尼器和钢绞线设计

根据 RPPSF 梁高和第 7.1.2 节准则 2 初步选定摩擦螺栓等级和个数，据此计算得出摩擦弯矩 $M_f=F_f r$。选定预应力钢绞线规格和根数，确定单根钢绞线初始预应力度。同时，需要根据计算结果验算是否满足本章第 2 节设计准则 3、6、7 和 8 要求。如果不满足，需要迭代选择摩擦螺栓的等级、个数及钢绞线面积、根数直到满足设计要求。确定最终初始预应力度，修正计算节点消压弯矩和临界开口弯矩。

5. 短梁段设计

按第 7.1.2 节设计准则 5 设计。

6. 长梁翼缘加强板设计

按第 7.1.2 节设计准则 9 设计。

7. 结构响应估算

按照公式（7-11）和（7-12）估算 RPPSF 在 8 度（$0.2g$）设防地震作用下的顶层位移和顶层位移角。按照式（7-14）～式（7-16）进一步估算 RPPSF 在 8 度（$0.2g$）设防、8 度（$0.2g$）罕遇和 8 度（$0.3g$）罕遇地震作用下的层间位移角。按照式（7-18）～式（7-20）计算自复位梁柱节点相对转角，按照式（7-21）～式（7-23）估算结构基底剪力。

RPPSF 抗震设计流程是一个反复迭代的设计过程，设计流程如图 7-1 所示。

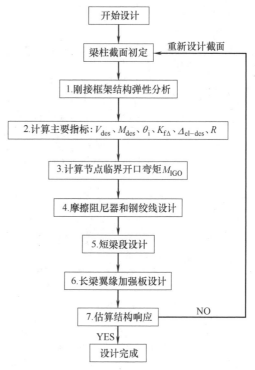

图 7-1 预应力装配式钢框架性能化设计流程图

7.2 可恢复功能预应力装配式钢框架性能化设计实例

7.2.1 性能化设计结果

根据 7.1 节设计流程，预应力装配式框架梁截面为 700mm×300mm×20mm×26mm，其中短梁段截面尺寸为 720mm×300mm×24mm×36mm。铰接柱截面为 450m×450m×20m×20m，铰接梁截面为 500mm×300mm×11mm×18mm。摩擦螺栓选用 M24（10

个),钢绞线采用极限强度 1860MPa、ϕ1mm×19、公称直径 21.8mm 的钢绞线,钢绞线初始索力为 $0.35T_u$,将该框架命名为 RPPSF1,M_{IGO}/M_{des} 取 1.1。

7.2.2 设计实例分析结果

本节选取 El-Centro 波进行算例的分析,列出 8 度(0.2g)设防(PGA=0.2g)、罕遇(PGA=0.4g)和 8 度(0.3g)罕遇(PGA=0.51g)地震水准下的计算结果。为了更好地验证按性能化设计的 RPPSF1 框架的抗震性能,将其与刚接框架和 RPPSF 框架的性能进行对比分析。

1. 框架基底剪力比较

图 7-2 为不同水准地震波作用下 RSF、RPPSF 和 RPPSF1 三个框架两方向基底剪力时程曲线对比图。表 7-4 给出了三个框架在不同等级地震作用下主次两个方向最大基底剪力。由图 7-2 和表 7-4 可以看出,三个框架基底剪力时程曲线走势基本保持一致,RPPSF1 框架因梁高大于 RSF 和 RPPSF 框架,基底剪力较 RPPSF 框架有较大提高,与 RSF 较为接近。

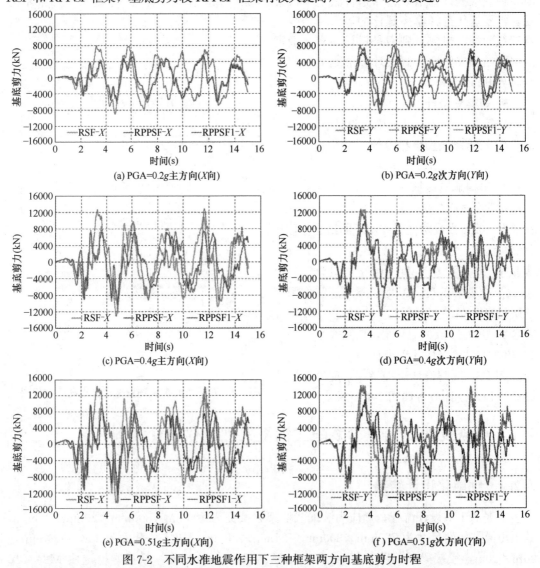

图 7-2 不同水准地震作用下三种框架两方向基底剪力时程

不同水准地震作用下三种框架最大基底剪力（单位：kN） 表 7-4

地震峰值加速度	主方向(X 向)			次方向(Y 向)		
	RSF	RPPSF	RPPSF1	RSF	RPPSF	RPPSF1
$0.2g$	6461.57	5828.58	9019.96	8723.44	6761.73	8991.89
$0.4g$	12303.60	10365.90	12568.00	13196.20	9833.76	13087.20
$0.51g$	14463.80	12511.90	14420.40	14402.00	10867.20	14422.50

2. 自复位梁柱节点开口比较

表 7-5 为不同地震波水平自复位梁柱节点开口对比，RPPSF1 与 RPPSF 框架相比，主方向节点开口值变化不大，次方向节点开口值有所减少，尤其 8 度（$0.3g$）罕遇地震作用下降幅明显。

不同水准地震波作用下自复位梁柱节点开口（单位：mm） 表 7-5

地震峰值加速度	主方向(X 向)		次方向(Y 向)	
	RPPSF	RPPSF1	RPPSF	RPPSF1
$0.2g$	1.79	1.22	2.09	1.39
$0.4g$	4.35	4.33	6.13	4.05
$0.51g$	5.89	6.42	8.01	4.72

3. 框架层间位移角比较

图 7-3 为不同水准地震波作用下三个框架的主次两个方向各层层间位移角的包络曲线，数据详见表 7-6。由图 7-3 和表 7-6 可知，在 8 度（$0.2g$）设防地震（PGA=$0.2g$）作用下，三个框架各层层间位移角非常相近。在 8 度（$0.2g$）罕遇地震（PGA=$0.4g$）作用下，RPPSF1 框架主方向层间位移角变化不大，但起控制作用的次方向层间位移角较 RPPSF 框架明显减小，甚至小于 RSF 刚接框架，小于现行规范刚接框架层间弹塑性层间位移角限值（1/50）。在 8 度（$0.3g$）罕遇地震（PGA=$0.51g$）作用下，RPPSF1 框架主方向层间位移角较 RPPSF 框架有所减少，虽然大于刚接框架最大层间位移角，但也控制在限值（1/50）以内。

不同水准地震作用下三个框架最大层间位移角（单位：%） 表 7-6

地震峰值加速度	主方向(X 向)			次方向(Y 向)		
	RSF	RPPSF	RPPSF1	RSF	RPPSF	RPPSF1
$0.2g$	0.919	0.903	0.924	1.067	1.076	0.940
$0.4g$	1.573	1.732	1.810	2.114	2.325	1.943
$0.51g$	1.894	2.258	1.929	2.789	2.939	2.624

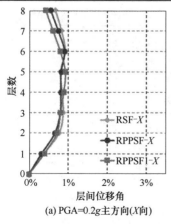
(a) PGA=$0.2g$ 主方向(X 向)

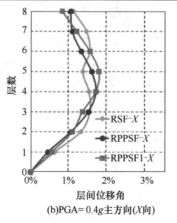
(b) PGA=$0.4g$ 主方向(X 向)

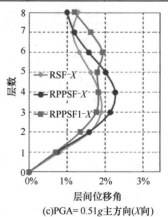
(c) PGA=$0.51g$ 主方向(X 向)

图 7-3 不同水准地震作用下三个框架各层最大层间位移角对比（一）

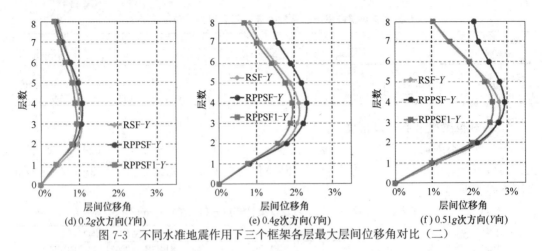

(d) 0.2g次方向(Y向)　　(e) 0.4g次方向(Y向)　　(f) 0.51g次方向(Y向)

图 7-3　不同水准地震作用下三个框架各层最大层间位移角对比（二）

4. 框架各层残余位移角比较

图 7-4 为不同水准地震波作用下 RPPSF1 框架与 RSF、RPPSF 框架各层残余层间位移角对比，三个框架各层震后残余层间位移角的结果详见表 7-7。

由图 7-4 和表 7-7 可以看出，在 8 度（0.2g）设防地震（PGA=0.2g）作用下，三个框架的残余层间位移角均很小。在 8 度（0.2g）（PGA=0.4g）和 8 度（0.3g）罕遇地震（PGA=0.51g）作用下，RPPSF1 框架的残余层间位移角小于 RPPSF 框架，较 RSF 则是大幅度减少，尤其是 8 度（0.3g）罕遇地震时 RPPSF1 框架表现出明显的自动复位优势。

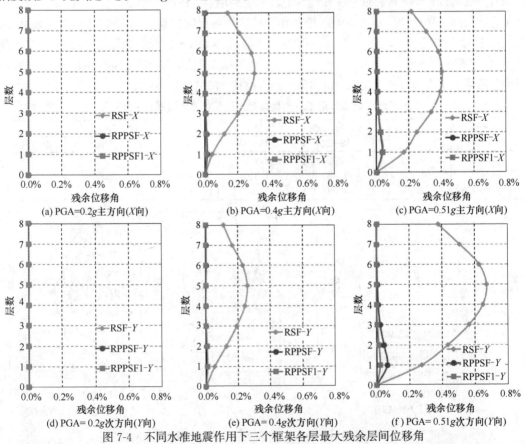

(a) PGA=0.2g主方向(X向)　　(b) PGA=0.4g主方向(X向)　　(c) PGA=0.51g主方向(X向)

(d) PGA=0.2g次方向(Y向)　　(e) PGA=0.4g次方向(Y向)　　(f) PGA=0.51g次方向(Y向)

图 7-4　不同水准地震作用下三个框架各层最大残余层间位移角

不同水准地震作用下三个框架最大残余层间位移角（单位：%）　　　表 7-7

地震峰值加速度	主方向（X 向）			次方向（Y 向）		
	RSF	RPPSF	RPPSF1	RSF	RPPSF	RPPSF1
0.2g	0.00240	0.00139	0.00188	0.00129	0.00198	0.00260
0.4g	0.30874	0.01416	0.01041	0.25740	0.00681	0.00911
0.51g	0.44046	0.03569	0.03968	0.72730	0.06320	0.02083

5. 8 度（0.3g）罕遇地震时耗能的比较

图 7-5 为三个框架能量耗散对比图，表 7-8 为三个框架的能量数据比较。从图 7-5 和表 7-8 可以看出，RPPSF1 框架吸收的能量明显高于 RSF 和 RPPSF 框架，RPPSF1 和 RPPSF 框架都主要依靠阻尼耗能和摩擦塑性。在 8 度（0.2g）（PGA=0.4g）和 8 度（0.3g）（PGA=0.51g）罕遇地震作用下，框架由于开口变大，摩擦耗能逐步增大。RPPSF1 的塑性耗能大于 RPPSF 框架，主要是因为本次性能化设计只提高了梁的截面而没有加大柱的截面，致使柱底的塑性耗能有所增大。但总体来看，两种框架塑性耗能均远远低于 RSF 框架。

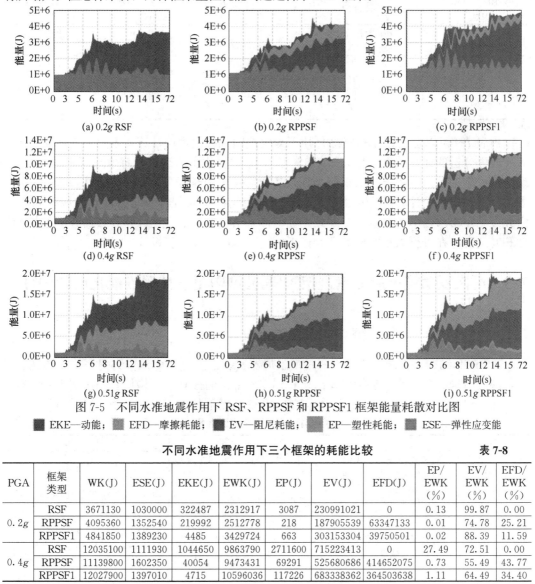

图 7-5　不同水准地震作用下 RSF、RPPSF 和 RPPSF1 框架能量耗散对比图
■ EKE—动能；　■ EFD—摩擦耗能；　■ EV—阻尼耗能；　■ EP—塑性耗能；　■ ESE—弹性应变能

不同水准地震作用下三个框架的耗能比较　　　表 7-8

PGA	框架类型	WK(J)	ESE(J)	EKE(J)	EWK(J)	EP(J)	EV(J)	EFD(J)	EP/EWK(%)	EV/EWK(%)	EFD/EWK(%)
0.2g	RSF	3671130	1030000	322487	2312917	3087	230991021	0	0.13	99.87	0.00
	RPPSF	4095360	1352540	219992	2512778	218	187905539	63347133	0.01	74.78	25.21
	RPPSF1	4841850	1389230	4485	3429724	663	303153304	39750501	0.02	88.39	11.59
0.4g	RSF	12035100	1111930	1044650	9863790	2711600	715223413	0	27.49	72.51	0.00
	RPPSF	11139800	1602350	40054	9473431	69291	525680686	414652075	0.73	55.49	43.77
	RPPSF1	12027900	1397010	4715	10596036	117226	683338362	364503638	1.11	64.49	34.40

续表

PGA	框架类型	WK(J)	ESE(J)	EKE(J)	EWK(J)	EP(J)	EV(J)	EFD(J)	EP/EWK(%)	EV/EWK(%)	EFD/EWK(%)
0.51g	RSF	18582300	1239760	1136140	16181620	6202970	997920505	0	38.33	61.67	0.00
	RPPSF	15511400	1596870	161651	13723384	240764	750669105	597653373	1.75	54.70	43.55
	RPPSF1	18455900	1402900	6531	17011587	590617	963196056	678932437	3.47	56.62	39.91

注：表中符号含义，WK—总能量；ESE—弹性应变能；EKE—动能；EWK—总耗能；EFD—摩擦耗能；EV—阻尼耗能；EP—塑性耗能。

6. 时程分析结果与理论估算结果对比

为验证 7.1.3 提出的结构响应估算方法，表 7-9 中列出了框架 RPPSF1 在地震波 GM23 作用下的时程分析结果与理论计算结果的对比。

RPPSF1 框架时程分析结果与理论计算结果比较　　　　表 7-9

地震动峰值加速度	计算方法	层间位移角最大值(%)	基底剪力最大值(kN)	节点转角最大值(%)
0.2g	时程分析	0.940	9019.96	0.462
	理论计算	1.014	8877.95	0.490
0.4g	时程分析	1.943	13087.20	1.442
	理论计算	2.249	13943.87	1.567
0.51g	时程分析	2.624	14422.50	2.140
	理论计算	2.943	16940.01	2.218

由表 7-9 可以看出，在 GM23 作用下最大层间位移角理论计算在不同地震水准下均略大于时程分析的计算结果，最大相差 15.8%，最大基底剪力理论计算值除在 8 度（0.2g）设防地震作用下比时程分析结果略小外，其余均要大于时程分析结果，最大相差 17.5%，最大节点转角理论计算值在各水准地震作用下也均大于时程分析结果，最大相差 8.7%。由此可见，本章提出的预应力装配式钢框架体系结构响应的理论计算方法具有一定的可靠性和冗余度，在进行大量实例验证和修正后，可以应用于工程设计中。

7.3 可恢复功能预应力钢框架-中间柱型阻尼器体系性能化设计内容

7.3.1 预应力中间柱钢框架体系性能化设计目标

ICRPSF 结构是将减震构件中间柱型阻尼器安装在主体结构预应力钢框架中的减震结构，减震结构的极限状态是指主体结构和减震构件中的任意一个构件首先达到极限状态时的状态，包括使用极限状态、损伤极限状态和安全极限状态三种，如表 7-10 所示。

主体结构和减震构件的极限状态　　　　表 7-10

减震结构	使用极限状态	损伤极限状态	安全极限状态
主体结构的极限状态	建筑物使用功能不发生障碍的极限，根据建筑物内设置仪器的使用条件和居住性能等确定	主结构产生损伤极限，即在地震或风荷载等水平作用下主体结构的某个构件首先达到短期允许应力或产生塑性铰时的状态	主体结构达到破坏或倒塌的极限，对应于在地震或风等水平作用下形成倒塌机制时的极限状态
减震构件的极限状态（摩擦阻尼器）	对减震构件的使用极限状态不作规定	能保持规定的滞回阻力的极限，即可持续使用的极限，对于摩擦阻尼器主要取决于累计摩擦滑移距离	能保持滞回阻尼力的最大极限，主要取决于累计摩擦滑移距离。同时还必须考虑由形状和尺寸所决定的变形最大极限和连接部分强度的最大极限

我国《建筑抗震设计规范》GB 50011—2010（2016年版）建议性能要求分为四个等级，参照国内外相关研究成果，结合前几章的分析结果，对预应力中间柱钢框架提出了"多遇地震无开口、无损伤，设防地震开口耗能且主体结构无损伤，罕遇地震主体结构损伤较小且仍能正常使用"的性能化设计目标，各个构件具体性能化设计指标如表 7-11 所示。

预应力中间柱钢框架性能化设计指标　　　　　　　表 7-11

序号	项目	多遇地震	设防地震	罕遇地震
1	梁与柱翼缘之间	不开口	开口	开口
2	上、下部中间柱之间	不开口	开口	开口
3	柱节点域	弹性	弹性	屈服，控制塑性应变大小
4	柱底	弹性	弹性	屈服，控制塑性应变大小
5	中间柱柱底	弹性	弹性	屈服，控制塑性应变大小
6	梁腹板	弹性	弹性	不屈服
7	梁翼缘	弹性	弹性	不屈服
8	梁翼缘加强板	弹性	弹性	屈服
9	预应力钢绞线	弹性	弹性	不屈服
10	层间位移角限值	1/250	—	1/50

7.3.2　中间柱型阻尼器减小地震反应的原理

在对可恢复功能预应力钢框架-中间柱型阻尼器进行性能化设计之前，首先要对 RPSF 结构进行设计。然后将预应力中间柱钢框架简化为单质点结构体系进行初步设计，最后将求得的中间柱附加刚度分配到预应力中间柱钢框架多质点体系中，完成整个钢框架的性能化设计，设计方法及设计流程可以参考 7.1 节。

将中间柱型阻尼器引入到 RPSF 里之所以能够减小地震反应，是因为中间柱型阻尼器不仅能够提供附加刚度降低主体结构的自振周期，还能够通过摩擦阻尼器进行摩擦耗能消耗能量来增大结构的阻尼。中间柱型阻尼器减小地震反应的原理可以由图 7-6 解释。图中分别有位移反应谱 S_d、拟速度反应谱 S_{pv} 和拟加速度反应谱 S_{pa}。图中过程（1）由于加入中间柱型阻尼器提高了主体结构的刚度，使得其自振周期 T 从 T_f 降低为等效周期 T_{eq}，过程（2）由于加入摩擦阻尼器使原主体结构的从初始阻尼比 ξ_0 提高到等效阻尼比 ξ_{eq}。过程（1）导致结构位移减小而加速度增大，过程（2）导致位移、速度和加速度均有所降低，过程（1）（2）最终会降低结构的位移和加速度反应。

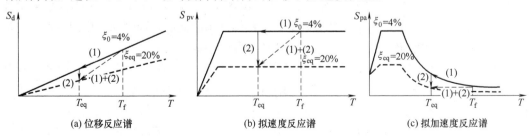

图 7-6　中间柱型阻尼器减小地震反应的原理

图 7-6 可见，由结构的自振周期 T 和阻尼比 ξ 可以计算出反应谱：

$$S_{\mathrm{d}}(T,\xi)=\frac{T}{2\pi}S_{\mathrm{pv}}(T,\xi)=\left(\frac{T}{2\pi}\right)^{2}S_{\mathrm{pa}}(T,\xi) \tag{7-24}$$

可见，如果能够计算出预应力中间柱型阻尼器钢框架的等效周期 T_{eq} 和等效阻尼比 ξ_{eq}，就可以由地震反应谱估算出地震反应降低的大小。位移反应降低率 R_{d} 和拟加速度的反应降低率 R_{pa} 可以根据图 7-6 所示的过程 (1)、(2) 计算：

$$R_{\mathrm{d}}=\frac{S_{\mathrm{d}}(T_{\mathrm{eq}},\xi_{\mathrm{eq}})}{S_{\mathrm{d}}(T_{\mathrm{f}},\xi_{0})}=D_{\xi}\frac{T_{\mathrm{eq}}}{T_{\mathrm{f}}}\frac{S_{\mathrm{pv}}(T_{\mathrm{eq}},\xi_{0})}{S_{\mathrm{pv}}(T_{\mathrm{f}},\xi_{0})} \tag{7-25}$$

$$R_{\mathrm{pa}}=\frac{S_{\mathrm{pa}}(T_{\mathrm{eq}},\xi_{\mathrm{eq}})}{S_{\mathrm{pa}}(T_{\mathrm{f}},\xi_{0})}=D_{\xi}\frac{T_{\mathrm{f}}}{T_{\mathrm{eq}}}\frac{S_{\mathrm{pv}}(T_{\mathrm{eq}},\xi_{0})}{S_{\mathrm{pv}}(T_{\mathrm{f}},\xi_{0})} \tag{7-26}$$

式中 D_{ξ}——阻尼效应系数。

当阻尼比增大到等效阻尼比 ξ_{eq} 时，阻尼效应系数 D_{ξ} 可以预测反应谱的降低程度的系数，对 31 条实际地震波的实际统计与简化，得到 D_{ξ} 平均值以及平均值与标准差之和的近似公式如下：

$$D_{\xi}=\sqrt{\frac{1+25\xi_{0}}{1+25\xi_{\mathrm{eq}}}}(\text{平均值}) \tag{7-27}$$

$$D_{\xi}=\sqrt{\frac{1+10\xi_{0}}{1+10\xi_{\mathrm{eq}}}}(\text{平均值与标准差之和}) \tag{7-28}$$

从图 7-6 可以看出中间柱结构周期的拟速度反应谱 R_{pv} 为常数，且在地震作用下中间柱型阻尼器的布置不会使结构的 T_{eq} 有很大变化，所以：

$$R_{\mathrm{d}}=D_{\xi}\frac{T_{\mathrm{eq}}}{T_{\mathrm{f}}} \tag{7-29}$$

$$R_{\mathrm{pa}}=R_{\mathrm{d}}\left(\frac{T_{\mathrm{f}}}{T_{\mathrm{eq}}}\right)^{2} \tag{7-30}$$

可以根据已知的结构的 T_{f} 与 ξ_{0}，由中间柱型阻尼器的附加刚度与阻尼比求得等效周期 T_{eq} 和等效阻尼比 ξ_{eq}，然后利用以上关系预测地震反应降低量，进行减震设计。

7.3.3 预应力中间柱型阻尼器钢框架的力学原理和性能曲线

图 7-7 为预应力中间柱型阻尼器钢框架系统的组成构件及滞回曲线。摩擦阻尼器用理想的弹塑性模型表示，其理想的滞回模型为矩形。图中摩擦阻尼器的弹性刚度、摩擦荷载、起滑变形分别为 K_{d}、F_{dy} 和 u_{dy}，中间柱连接构件、主体结构的弹性刚度分别为 K_{b} 和 K_{f}。摩擦阻尼器的 K_{d} 非常大而 u_{dy} 很小。由图 7-7（a）可以看出，中间柱型阻尼器附加体系是由摩擦阻尼器和中间柱型阻尼器连接构件串联而成，而预应力中间柱型阻尼器钢框架则由中间柱型阻尼器附加体系和主体结构并联而成。

预应力中间柱钢框架的荷载-位移关系曲线如图 7-7（b）所示。滞回曲线中各种物理量的定义按照摩擦阻尼器、中间柱附加体系、减震结构系统的顺序分别为：弹性刚度 K_{d}、K_{I}、K，储存刚度 K'_{d}、K'_{I}、K'，损失刚度 K''_{d}、K''_{I}、K''，延性系数 μ_{d}、μ_{I}、μ，变形 u_{d}、u_{I}、u，荷载 F_{d}、F_{I}、F，能量吸收 E_{d}、E_{I}、E。下标"max"表示相应物理量最大值。由图中也可以看出摩擦阻尼器、中间柱连接构件和中间柱附加体系三者具有相同的荷载，而中间柱附加体系、主体结构和减震结构系统三者具有相同的变形，所以有

$F_{d,max}=F_{I,max}$、$u_{I,max}=u_{max}$。根据图 7-7 可以建立所有物理量之间的关系，如表 7-12 所示，表中储存刚度即为割线刚度，等于最大位移时的力除以最大位移，损失刚度等于位移为零时的力除以最大位移。

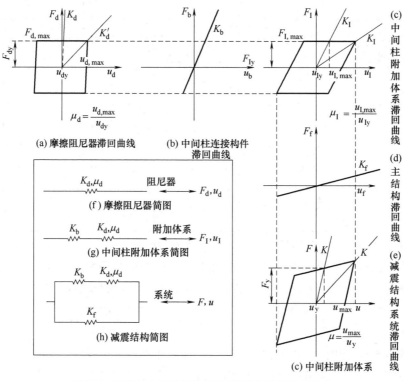

图 7-7 预应力中间柱钢框架的滞回曲线及组成构件

预应力中间柱钢框架减震系统各物理量的计算公式一览表（$\mu_d \geqslant 1$） 表 7-12

	摩擦阻尼器	中间柱附加体系	减震结构系统
模型	K_d,μ_d —— F_d,u_d	K_b K_d,μ_d —— F_I,u_I	K_b K_d,μ_d / K_f —— F,u
滞回曲线	(图)	(图)	(图)
弹性刚度	K_d (1)	$K_I=\dfrac{1}{1/K_b+1/K_d}$ (2)	$K=K_I+K_f$ (3)
储存刚度	$K'_d=\dfrac{F_{dy}}{u_{d,max}}$ (4)	$K'_I=\dfrac{K_I}{\mu_I}$ (5)	$K'=K'_I+K_f$ (6)

续表

	摩擦阻尼器	中间柱附加体系	减震结构系统
损失刚度	$K_d''=K_d'$ (7)	$K_I''=K_I'$ (8)	$K''=K_I''$ (9)
延性系数	$\mu_d=\dfrac{u_{d,\max}}{u_{dy}}$ (10)	$\mu_I=\dfrac{u_{I,\max}}{u_{Iy}}$ (11)	$\mu=\mu_I$ (12)
屈服变形	$u_{dy}=\dfrac{F_{dy}}{K_d}$ (13)	$u_{Iy}=\dfrac{F_{dy}}{K_I}$ (14)	$u_y=u_{Iy}$ (15)
最大变形	$u_{d,\max}$ (16)	$u_{I,\max}=\dfrac{F_{dy}}{K_b}+u_{d,\max}$ (17)	$u_{\max}=u_{I,\max}$ (18)
最大力	$F_{d,\max}=F_{dy}$ (19)	$F_{I,\max}=F_{d,\max}$ (20)	$F_{\max}=K'\cdot u_{\max}$ (21)
能量	$E_d=4(1-\dfrac{1}{\mu_d})K_d''\cdot u_{d,\max}^2$ (22)	$E_a=E_d$ (23)	$E=E_a$ (24)

注：当摩擦阻尼器理想化为刚塑性模型时，$K_d=\infty$，$u_{dy}=0$，$\mu_d=\infty$。

预应力中间柱钢框架的等效单质点体系，摩擦阻尼器为理想刚塑性模型，摩擦阻尼器不产生滑移时 $K_d=\infty$，减震结构系统的弹性周期 T_0 可以用组成构件的弹性刚度表示为：

$$T_0=\sqrt{\dfrac{K_f}{K}}T_f=\sqrt{\dfrac{K_f}{K_I+K_f}}T_f=\sqrt{\dfrac{1}{K_I/K_f+1}}T_f \qquad (7\text{-}31)$$

为了求得预应力中间柱钢框架等效单自由度体系的等效周期 T_{eq}，需要知道减震结构系统的等效刚度 K_{eq}，取最大变形时的割线刚度，由表 7-12 中式（5）、式（6）和式（12）可知 $K_{eq}=K'=\dfrac{K_I}{\mu}+K_f$，则减震结构体系的等效周期 T_{eq} 为：

$$T_{eq}=\sqrt{\dfrac{K_f}{K_{eq}}}T_f=\sqrt{\dfrac{\mu}{\mu+K_I/K_f}}T_f \qquad (7\text{-}32)$$

减震结构体系的等效阻尼比：

$$\xi_{eq}=\xi_0+\dfrac{2}{\mu\pi p}\cdot\ln\dfrac{1+p(\mu-1)}{\mu^p},\quad p=\dfrac{1}{1+K_I/K_f} \qquad (7\text{-}33)$$

由式（7-32）、式（7-33）可知，预应力中间柱钢框架的等效周期 T_{eq} 和等效阻尼比 ξ_{eq} 均是中间柱附加体系弹性刚度比 K_I/K_f 和系统延性系数 μ 这两个基本参数的函数，说明这两个基本参数是减震结构的基本动力特性。

首先假定中间柱附加体系弹性刚度比 K_I/K_f 和系统延性系数 μ 这两个基本参数，利用式（7-32）、式（7-33）求得减震结构的等效周期和等效阻尼比，然后将等效周期和等效阻尼比代入式（7-25）、式（7-26）可以得出结构的位移反应降低率 R_d 和拟加速度降低率 R_{pa}，由于等效周期和等效阻尼比是 K_I/K_f 和 μ 的函数，则 R_d 和 R_{pa} 也可以表示为这两个基本参数的函数，并且用这两个基本参数绘制的 R_{pa}-R_d 曲线即为预应力中间柱钢框架的减震性能曲线。

假设布置摩擦阻尼器前后结构的质量不变，则结构的剪力降低率就等于拟加速度降低率。根据减震结构的性能曲线和给定的延性系数 μ 和附加刚度比 K_I/K_f 可以求得 R_d、R_{pa}，将 R_d、R_{pa} 分别乘以预应力中间柱钢框架主体结构的位移和拟加速度就可以得到预应力中间柱钢框架的地震反应，由于求得的预应力中间柱钢框架的反应降低率是相对值，可以适用于任意地震水准。

7.3.4 预应力中间柱钢框架多质点体系设计方法

对于预应力中间柱钢框架多质点进行设计的基本要求是：根据由预应力中间柱钢框架单质点体系模型确定的中间柱附加体系刚度，按与层刚度成正比的分配原则来确定各层中间柱型阻尼器的数量。为了将性能曲线预测的地震反应结果用于多质点体系而取多质点体系的等效周期与等效阻尼比与单质点体系相等。

预应力中间柱钢框架的中间柱、梁、柱会产生弯曲和剪切变形，这些构件会对附加体系的刚度产生影响，中间柱减震结构的模型必须经过结构的静力分析后才能够变换成弹簧体系，如图 7-8 所示。

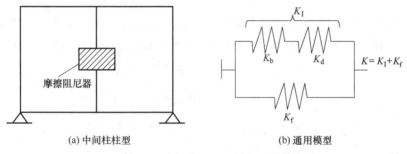

(a) 中间柱柱型　　　　　　　　(b) 通用模型

图 7-8　中间柱型阻尼器通用模型

在预应力中间柱钢框架单质点体系模型中确定了满足性能的中间柱附加体系弹性刚度比 K_I/K_f，将第 i 层的中间柱附加体系按与该层主体结构的弹性刚度比 K_{Ii}/K_{fi} 与 K_I/K_f 相同的方法，对中间柱附加弹性刚度进行分配。在层剪力 Q_i 作用下，假设：(1) 预应力中间柱钢框架有相同的延性系数 μ_i 和层间位移角 θ_i；(2) 预应力中间柱钢框架多质点体系与单质点体系有相等的等效阻尼比。以上两个假设可以使上述分配方法不仅适用于主体结构具有理想刚度的分配情况，也能够适用于任意刚度分配的主结构，为了使这两个假设条件自然满足，设定每层有相同的屈服层间位移角 θ_y 和 θ_i，则由 $\mu_i = \theta_i/\theta_y$ 可自动使各层 μ_i 相等。

按照预应力中间柱钢框架的系统储存刚度 K_i' 与层剪力 Q_i 成比例的原则，进行中间柱附加体系的刚度分配。其中 $K_i' = K_{fi} + K_{Ii}' = K_{fi} + K_{Ii}/\mu$。可以推导出各层的中间柱附加体系需求弹性刚度 K_{Ii}：

$$K_{Ii} = \mu \frac{Q_i}{h_i} \cdot \frac{\sum_{i=1}^{n}(K_{fi}h_i^2)}{\sum_{i=1}^{n}(Q_i h_i)} \left(1 + \frac{K_a}{\mu K_f}\right) - \mu K_{fi}, (K_{Ii} \geqslant 0) \tag{7-34}$$

式中：K_{fi}——第 i 层主体结构的弹性刚度；

K_f——单质点体系模型中主体结构的弹性刚度；

h_i——第 i 层层高。

在设计中提高附加体系的 $K_\mathrm{I}/K_\mathrm{f}$ 和 μ，可以同时降低结构的剪力和位移，但是如果附加刚度提高的过多，位移降低将变得迟缓，使得基底剪力急剧增大，因此需合理确定两者的之间的关系。

由式（7-34）计算出中间柱附加体系的需求弹性刚度后，可以根据下式求得各层中间柱附加体系的 $u_{\mathrm{I}yi}$ 和 $F_{\mathrm{I}yi}$：

$$u_{\mathrm{I}yi}=\theta_\mathrm{y}\cdot h_i , F_{\mathrm{I}yi}=K_{\mathrm{I}i}\cdot u_{\mathrm{I}yi} \tag{7-35}$$

式中：$u_{\mathrm{I}yi}$——各层附加体系需求屈服变形；

θ_y——屈服层间位移角，$\theta_\mathrm{y}=\theta_{\max}/\mu$；

$F_{\mathrm{I}yi}$——各层附加体系需求屈服力。

根据表 7-12 中式（2）可知当摩擦阻尼器理想化为刚塑性模型时，$K_\mathrm{d}=\infty$，由下式可算得各层中间柱连接构件的需求刚度 $K_{\mathrm{b}i}$：

$$K_\mathrm{I}=\frac{1}{1/K_\mathrm{b}+1/K_\mathrm{d}}=K_\mathrm{b} , K_{\mathrm{b}i}=K_{\mathrm{I}i} \tag{7-36}$$

根据各层阻尼器数量 N_i，求得单个阻尼器的需求屈服力 $F_{\mathrm{d}yi}$ 和中间柱连接构件的需求刚度 $K_{\mathrm{b}in}$，并确定摩擦阻尼器所需高强度螺栓的参数和中间柱连接构件需求截面大小：

$$F_{\mathrm{d}yi}=F_{\mathrm{I}yi}/N_i , K_{\mathrm{b}in}=K_{\mathrm{b}i}/N_i \tag{7-37}$$

$$F_{\mathrm{d}yi}\leqslant m n_\mathrm{f}\mu P , K_{\mathrm{b}in}\leqslant\frac{12 i_{\mathrm{b}i}}{h_i^2} \tag{7-38}$$

式中：m——摩擦阻尼器中所需螺栓个数；

n_f——螺栓的传力摩擦面数；

μ——摩擦面的抗滑移系数；

P——单个高强度螺栓预拉力；

$i_{\mathrm{b}i}$——中间柱连接构件需求截面线刚度。

7.3.5 预应力中间柱钢框架性能化设计流程

ICRPSF 结构抗震性能化设计流程是一个反复迭代的设计过程，设计流程图如图 7-9 所示，具体流程如下：

（1）建立预应力中间柱钢框架主体结构模型，用常用软件 ETABS 对其进行弹性分析，确定主体结构的各层重量及层剪力、弹性刚度 K_f、周期 T_f 和层间位移角 θ_f。

（2）设定预应力中间柱钢框架的目标性能和设计条件，确定其目标层间位移角 $\theta_{\max}$，从而得到其位移降低率的目标值 $R'_\mathrm{d}=\theta_{\max}/\theta_\mathrm{f}$。

（3）由预应力中间柱钢框架单质点体系的减震性能曲线确定能够满足目标位移降低率的 μ 和 $K_\mathrm{I}/K_\mathrm{f}$。

（4）根据式（7-34）由单质点体系的需求 $K_\mathrm{I}/K_\mathrm{f}$ 便能计算出多质点体系各层的中间柱附加体系需求 $K_{\mathrm{I}i}$。

（5）根据式（7-35）和（7-36）分别求得各层中间柱附加体系的 $u_{\mathrm{I}yi}$、$F_{\mathrm{I}yi}$ 和各层中间柱连接构件的需求刚度 $K_{\mathrm{b}i}$。

（6）假定各层所有阻尼器相同，确定各层阻尼器数量 N_i，根据公式（7-37）求得单个阻尼器的需求屈服力 F_{dyi} 和中间柱连接构件的需求刚度 K_{bin}，由公式（7-38）可以求得摩擦阻尼器所需高强度螺栓的参数和中间柱连接构件需求截面大小。

（7）当主体结构刚度不足或对性能曲线要求有较大的位移降低率，对附加弹性刚度比 K_I/K_f 有较高要求值的情况下，需要变更梁柱截面尺寸，此时需重新从单质点体系与性能曲线分析开始进行初步设计阶段的一系列工作。

（8）用时程分析法对经过性能化设计的预应力中间柱钢框架进行动力时程分析，检验其抗震性能。

图 7-9 预应力中间柱钢框架性能化设计流程图

7.4 可恢复功能预应力钢框架-中间柱型阻尼器体系性能化设计实例

结构初步设计采用 ETABS 完成，首先按照腹板摩擦耗能的 RPSF 结构的设计原则、方法和设计流程，对 RPSF 结构进行了性能化设计，将中间柱型阻尼器布置在 RPSF 外围，每跨布置一个阻尼器，形成 ICRPSF 结构，然后按照提出的 ICRPSF 结构的设计方法和设计流程设计了一个 10 层的结构，并运用 ABAQUS 对其进行小震和中震下的弹塑性时程分析，对该设计方法进行说明验证。

7.4.1 结构算例

可恢复功能预应力钢框架-中间柱型阻尼器（以下简称预应力中间柱钢框架或 ICRPSF）结构设计为 10 层，首层层高 3.6m，2~10 层层高 3.0m，横向为 5 跨，纵向为 5 跨，跨度均为 10m，结构平面图如图 7-10 所示，整体结构有限元模型如图 7-11 所示。

图 7-10 中方框圈出部分为预应力中间柱钢框架（其中仅 1~7 层设置中间柱型摩擦阻尼器，8~10 层为预应力钢框架），其余部分为铰接体系。结构安全等级为二级，设计使用年限为 50 年，是丙类建筑。楼面恒荷载（包括楼板自重）7.0kN/m²，楼面活荷载 2.0kN/m²，屋面活荷载 0.5kN/m²，雪荷载取北京地区 50 年一遇雪压 0.4kN/m²。抗震设防烈度为 8 度，场地类别为Ⅲ类。

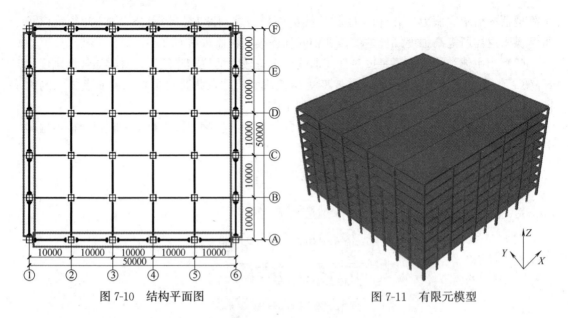

图 7-10 结构平面图　　　　　图 7-11 有限元模型

结构主要参数确定见表 7-13。

ICRPSF 框架梁柱截面尺寸　　　　　表 7-13

层数	截面	尺寸(mm×mm×mm)	层数	截面	尺寸(mm×mm×mm)
6~10 层	预应力柱 铰接柱	500×500×20	6~10 层	预应力梁 铰接梁	600×300×14×24
3~5 层	预应力柱 铰接柱	550×550×24	3~5 层	预应力梁 铰接梁	600×300×14×24
1~2 层	预应力梁 铰接梁	600×600×28	1~2 层	预应力梁 铰接梁	600×300×14×24

中间柱连接构件截面尺寸 588mm×300mm×12mm×20mm，摩擦阻尼器螺栓为 M20（6 个）。预应力梁柱节点梁腹板两侧设有双剪切板，布置四排两列共计 8 个 10.9 级的 M22 高强度螺栓。在梁腹板每侧均匀布置 5 根预应力钢绞线共计 10 根，$\phi 1mm \times 19$ 低松弛高强度预应力钢绞线的抗拉强度等级为 1860MPa，每根钢绞线初始预应力值取 $0.4T_u$。

7.4.2 预应力中间柱钢框架体系性能化设计

1. 主体结构概况

根据 ETABS 计算得刚接框架主体结构各参数如表 7-14 所示，由于框架结构沿 Y 轴对称布置，表中仅列出了 X 向的数据，由表中可以看出，主体结构最大层间位移角 θ_f 达到 1/207，超过了《建筑抗震设计规范》GB 50011—2010（2016 年版）对多高层钢框架弹性层间位移角限值 1/250 的要求。主结构 1 阶自振周期 $T_f = 2.84s$。

2. 计算单质点体系附加体系的需求刚度比

在设计中通过设置中间柱型阻尼器，使 ICRPSF 结构达到目标层间位移角 $\theta_{max} = 1/250$，利用性能曲线计算单质点体系需求刚度比 K_I / K_f。

主体结构各层参数 表 7-14

层数	层高 (mm)	重量 G_i (kN)	弹性刚度 K_{fi} (N/mm)	层剪力 Q_i (kN)	层间位移角 θ_{fi} (%)	层间位移 (mm)
10	3000	21645	325204	2227	1/427	7.0
9	3000	45328	397015	3523	1/338	8.9
8	3000	69011	398332	4323	1/276	10.9
7	3000	92694	399583	5033	1/237	12.7
6	3000	116377	404462	5636	1/215	14.0
5	3000	140106	435685	6191	1/210	14.3
4	3000	163887	462108	6682	1/207	14.5
3	3000	187667	520045	7195	1/217	13.8
2	3000	211499	680703	7758	1/260	11.5
1	3600	235444	1161734	8085	1/507	7.1

根据结构层间位移角 θ_f 和目标层间位移角 θ_{max} 确定目标位移降低率 $R_d = \theta_{max}/\theta_f = 0.828$。$\mu$ 取 1、1.5、3、4、8、20，K_I/K_f 取 0、0.2、0.3、0.5、1、2、4、6、9，按照式（7-32）、式（7-33）计算得到对应的 T_{eq}、ξ_{eq}；根据《建筑抗震设计规范》GB 50011—2010（2016 年版）钢结构抗震计算的阻尼比的规定，多遇地震作用下的计算，高度不大于 50m 时，可取 0.04，即 $\xi_0 = 0.04$，将 ξ_0 和 ξ_{eq} 代入式（7-28）算得 D_ξ，中长周期结构按照式（7-29）、式（7-30）计算得 R_d、R_a，绘制 ICRPSF 结构的性能曲线，如图 7-12 所示：

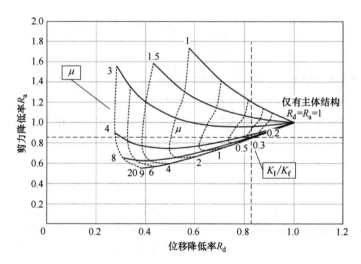

图 7-12 预应力中间柱钢框架性能曲线

由图 7-12 可知，当假定系统延性系数 $\mu = 3$ 后，可得到满足目标位移降低率 $R_d = 0.828$（横轴），且大致为最小的附加体系弹性刚度比 $K_I/K_f = 0.5$，同时可以求得剪力降低率 $R_a = 0.856$（纵轴）。由图可见，当 μ 越小且 K_I/K_f 越大则位移降低效果越明显，但是当 K_I/K_f 过大时，尽管位移可以得到降低，但是剪力却有增大的趋势。

由 $\mu = 3$、$K_I/K_f = 0.5$ 和 $T_f = 2.84s$，根据式（7-32）、式（7-33）计算预应力中间柱钢框架体系的等效周期、等效阻尼比：

$$T_{eq} = \sqrt{\frac{\mu}{\mu + K_I/K_f}} T_f = \sqrt{\frac{3}{3+0.5}} \times 2.84 = 2.63s$$

$$\xi_{eq} = \xi_0 + \frac{2}{\mu\pi p} \cdot \ln\frac{1+p(\mu-1)}{\mu^p} = 0.04 + \frac{2}{3\times\pi\times 0.67} \cdot \ln\frac{1+0.67\times(3-1)}{3^{0.67}} = 0.0766$$

式中：$p = \dfrac{1}{1+K_I/K_f} = \dfrac{1}{1+0.5} = 0.67$。

3. 多质点体系中附加体系需求刚度的计算

将上一节求得单质点体系系统的附加体系弹性刚度比 K_I/K_f，按各层层间位移角 θ_{fi} 及延性系数 μ_i 均等的原则分配到多自由度体系中，根据式（7-34）求得各层附加体系弹性刚度需求值 K_{Ii}，当计算的 K_{Ii} 为负值时，则在该层不设置阻尼器。计算结果见表 7-15。

多质点体系中附加体系需求刚度　　　　　表 7-15

层 i	层高 h_i(mm)	层剪力 Q_i(kN)	主结构弹性刚度 K_{fi}(N/mm)	$Q_i h_i$ (N·mm)	$K_{fi} h_i^2$ (N·mm)	弹性需求刚度 K_{Ii}(N/mm)
10	3000	2227	325204	6.68×10^9	2.93×10^{12}	-2.14×10^5
9	3000	3523	397015	1.06×10^{10}	3.57×10^{12}	1.43×10^4
8	3000	4323	398332	1.30×10^{10}	3.58×10^{12}	2.84×10^5
7	3000	5033	399583	1.51×10^{10}	3.60×10^{12}	5.23×10^5
6	3000	5636	404462	1.69×10^{10}	3.64×10^{12}	7.15×10^5
5	3000	6191	435685	1.86×10^{10}	3.92×10^{12}	8.11×10^5
4	3000	6682	462108	2.00×10^{10}	4.16×10^{12}	9.00×10^5
3	3000	7195	520045	2.16×10^{10}	4.68×10^{12}	9.01×10^5
2	3000	7758	680703	2.33×10^{10}	6.13×10^{12}	6.12×10^5
1	3600	8085	1161734	2.91×10^{10}	1.51×10^{13}	-1.18×10^6

由表 7-15 中数据可以看出，框架第 1、10 层的 K_{Ii} 为负值，可见在这两层不需要设置摩擦阻尼器，但是为了保证 ICRPSF 结构的层刚度保持连续，在 1 层也布置中间柱型阻尼器。

4. 将附加体系特性值变换到阻尼器及阻尼器的设计

根据式（7-35）可以计算附加体系水平方向屈服变形 u_{Iyi} 和屈服力 F_{Iyi}，因为结构为 5×5 跨，且 X、Y 两个方向仅外围两榀 ICRPSF 结构主要承受水平地震作用，所以在每榀框架的每跨布置一个中间柱型阻尼器，每层 X、Y 方各布置 10 个。根据各层阻尼器数量，由式（7-27）求得单个阻尼器的需求屈服力和中间柱连接构件的需求刚度，最终确定摩擦阻尼器所需高强度螺栓的参数和中间柱连接构件的需求截面大小，计算结果见表 7-16。

中间柱型阻尼器的设计　　　　　表 7-16

层 i	层高 h_i (mm)	目标层间位移 $\theta_{max} h_i$ (mm)	附加体系屈服变形 u_{Iyi} (mm)	附加体系屈服力 F_{Iyi} (kN)	阻尼器设置个数 N_i	单个阻尼器的水平方向屈服力 F_{dyi} (kN)	单个中间柱连接构件需求刚度 K_{bin} (N/mm)
10	3000	12	4	0	10	0	0
9	3000	12	4	57	10	5	1433
8	3000	12	4	1137	10	103	28416

续表

层 i	层高 h_i (mm)	目标层间位移 $\theta_{\max}h_i$ (mm)	附加体系屈服变形 u_{1yi} (mm)	附加体系屈服力 F_{1yi} (kN)	阻尼器设置个数 N_i	单个阻尼器的水平方向屈服力 F_{dyi} (kN)	单个中间柱连接构件需求刚度 K_{bin} (N/mm)
7	3000	12	4	2093	10	190	52322
6	3000	12	4	2859	10	260	71473
5	3000	12	4	3244	10	295	81103
4	3000	12	4	3600	10	327	89991
3	3000	12	4	3606	10	328	90141
2	3000	12	4	2448	10	223	61203
1	3600	14.4	4.8	−5664	10	−515	−118005

当摩擦阻尼器选用 4 个 M20 高强度螺栓时，$m=4$，$n_f=2$，$P=155\text{kN}$，摩擦阻尼器实际屈服力为 $mn_f\mu P=4\times2\times0.34\times155\text{kN}=422\text{kN}\geqslant F_{dyi}$，满足摩擦阻尼器的需求屈服力。

当中间柱连接构件选用 $588\text{mm}\times300\text{mm}\times12\text{mm}\times20\text{mm}$ 的截面，中间柱连接构件实际刚度为 $\dfrac{12i_{bi}}{h_i^2}=\dfrac{12\times2.06\times10^5\times1.18\times10^9}{3000^3}\text{N/mm}=108036\text{N/mm}\geqslant K_{bin}$，满足中间柱连接构件的需求刚度，所以在预应力钢框架结构的 1-1 层布置截面为 $588\text{mm}\times300\text{mm}\times12\text{mm}\times20\text{mm}$ 的中间柱连接构件，并且摩擦阻尼器选用 4 个 M20 高强度螺栓。

7.4.3 预应力中间柱钢框架体系时程分析

将 ICRPSF 结构算例按照本章性能化设计目标和设计准则进行修改和验算。主要调整内容如下：将中间柱型阻尼器设置在预应力钢框架的 1~9 层，摩擦阻尼器改为 4 个 M20 螺栓的高强度螺栓，将该框架命名为 ICRPSFD，将其与预应力中间柱钢框架进行对比分析。

1. 框架基底剪力比较

图 7-13 为在 GM17 的不同水准地震波作用下 ICRPSF 和 ICRPSFD 基底剪力时程曲线对比图。表 7-17 给出了两种框架在不同水准地震波作用下主次两个方向最大基底剪力。由图 7-13 和表 7-17 可以看出，两种框架基底剪力时程曲线走势基本保持一致，虽然 ICRPSFD 中的每个中间柱型阻尼器中的耗能用摩擦高强度螺栓 M20 的个数减小为 4 个，但是在原 ICRPSF 的 8~9 层外围每个方向每层又增加了 10 个中间柱型阻尼器，因此在多遇地震作用下，ICRPSFD 的基底剪力均大于 ICRPSF，最大增幅为 GM6 作用时的 33.9%，说明经过设计的 ICRPSFD 抗侧刚度相对于 ICRPSF 有较大提高。

中震作用下两种框架基底剪力曲线规律与小震时基本一致，除 GM17 次方向和 GM6 主方向外，其余地震作用下 ICRPSFD 的基底剪力均大于 ICRPSF，最大增幅为 GM6 作用时的 26.2%，基底剪力增幅较小震时有所减小，说明在中震时由于中间柱型阻尼器产生滑动使得 ICRPSFD 的抗侧刚度较小震时有所降低。

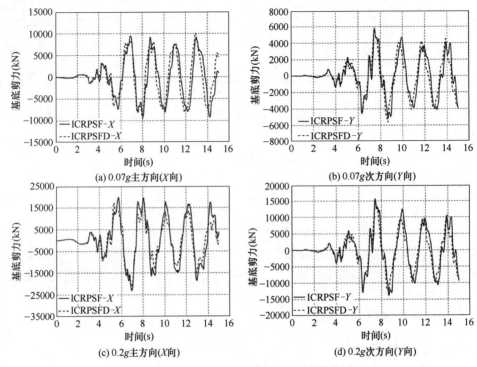

图 7-13 不同水准地震作用下框架基底剪力时程

不同水准地震作用下两种框架最大基底剪力（单位：kN） 表 7-17

PGA	方向	项目	GM8	GM17	GM6
0.07g	主方向(X向)	ICRPSF	9113	9403	4357
		ICRPSFD	10606	10045	5834
		增幅	16.4%	6.8%	33.9%
	次方向(Y向)	ICRPSF	9009	5729	7522
		ICRPSFD	11472	5847	8041
		增幅	27.3%	2.0%	6.9%
0.2g	主方向(X向)	ICRPSF	23418	23151	11991
		ICRPSFD	24806	21335	15128
		增幅	5.9%	−7.8%	26.2%
	次方向(Y向)	ICRPSF	20018	15363	19694
		ICRPSFD	20897	15755	17304
		增幅	4.4%	2.6%	−12.1%

2. 框架层间位移角比较

图 7-14 为 GM17 地震作用下两种框架各层最大层间位移角对比的包络曲线。表 7-18 为不同水准地震作用下两种框架主、次方向最大层间位移角。在小震作用下，两种框架 1~7 层层间位移角非常相近，由于 ICRPSFD 在 8~9 层布置了中间柱型阻尼器，使得 8~9 层的抗侧刚度大大提高，ICRPSFD 在 8~10 层的层间位移角远小于 ICRPSF，且 ICRPSFD 的最大层间位移角均小于 ICRPSF，最大值位于框架中部，ICRPSFD 的最大层间位移角均小于 1/250 的限值，最大层间位移角为在 GM17 主方向的 0.314%（1/318），即满足带中间柱的 RPSF 结构层间位移角性能目标。

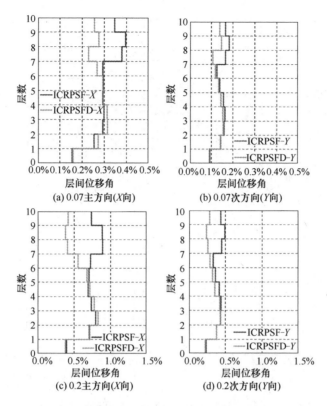

图 7-14 GM17 地震作用下两种框架各层最大层间位移角对比

不同水准地震作用下两种框架最大层间位移角（单位：%）　　　表 7-18

PGA	方向	框架类型	GM8	GM17	GM6
0.07g	主方向（X 向）	ICRPSF	0.438	0.396	0.221
		ICRPSFD	0.293	0.314	0.158
	次方向（Y 向）	ICRPSF	0.320	0.183	0.274
		ICRPSFD	0.285	0.155	0.252
0.2g	主方向（X 向）	ICRPSF	1.01	0.89	0.60
		ICRPSFD	0.90	0.83	0.46
	次方向（Y 向）	ICRPSF	0.85	0.49	0.74
		ICRPSFD	0.71	0.44	0.67

3. 框架各层残余位移角比较

图 7-15 为 GM17 地震作用下两种框架各层最大残余层间位移角对比，两种框架震后最大残余层间位移角的结果详见表 7-19。小震作用时，两种框架的残余层间位移角均很小。除 GM6 次方向外，ICRPSFD 的残余层间位移角均小于 ICRPSF，因为 ICRPSFD 的中间柱型阻尼器的屈服摩擦力小于 ICRPSF，在相同初始预应力的作用下，表现出明显的自动复位优势。中震作用时，由于中间柱型阻尼器发生滑移，除 GM8 外，ICRPSFD 的震后残余层间位移角略大于 ICRPSF。

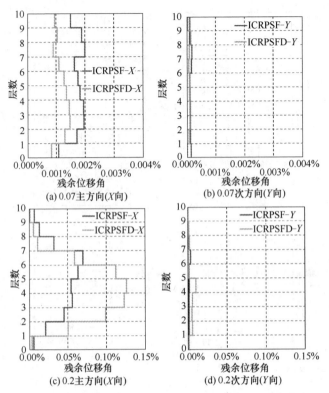

图 7-15 GM17 地震作用下两种框架各层最大层间位移角

不同水准地震作用下两种框架最大残余层间位移角（单位:%）　　　　表 7-19

PGA	方向	框架类型	GM8	GM17	GM6
0.07g	主方向(X 向)	ICRPSF	0.00099	0.00201	0.00265
		ICRPSFD	0.00059	0.00148	0.00067
	次方向(X 向)	ICRPSF	0.00081	0.00018	0.00017
		ICRPSFD	0.00056	0.00013	0.00042
0.2g	主方向(X 向)	ICRPSF	0.11814	0.06985	0.00356
		ICRPSFD	0.07856	0.12610	0.03158
	次方向(X 向)	ICRPSF	0.05400	0.00295	0.07049
		ICRPSFD	0.03544	0.00966	0.09143

4. 中间柱型阻尼器滑移

在小震作用下，带中间柱的 RPSF 结构没有开口。在中震作用下，中间柱摩擦阻尼器的最大滑移量如表 7-20 所示，由表中数据可以看出，ICRPSFD 中的中间柱型阻尼器的最大滑移量均比 ICRPSF 大，虽然 ICRPSFD 设置的摩擦阻尼器个数多于 ICRPSF，但是由于摩擦阻尼器中的高强度螺栓 M20 的个数减小为 4 个，使得摩擦阻尼器更容易产生滑移，进行更多的摩擦耗能，最大滑移为 GM8 作用下的 19.86mm。

5. 框架耗能比较

图 7-16 为两种框架能量耗散对比图，表 7-21 为两种框架的能量数据比较。从图 7-16 和表 7-21 可以看出，ICRPSFD 与 ICRPSF 吸收的总能量基本一致。在小震时，ICRPSFD 和 ICRPSF 吸收的总能量大部分均转化为结构的弹性应变能，只有小部分转化为结构的动

中震下两种框架中间柱摩擦阻尼器最大滑移（单位：mm）　　　　表 7-20

方向	框架类型	GM8	GM17	GM6
主方向（X 向）	ICRPSF	11.91	10.10	0.00
	ICRPSFD	19.86	17.25	4.97
次方向（Y 向）	ICRPSF	6.67	0.00	6.80
	ICRPSFD	14.04	4.11	12.67

能和阻尼耗散能，塑性耗能和摩擦耗能均为 0，说明 ICRPSFD 和 ICRPSF 此时均为弹性状态，且梁柱节点和中间柱的摩擦阻尼器均没有发生开口或滑移。在中震时，ICRPSFD 和 ICRPSF 弹性应变能均有所降低，结构的阻尼耗能和摩擦耗能均有较大增幅，且 ICRPSFD 产生的摩擦耗能均大于 ICRPSF，最大增幅为 GM6 作用下的从 2.88% 增大到 12%，说明此时 ICRPPSFD 的摩擦阻尼器较 ICPSF 更容易产生滑移，具有更多的摩擦耗能。可见合理布置中间柱型阻尼器的个数和摩擦阻尼器的耗能螺栓个数、型号可以在满足层间位移角限值的情况下提高带中间柱的 RPSF 结构的摩擦耗能能力。

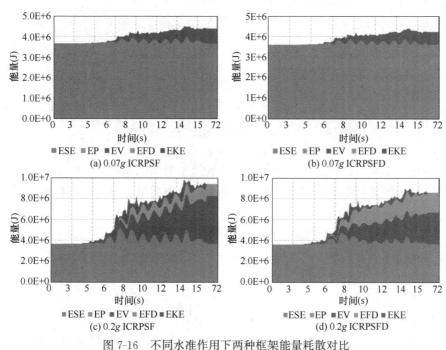

图 7-16　不同水准作用下两种框架能量耗散对比

■ EKE—动能；　■ EFD—摩擦耗能；　■ EV—阻尼耗能；　■ EP—塑性耗能；　■ ESE—弹性应变能

地震作用下两种框架能量　　　　表 7-21

PGA	地震工况	框架类型	WK (J)	ESE (J)	EKE (J)	EP (J)	EV (J)	EFD (J)	ESE/WK	EKE/WK	EP/WK	EV/WK	EFD/WK
0.07g	GM8	ICRPSF	4346540	3680650	67371	0	563746	0	84.68%	1.55%	0.00%	12.97%	0.00%
		ICRPSFD	4434910	3650374	45680	0	696724	0	82.31%	1.03%	0.00%	15.71%	0.00%
	GM17	ICRPSF	4430870	3700663	111658	0	583546	0	83.52%	2.52%	0.00%	13.17%	0.00%
		ICRPSFD	4281560	3694130	11132	0	533482	0	86.28%	0.26%	0.00%	12.46%	0.00%
	GM6	ICRPSF	3983930	3666809	39839	0	242223	0	92.04%	1.00%	0.00%	6.08%	0.00%
		ICRPSFD	3977840	3609094	63248	0	263731	0	90.73%	1.59%	0.00%	6.63%	0.00%

续表

PGA	地震工况	框架类型	WK (J)	ESE (J)	EKE (J)	EP (J)	EV (J)	EFD (J)	ESE/WK	EKE/WK	EP/WK	EV/WK	EFD/WK
0.2g	GM8	ICRPSF	9152630	3737019	315766	10068	4129667	919580	40.83%	3.45%	0.11%	45.12%	10.05%
		ICRPSFD	9886410	3670824	74148	16807	3477050	2602103	37.13%	0.75%	0.17%	35.17%	26.32%
	GM17	ICRPSF	9430260	3783420	530924	0	3939963	1131631	40.12%	5.63%	0.00%	41.78%	12.00%
		ICRPSFD	8630420	3731794	173471	0	2778995	1898692	43.24%	2.01%	0.00%	32.20%	22.00%
	GM6	ICRPSF	6246690	3696791	247369	0	2078274	179905	59.18%	3.96%	0.00%	33.27%	2.88%
		ICRPSFD	6642530	3672655	253745	0	1870536	797104	55.29%	3.82%	0.00%	28.16%	12.00%

注：表中符号含义，WK—总能量；ESE—弹性应变能；EKE—动能；EWK—总耗能；EFD—摩擦耗能；EV—阻尼耗能；EP—塑性耗能。

7.4.4 梁柱节点设计

将预应力钢框架改为刚接框架，形成外围刚接、其余部分铰接的刚接框架。采用常用结构设计软件 ETABS 对刚接框架进行弹性分析。

由刚接框架梁端弯矩计算可恢复预应力钢框架梁柱节点临界开口弯矩 M_{IGO}，这里 α 取 1.2，计算临界开口弯矩：

$$M_{IGO} = \alpha \times M_{des} = 1.2 \times 903 \text{kN} \cdot \text{m} = 1084 \text{kN} \cdot \text{m}$$

式中：M_{des}——ETABS 计算的刚接框架梁柱节点梁端弯矩包络值，这里 M_{des}=903kN；

α——为保证可恢复结构在多遇地震作用下不发生开口，即保证其抗震性能与刚接框架完全一致，α 取值在 1.0~1.2 之间；

M_{IGO}——节点临界开口弯矩 $M_{IGO} \geq \alpha M_{des}$；

根据预应力梁高（600mm），摩擦阻尼器布置 8 个 10.9 级直径为 22mm 的扭剪型高强度螺栓，按照螺栓间距的规定布置成四排两列，摩擦力形心与转动中心的距离经计算为 0.35m，据此计算得出摩擦弯矩：

$$M_f = F_f r = (8 \times 190 \times 2 \times 0.34) \times 0.35 \text{kN} \cdot \text{m} = 361.76 \text{kN} \cdot \text{m}$$

同时预应力梁每侧布置 5 根公称面积为 312.9mm² 抗拉强度等级为 1860MPa 的高强度预应力钢绞线，初始预应力度 n 为：

$$n = \frac{M_{IGO} - M_f}{10 \times 1860 \times 312.9 \times h/2} = (1084 - 361.76) \times 1000 / (10 \times 312.9 \times 0.3 \times 1860) = 0.41$$

所以最终初始预应力度取为 $0.4T_u$。修正后计算节点消压弯矩和临界开口弯矩分别为：

$$M_d = 0.4 \times 10 \times 1860 \times 0.3 \times 312.9 / 1000 \text{kN} \cdot \text{m} = 698.39 \text{kN} \cdot \text{m}$$

$$M_{IGO} = M_d + M_f = 814.79 + 316.76 \text{kN} \cdot \text{m} = 1060.15 \text{kN} \cdot \text{m}$$

7.5 本章小结

本章 7.1 节和 7.2 节在国内外研究基础上，依据前几章的分析结果，结合《建筑抗震设计规范》GB 50011—2010（2016 年版），提出可恢复功能预应力装配式钢框架结构的设计原则、方法和设计流程，并进行了算例验证。得出以下结论：

(1) 首次提出了可恢复功能预应力装配式钢框架"多遇地震无开口、无损伤,设防地震开口耗能且主体结构无损伤、罕遇地震主体结构损伤较小且仍能正常使用"的性能化设计目标,实现结构"中震后无需修理,大震时既保护生命又保护财产安全,大震后既可修又快修,承受密集和较大余震"的设防目标。同时提出了性能化设计准则和设计流程。并通过设计算例验证了该方法的可行性。

(2) 可恢复功能预应力装配式钢框架结构算例表明,通过增大梁高的方法,相应提高预应力钢绞线的数量、规格和摩擦螺栓的数量,可以实现控制层间位移角的目标。

(3) 通过与结构动力时程分析结果比较,本章提出的可恢复功能预应力装配式钢框架结构响应的估算方法具有一定的可靠性,在进行大量实例验证和修正后,可以应用于工程设计中。

本章 7.3 节和 7.4 节提出了可恢复功能预应力钢框架-中间柱型阻尼器结构的设计方法与流程,并将一个经过性能化设计的可恢复功能预应力钢框架-中间柱型阻尼器结构与原结构进行了对比分析。得出以下结论:

(4) 提出了对可恢复功能中间柱预应力钢框架单质点体系进行初步设计的设计方法。在单质点体系进行初步设计的基础上,提出了可恢复功能预应力钢框架-中间柱型阻尼器多质点体系的设计与评估方法,并提出了可恢复功能预应力钢框架-中间柱型阻尼器结构的设计流程。

(5) 经过性能化设计的 ICRPSFD 在小震作用下,ICRPSFD 抗侧刚度相对于 ICRPSF 有较大提高;ICRPSFD 的层间位移角均小于 ICRPSF,ICRPSFD 的最大层间位移角均小于 1/250 的限值,满足中间柱预应力钢框架层间位移角性能目标;ICRPSFD 的残余位移角也均小于 ICRPSF,表现出明显的自动复位优势。

(6) ICRPSFD 在中震作用下,ICRPSFD 的摩擦阻尼器较 ICRPSF 更容易产生滑移,进行更多的摩擦耗能,合理选择中间柱型摩擦阻尼器的个数和摩擦阻尼器的耗能螺栓个数、型号可以在满足层间位移角限值的情况下提高中间柱预应力钢框架的摩擦耗能能力。

第 8 章
带隔震楼盖的可恢复功能预应力装配式钢框架体系抗震性能研究

本章在前文提出的可恢复功能预应力装配式钢框架体系以及对其节点、平面框架和空间框架研究基础上，进一步提出适用于可恢复功能预应力装配式钢框架的隔震楼盖，在提出其基本设计构造与基于动力放大系数的最优结构控制理论基础上，完成带有隔震楼盖的可恢复功能预应力装配式钢框架（Resilient Prestressed Prefabricated Steel Frame with Seismic Isolated Floor System，以下简称 RPPSF-SIFS 框架）振动台试验缩尺模型的设计。研究 RPPSF-SIFS 框架在多维地震作用以及多遇、设防、罕遇以及超罕遇地震下的结构响应。对带有隔震楼盖的可恢复功能预应力装配式钢框架的层间位移角、梁柱开口情况、加速度响应、索力变化、应力、应变、楼板相对位移和复位能力进行研究。根据理论研究发现，RPPSF-SIFS 框架在水平作用下梁柱出现开口，隔震楼盖与主体结构的相对位移使结构重心出现偏移，最终刚心和重心不重合导致结构扭转，因此需要对 RPPSF-SIFS 框架进行扭转效应分析。

8.1 隔震楼盖（SIFS）基本构造

隔震楼盖由传统楼板、槽型承托梁、微型橡胶支座、高强度螺栓、栓钉等组成。微型橡胶支座通过高强度螺栓与钢梁上翼缘和槽型承托梁连接成整体，槽型承托梁与楼板通过栓钉进行连接，楼盖与钢柱之间填充柔性材料和防水砂浆，以便隔震楼盖能够突破约束与可恢复功能预应力装配式钢框架产生相对位移，从而减震耗能。在水平地震作用下，由于微型橡胶支座将楼板与框架梁分隔开，在自复位梁柱节点开口过程中，变形发生在微型橡胶支座位置，有效减小楼板受力，防止楼板因梁柱开口"膨胀效应"产生开裂损伤而致使楼板无法正常使用。在结构进行装配前，预先在可恢复功能框架梁以及槽型承托梁上打孔，然后将槽型承托梁、微型橡胶支座以及可恢复功能预应力装配式钢框架梁三者通过高强度螺栓紧固成整体，最后整体吊装，与钢框架柱完成连接，实现高效装配。钢次梁与槽型承托梁之间的连接设置为铰接。最后在槽型承托梁与钢次梁顶部铺设钢筋桁架楼承板，焊接栓钉，浇筑混凝土，具体构造如图 8-1 所示。可恢复功能预应力装配式梁柱节点（Resilient Functional Fabricated Beam Column Nodes，以下简称 RFFBCN）与可恢复功能预应力梁柱节点（Resilient Functional Beam Column Nodes，以下简称 RFBCN）两类可恢复功能梁柱节点最大的区别是可恢复功能预应力装配式钢框架结构体系梁柱节点可以在地面完成张拉，无需在每层钢梁顶部设置千斤顶进行张拉锚固，很大程度上提升了施工

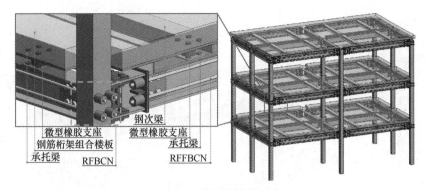

图 8-1 隔震楼盖构造

的便捷性,两类可恢复功能梁柱节点具体构造如图 8-2、图 8-3 所示。

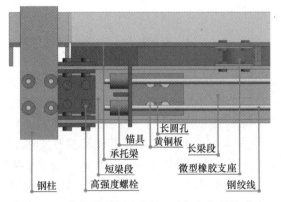

图 8-2 可恢复功能预应力装配式钢框架梁柱节点

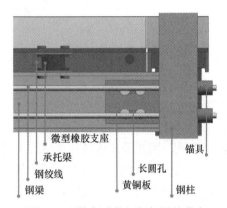

图 8-3 可恢复功能钢框架梁柱节点

8.2 隔震楼盖 (SIFS) 连接属性分析

在可恢复功能预应力装配式钢框架体系的基础上,增设隔震楼盖,形成带隔震楼盖的可恢复功能预应力装配式钢框架体系（RPPSF-SIFS）。在进行整体结构分析之前,首先需要对隔震楼盖与主体结构的连接刚度进行分析。

8.2.1 SIFS 连接构成

如图 8-4 所示,根据 SIFS 的构造特点,从上到下其构造组成主要包括混凝土钢筋桁架楼承板、栓钉、槽型承托梁、上连接板高强度螺栓、微型橡胶支座、下连接板高强度螺栓。其中栓钉与槽型承托梁通过焊接成为整体,不考虑其连接刚度的影响。并且混凝土钢筋桁架楼承板、槽型承托梁以及可恢复功能钢框架梁在结构水平方向可视为刚度无穷大,不考虑三者自身的刚度贡献,构件上仅考虑微型橡胶支座自身的刚度。因此隔震楼盖的刚度组成变为四部分,分别是混凝土钢筋桁架楼承板与槽型承托梁之间的连接 K_{cs}、槽型承托梁与微型橡胶支座上连接板之间的高强度螺栓连接 K_{sm}、微型橡胶支座的水平刚度 K_m、微型橡胶支座下连接板与钢梁之间的高强度螺栓连接 K_{mb}。

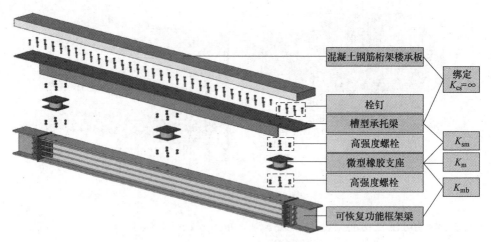

图 8-4 隔震楼盖刚度组成

8.2.2 SIFS 抗侧刚度组成

图 8-5～图 8-7 为隔震楼盖各元件的力-位移曲线。其中混凝土钢筋桁架楼承板与槽型承托梁的连接用理想的刚塑性模型表示,二者在整个楼层水平力作用下几乎不产生相对位移,所以二者具有很高的连接刚度。但钢筋桁架楼承板出现损伤后,位移会持续增大,直至完全失效,因此采用等效刚度 K_{cseq}。槽型承托梁与微型橡胶支座以及微型橡胶支座与可恢复功能框架梁均通过高强度螺栓连接,在较强地震作用下,水平作用突破了受剪承载力后,螺栓将出现滑移,此时刚度出现了变化,因此可采用单个高强度螺栓等效水平刚度 K_{smeq} 和 K_{mbeq}。微型橡胶支座采用的是无铅芯的弹性微型橡胶支座,其模型可视为理想弹性模型,其刚度为 K_m。

如图 8-8 所示,单个 SIFS 连接刚度的依次由 K_{cseq}、K_{smeq}、K_m 和 K_{mbeq} 组成,四部分从上往下依次串联形成联合刚度,联合刚度表达式如式 (8-1) 所示:

$$K_z = \frac{1}{\dfrac{1}{K_{cseq}} + \dfrac{1}{\sum K_{smeq}} + \dfrac{1}{K_m} + \dfrac{1}{\sum K_{mbeq}}} \tag{8-1}$$

SIFS 体系楼板并不会出现开裂等损伤,因此混凝土钢筋桁架楼承板与槽型承托梁在结构服役期间的可视为刚性,即 $K_{cseq} \to \infty$,因此 $1/K_{cseq} \to 0$。同时微型橡胶支座上下连接板一般采用相同的高强度螺栓型号,即 $K_{smeq} = K_{mbeq}$,因此式 (8-1) 可简化为:

$$K_{zi} = \frac{1}{\dfrac{2}{\sum_i^j K_{smeqij}} + \dfrac{1}{K_{mi}}} \tag{8-2}$$

式中:K_{zi}——第 i 个 SIFS 连接总刚度;

K_{smeqij}——第 i 个 SIFS 连接第 j 个高强度螺栓的水平抗剪刚度;

K_{mi}——第 i 个 SIFS 连接微型橡胶支座的水平刚度。

以上是单个 SIFS 连接刚度,但每层隔震楼盖与主体结构连接的刚度都是由多个 SIFS 连接组成,因此每层隔震楼盖刚度的如式 (8-3) 所示:

$$K_z = \sum_i^n K_{zi} \tag{8-3}$$

式中：K_z——该层隔震楼盖总刚度；

K_{zi}——该层隔震楼盖第 i 个 SIFS 连接刚度。

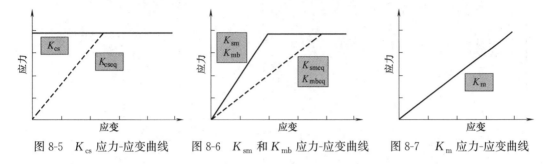

图 8-5 K_{cs} 应力-应变曲线　　图 8-6 K_{sm} 和 K_{mb} 应力-应变曲线　　图 8-7 K_m 应力-应变曲线

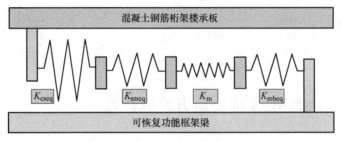

图 8-8 单个 SIFS 连接通用模型

8.2.3 SIFS 抗扭刚度组成

与水平刚度不同的是，隔震楼盖的抗扭刚度不仅取决于各元件自身的刚度，还取决于其形心轴的位置，选取隔震楼盖竖向过楼盖平面形心的轴线作为形心轴，然后计算各元件截面到形心轴的抗扭刚度，计算隔震楼盖总抗扭刚度，最后再完成整层结构抗扭刚度的计算，因此需要先选定隔震楼盖的形心。对于隔震楼盖，其厚度、材料均匀，因此形心位置如图 8-9 所示，位于楼面中心位置。通过图 8-9 不难看出，与 SIFS 抗侧刚度不同的是，各个 SIFS 连接到形心轴的距离都不相同，因此在计算单层 SIFS 抗扭刚度时，应该先计算 SIFS 同类连接元件总抗扭刚度，再进行整层隔震楼盖抗扭刚度的计算。从图 8-10 不难看出，SIFS 各连接元件以串联的形式连接成整体，因此，单层 SIFS 抗扭刚度按照式 (8-4) 进行计算。

$$K_{\varphi z} = \cfrac{1}{\cfrac{2}{\sum_i^k (\rho_{bik}^2 F_{\varphi mbik})} + \cfrac{1}{\sum_i^k (\rho_{mik}^2 G_{mik} A_{mik})}} \tag{8-4}$$

式中：$K_{\varphi z}$——单层 SIFS 抗扭刚度；

ρ_{bi}——第 i 个高强度螺栓中心到极轴的距离；

$F_{\varphi mbi}$——第 i 个高强度螺栓的抗剪承载力；

ρ_{mi}——第 i 个微型橡胶支座中心到极轴的距离；
G_{mi}——第 i 个微型橡胶支座剪切模量；
A_{mi}——第 i 个微型橡胶支座横截面面积。

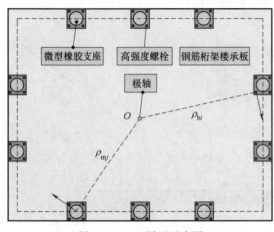

图 8-9　SIFS 平面示意图

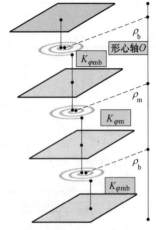

图 8-10　SIFS 抗扭刚度通用模型

8.3　单层 RPPSF-SIFS 结构动力响应原理

在进行多高层 RPPSF-SIFS 结构动力性能分析之前，首先对单层 RPPSF-SIFS 结构的动力性能进行研究。

8.3.1　单层 RPPSF-SIFS 结构平动动平衡方程

依据 D'Alembert 原理，单层 RPPSF-SIFS 结构在运动的任意时刻，除了外部激振力、弹性恢复力外，再加上隔震楼盖惯性力和主体结构的惯性力、阻尼力，在每一个瞬时，单层新体系都处于动力平衡状态，依此建立单层新体系的平动动力平衡方程，获得平动运动方程全解，即隔震楼盖和主体结构位移时程，为下一步推导主体结构与隔震楼盖动力放大系数和水平向减震系数提供依据。

与普通钢结构不同，单层 RPPSF-SIFS 结构隔震楼盖与主体结构能够产生相对位移，所以在外部激振力作用下，隔震楼盖与主体结构具有各自的运动状态，因此将二者视为两个质量源分别建立各自的平衡方程。如图 8-11、图 8-12 所示。单层新体系在水平地震作用下，主体结构承受惯性力、弹性恢复力、阻尼力以及隔震楼盖带给主体结构的反向作用力。隔震楼盖受到惯性力以及微型橡胶支座的弹性恢复力作用。考虑到主体结构为可恢复功能预应力装配式钢框架结构，且梁柱会产生开口，进而腹板摩擦耗能，因此主体结构的阻尼对结构的动力响应的减小有重要影响。而隔震楼盖的微型橡胶支座选用的是无阻尼的微型橡胶支座，其在楼板极限相对位移范围内能够保持弹性，发生变形后仍能自动复位，故不考虑其阻尼效应。

单层 RPPSF-SIFS 主体结构动力平衡方程如式 (8-5) 所示：

$$M\ddot{x}_M + C\dot{x}_M + Kx_M + k(x_M - x_m) = p(t) \quad (8-5)$$

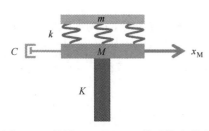

图 8-11 单层 RPPSF-SIFS 体系静止状态

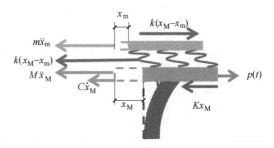

图 8-12 单层 RPPSF-SIFS 体系承受动力荷载

单层 RPPSF-SIFS 隔震楼盖动力平衡方程如式（8-6）所示：

$$m\ddot{x}_m + k(x_m - x_M) = 0 \tag{8-6}$$

式中：M——单层 RPPSF-SIFS 结构重量；

K——单层 RPPSF-SIFS 结构刚度；

C——单层 RPPSF-SIFS 结构阻尼系数；

m——单层 RPPSF-SIFS 结构隔震楼盖重量；

k——第 8.2.2 节求出的微型橡胶支座等效刚度；

x_M——单层 RPPSF-SIFS 结构中主体结构位移；

$\dot{x}_M$——单层 RPPSF-SIFS 结构中主体结构速度；

$\ddot{x}_M$——单层 RPPSF-SIFS 结构中主体结构加速度；

x_m——单层 RPPSF-SIFS 结构中隔震楼盖位移；

$\ddot{x}_m$——单层 RPPSF-SIFS 结构中隔震楼盖加速度；

$p(t)$——单层 RPPSF-SIFS 结构中主体结构承受的简谐荷载。

$$C = 2M\zeta\omega_M \tag{8-7}$$

$$p(t) = p_0 \sin\omega t \tag{8-8}$$

式中：p_0——简谐荷载的幅值；

ω——简谐荷载激振频率；

ζ——单层 RPPSF-SIFS 结构中主体结构阻尼比。

8.3.2 单层 RPPSF-SIFS 结构在地震作用下的响应分析

对于实际结构，很多的动力荷载并不是简谐荷载，也不是按照固定周期变化的荷载，而是随时间变化的任意荷载。因此需要采用适用任意荷载作用下的方法研究单层 RPPSF-SIFS 体系的动力响应。本节采用时域分析方法——Duhamel（杜哈梅）积分法用于处理单层 RPPSF-SIFS 体系的动力响应分析问题。

1. 单位脉冲下单层 RPPSF-SIFS 体系反应函数

单位脉冲指在极短时间内，体系所接受的冲量为 1 的荷载，即 δ 函数。δ 函数是解决线弹性问题中描述点源或者瞬时时刻冲量用途非常广泛的广义函数，它在解决一些非常复杂的极限过程中，给出一个简洁的数学形式。其定义如式（8-9）、式（8-10）所示。

$$\delta(t-\tau) = \begin{cases} \infty & (t=\tau) \\ 0 & (\text{其他}) \end{cases} \tag{8-9}$$

$$\int_0^\infty \delta(t-\tau)\mathrm{d}t = 1 \tag{8-10}$$

在 $t=\tau$ 时刻的一个单位脉冲 $p(t)=\delta(t-\tau)$ 作用在静止的单层 RPPSF-SIFS 体系上，使单层 RPPSF-SIFS 体系的主体结构获得了一个单位冲量。根据动量守恒定律，在单位脉冲结束后，单层 RPPSF-SIFS 体系主体结构和隔震楼盖均获得了一个初速度，如式（8-11）、（8-12）所示。

$$M\dot{x}_\mathrm{M}(\tau+\Delta) = \int_\tau^{\tau+\Delta} p(t)\mathrm{d}t = \int_\tau^{\tau+\Delta} \delta(t-\tau)\mathrm{d}t = 1 \tag{8-11}$$

$$m\dot{x}_\mathrm{m}(\tau+\Delta) = \int_\tau^{\tau+\Delta} p(t)\mathrm{d}t = \int_\tau^{\tau+\Delta} \delta(t-\tau)\mathrm{d}t = 1 \tag{8-12}$$

当单位时间 Δ 趋近于 0 时，单层 RPPSF-SIFS 有阻尼体系的主体结构和隔震楼盖的速度如式（8-13）、式（8-14）所示：

$$\dot{x}_\mathrm{M}(\tau) = \frac{1}{M} \tag{8-13}$$

$$\dot{x}_\mathrm{m}(\tau) = \frac{1}{m} \tag{8-14}$$

由于脉冲作用时间很短，所以单位脉冲引起的单层 RPPSF-SIFS 有阻尼比体系的主体结构和隔震楼盖的位移均为 0，如式（8-15）、（8-16）所示。

$$\dot{x}_\mathrm{M}(\tau) = 0 \tag{8-15}$$

$$\dot{x}_\mathrm{m}(\tau) = 0 \tag{8-16}$$

前面计算的是单层 RPPSF-SIFS 有阻尼体系在简谐荷载下的受迫运动，当简谐荷载为 0 时，整个过程变成了单层 RPPSF-SIFS 有阻尼体系主体结构和隔震楼盖的自由振动。将 $p_0=0$ 以及式（8-15）、式（8-16）代入得式（8-17）、式（8-18）：

$$x_\mathrm{M}(t) = \frac{1}{M\omega_\mathrm{sD}} e^{-\zeta\omega_\mathrm{s}t} \sin\omega_\mathrm{sD}t \tag{8-17}$$

$$x_\mathrm{m}(t) = \frac{1}{m\omega_\mathrm{m}} \sin\omega_\mathrm{m}t \tag{8-18}$$

求解单层 RPPSF-SIFS 体系单位脉冲下的反应，及时求解单层体系作用后的自由振动的问题，式（8-15）与式（8-16）相当于给出求解的初始条件，替换 τ 时刻单层 RPPSF-SIFS 体系位移和速度的初始条件，便可得到单层 RPPSF-SIFS 有阻尼体系主体结构和隔震楼盖的单位脉冲反应函数，如式（8-19）、式（8-20）所示。

$$h_\mathrm{M}(t-\tau) = x_\mathrm{M}(t) = \frac{1}{M\omega_\mathrm{sD}} e^{-\zeta\omega_\mathrm{s}(t-\tau)} \sin[\omega_\mathrm{sD}(t-\tau)] \tag{8-19}$$

$$h_\mathrm{m}(t-\tau) = x_\mathrm{m}(t) = \frac{1}{m\omega_\mathrm{m}} \sin\omega_\mathrm{m}(t-\tau) \tag{8-20}$$

2. 任意荷载作用下单层 RPPSF-SIFS 体系反应函数

获得单层 RPPSF-SIFS 有阻尼体系单位脉冲反应函数后，即可分析单层 RPPSF-SIFS 有阻尼体系在任意荷载作用下的结构响应。因此单层 RPPSF-SIFS 有阻尼体系在强震后果后也基本处于线弹性状态，所以可以将受到的地震荷载分解成一系列的单位脉冲的叠加，在计算完成每一个单位脉冲作用后，将单层 RPPSF-SIFS 有阻尼体系的响应进行叠加便得到了结构的总反应，即对式（8-19）、式（8-20）进行积分，积分函数结果如式（8-21）、

式 (8-22) 所示。

$$x_M(t) = \int_0^t \frac{1}{M\omega_{sD}} p(\tau) e^{-\zeta\omega_s(t-\tau)} \sin[\omega_{sD}(t-\tau)] d\tau \quad (8-21)$$

$$x_m(t) = \int_0^t \frac{1}{m\omega_m} p(\tau) \sin[\omega_m(t-\tau)] d\tau \quad (8-22)$$

8.4 多高层 RPPSF-SIFS 体系平动响应分析

8.4.1 多高层 RPPSF-SIFS 体系平动动平衡方程的建立

在单层新体系动力平衡方程的基础上，利用直接平衡法以矩阵的形式建立多高层新体系的平动动力平衡方程，通过静力凝聚法消除其竖向自由度，以有效减小体系动力计算工作量，再利用 Duhamel 积分法求解多高层新体系的运动方程，获得了考虑隔震楼盖与主体结构运动耦合的多高层新体系的隔震楼盖位移 u_m、主体结构位移 u_M 等动力响应，根据新体系楼面位移响应，进而获得水平向减震系数 β。

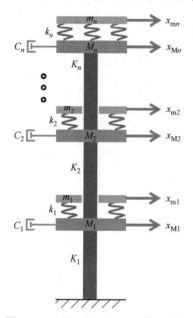
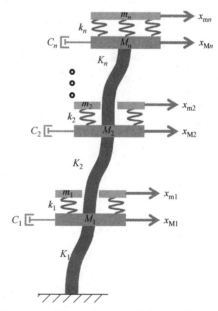

图 8-13　n 层 RPPSF-SIFS 静止状态　　　图 8-14　n 层 RPPSF-SIFS 承受动力荷载状态

在单层 RPPSF-SIFS 结构的基础上，进一步研究多高层 RPPSF-SIFS 结构整体模型的动力性能。以 n 层结构为例进行动力性能分析，理论模型如图 8-13 所示。楼板与预应力钢框架梁之间设置了微型橡胶支座，所以楼板与钢梁在平面内能够产生相对运动，并且具有恢复力。与单层 RPPSF-SIFS 结构一样，主体结构为可恢复功能预应力装配式钢框架结构，且梁柱会产生开口，进而腹板摩擦耗能，因此主体结构的阻尼对结构的动力响应的减小有重要影响。而隔震楼盖的微型橡胶支座选用的是无阻尼的微型橡胶支座，其在楼板极限相对位移范围内能够保持弹性，发生变形后仍能自动复位，故不考虑其阻尼效应。因为在隔震楼盖与框架柱之间填充有柔性材料，在水平地震作用时，楼板能够突破柔性材料约束，与钢梁产生相对位移，柔性材料的刚度远小于楼板与框架刚度，故不考虑其影响作用。结构承受水平荷载作用的变形如图 8-14 所示。

n 层 RPPSF-SIFS 整体结构动力平衡方程组如式（8-23）所示。

$$\begin{bmatrix} M_n & & & & & & & \\ & m_n & & & & 0 & & \\ & & M_{n-1} & & & & & \\ & & & \ddots & & & & \\ & & & & M_2 & & & \\ & & & & & m_2 & & \\ & 0 & & & & & M_1 & \\ & & & & & & & m_1 \end{bmatrix} \begin{Bmatrix} \ddot{x}_{Mn} \\ \ddot{x}_{mn} \\ \ddot{x}_{Mn-1} \\ \vdots \\ \ddot{x}_{M2} \\ \ddot{x}_{m2} \\ \ddot{x}_{M1} \\ \ddot{x}_{m1} \end{Bmatrix} + \begin{bmatrix} C_n & & & & & & & \\ & 0 & & & & 0 & & \\ & & C_{n-1} & & & & & \\ & & & \ddots & & & & \\ & & & & C_2 & & & \\ & & & & & 0 & & \\ & 0 & & & & & C_1 & \\ & & & & & & & 0 \end{bmatrix} \begin{Bmatrix} \dot{x}_{Mn} \\ 0 \\ \dot{x}_{Mn} \\ \vdots \\ \dot{x}_{M2} \\ 0 \\ \dot{x}_{M1} \\ 0 \end{Bmatrix}$$

$$\begin{bmatrix} K_n+k_n & -k_n & -K_n & \cdots & & & & \\ -k_n & k_n & 0 & \cdots & & 0 & & \\ -K_n & 0 & K_n+K_{n-1}+k_{n-1} & \cdots & & & & \\ \vdots & \vdots & \vdots & \ddots & & & & \\ & & & & K_2+K_3+k_2 & -k_2 & -K_2 & 0 \\ & & & & -k_2 & k_2 & 0 & 0 \\ & 0 & & & -K_2 & 0 & K_1+K_2+k_1 & -k_1 \\ & & & & 0 & 0 & -k_1 & k_1 \end{bmatrix} \begin{Bmatrix} x_{Mn} \\ x_{mn} \\ x_{Mn-1} \\ \vdots \\ x_{M2} \\ x_{m2} \\ x_{M1} \\ x_{m1} \end{Bmatrix} = \begin{Bmatrix} p_{2n} \\ p_{2n-1} \\ p_{2n-2} \\ \vdots \\ p_4 \\ p_3 \\ p_2 \\ p_1 \end{Bmatrix}$$

(8-23)

简写成式（8-24）：

$$[M]_{2n}\{\ddot{x}\}_{2n}+[C]_{2n}\{\dot{x}\}_{2n}+[K]_{2n}\{x\}_{2n}=\{p\}_{2n} \tag{8-24}$$

$$\begin{Bmatrix} x_{Mn} \\ x_{mn} \\ x_{Mn-1} \\ \vdots \\ x_{M2} \\ x_{m2} \\ x_{M1} \\ x_{m1} \end{Bmatrix} = \begin{Bmatrix} A_{Mn}\sin\omega_{sn}t \\ A_{mn}\sin\omega_{mn}t \\ A_{Mn-1}\sin\omega_{sn-1}t \\ \vdots \\ A_{M2}\sin\omega_{s2}t \\ A_{m2}\sin\omega_{m2}t \\ A_{M1}\sin\omega_{s1}t \\ A_{m1}\sin\omega_{m1}t \end{Bmatrix} \tag{8-25}$$

式中： n——RPPSF-SIFS 体系层数；

K_1、K_2、K_n——分别为 n 层 RPPSF-SIFS 体系主体结构的 1 层、2 层及 n 层刚度；

M_1、M_2、M_n——分别为 n 层 RPPSF-SIFS 体系主体结构的 1 层、2 层及 n 层结构重量；

C_1、C_2、C_n——分别为 n 层 RPPSF-SIFS 体系主体结构的 1 层、2 层及 n 层结构阻尼系数；

k_1、k_2、k_n——分别为 n 层 RPPSF-SIFS 体系 1 层、2 层及 n 层隔震楼盖与主体结构连接刚度；

m_1、m_2、m_n——分别为 n 层 RPPSF-SIFS 体系 1 层、2 层及 n 层隔震楼盖的重量；

x_{M1}、x_{M2}、x_{Mn}——分别为 n 层 RPPSF-SIFS 体系 1 层、2 层及 n 层主体结构位移响应；

$\dot{x}_{M1}$、$\dot{x}_{M2}$、$\dot{x}_{Mn}$——分别为 n 层 RPPSF-SIFS 体系 1 层、2 层及 n 层主体结构速度响应；

$\ddot{x}_{M1}$、$\ddot{x}_{M2}$、$\ddot{x}_{Mn}$——分别为 n 层 RPPSF-SIFS 体系 1 层、2 层及 n 层主体结构加速度响应；

p_2、p_4、p_{2n}——分别为 n 层 RPPSF-SIFS 体系 1 层、2 层及 n 层主体结构外部荷载；

x_{m1}、x_{m2}、x_{mn}——分别为 n 层 RPPSF-SIFS 体系 1 层、2 层及 n 层隔震楼盖位移；

$\ddot{x}_{m1}$、$\ddot{x}_{m2}$、$\ddot{x}_{mn}$——分别为 n 层 RPPSF-SIFS 体系 1 层、2 层及 n 层隔震楼盖加速度响应；

p_1、p_3、p_{2n-1}——分别为 n 层 RPPSF-SIFS 体系 1 层、2 层及 n 层隔震楼盖外部荷载；

$[M]_{2n}$——n 层 RPPSF-SIFS 体系总质量矩阵；

$[C]_{2n}$——n 层 RPPSF-SIFS 体系阻尼系数矩阵，为分析方便，忽略结构中的速度耦联项；

$[K]_{2n}$——n 层 RPPSF-SIFS 体系总刚度矩阵；

$\{\ddot{x}\}_{2n}$——n 层 RPPSF-SIFS 体系总加速度响应列向量；

$\{\dot{x}\}_{2n}$——n 层 RPPSF-SIFS 体系总速度响应列向量；

$\{x\}_{2n}$——n 层 RPPSF-SIFS 体系总位移响应列向量；

$\{p\}_{2n}$——n 层 RPPSF-SIFS 体系总简谐荷载向量；

A_{M1}、A_{M2}、A_{Mn}——分别为框 n 层 RPPSF-SIFS 体系主体结构 1 层、2 层及 n 层的结构振幅；

A_{m1}、A_{m2}、A_{mn}——分别为 n 层 RPPSF-SIFS 体系 1 层、2 层及 n 层隔震楼盖振幅；

ω——简谐荷载激振频率；

ω_{Mi}——第 i 层主体结构的圆频率；

ω_{mi}——第 i 层隔震楼盖的圆频率。

8.4.2 多高层 RPPSF-SIFS 无阻尼体系的谱矩阵和振型矩阵

对于多高层 RPPSF-SIFS 有阻尼体系和多高层 RPPSF-SIFS 无阻尼体系，一般结构的阻尼比较小，对频率的影响较小，并且有无阻尼比几乎不影响体系的振型，因此有无阻尼对谱矩阵和振型矩阵的影响较小。可以利用无阻尼体系谱矩阵和振型矩阵求解多高层 RPPSF-SIFS 有阻尼体系。

多高层 RPPSF-SIFS 无阻尼体系自由振动运动方程：

$$[M]_{2n}\{\ddot{u}\}_{2n}+[K]_{2n}\{u\}_{2n}=\{0\} \tag{8-26}$$

将式（8-25）代入（8-26）得：

$$([K]_{2n}-\omega_s^2[M]_{2n})\{\Phi\}_{2n}=\{0\} \tag{8-27}$$

求解得到无阻尼体系下的谱矩阵式（8-28）和归一化的振型矩阵式（8-29）如下：

$$[\omega_s^2]_{2n} = \begin{Bmatrix} \omega_{sn}^2 & & & & \\ & \omega_{mn}^2 & & & \\ & & \ddots & & \\ & & & \omega_{s1}^2 & \\ & & & & \omega_{m1}^2 \end{Bmatrix} \quad (8\text{-}28)$$

$$[\Phi]_{2n} = \begin{Bmatrix} \phi_{11} & \cdots & \phi_{1,2n} \\ \vdots & \ddots & \vdots \\ \phi_{2n,1} & \cdots & \phi_{2n,2n} \end{Bmatrix} \rightarrow [\{\tilde{\phi}\}_1 \ \{\tilde{\phi}\}_2 \ \cdots \ \{\tilde{\phi}\}_{2n}] \quad (8\text{-}29)$$

设 $[\Phi]_{2n}$ 为 n 层 RPPSF-SIFS 体系的振型矩阵，$[x]_{2n} = [\Phi]_{2n}\{q\}_{2n}$，左乘 $[\Phi]_{2n}^T$ 式 (8-30) 变为：

$$[\Phi]_{2n}^T [M]_{2n} [\Phi]_{2n} \{\ddot{u}\}_{2n} + [\Phi]_{2n}^T [C]_{2n} [\Phi]_{2n} \{\dot{u}\}_{2n} + [\Phi]_{2n}^T [K]_{2n} [\Phi]_{2n} \{u\}_{2n} = [\Phi]_{2n}^T \{p\}_{2n}$$
$$(8\text{-}30)$$

8.4.3 多高层 RPPSF-SIFS 体系平衡方程的求解

在前面章节中，已经完成了多高层 RPPSF-SIFS 体系平衡方程的建立，下面将在单层 RPPSF-SIFS 体系求解的基础上，结合谱矩阵和振型矩阵，进一步对多高层 RPPSF-SIFS 体系平衡方程进行求解。

式 (8-30) 是 n 层 RPPSF-SIFS 体系经过正则化后的方程，其中 $[\Phi]_{2n}^T [M]_{2n} [\Phi]_{2n}$、$[\Phi]_{2n}^T [K]_{2n} [\Phi]_{2n}$ 均为对角矩阵，已经实现了位移和加速度解耦，但不能保证 $[\Phi]_{2n}^T [C]_{2n} [\Phi]_{2n}$ 是对角阵，可能存在速度耦联，这说明 $[\Phi]_{2n}^T [C]_{2n} [\Phi]_{2n}$ 可能不是正则坐标。为了方便分析，将其近似看成对角阵，所以才有了式 (8-30) 中阻尼矩阵为对角阵的情况。

采用能够满足正交条件的经典阻尼，即 Rayleigh 阻尼：

$$[C]_{2n} = a_0 [M]_{2n} + a_1 [K]_{2n} \quad (8\text{-}31)$$

式中：a_0、a_1——试验测定的一阶振型阻尼比 ω_k 和二阶振型阻尼比 ω_j 的经验系数，其解析表达式为：

$$\begin{Bmatrix} a_0 \\ a_1 \end{Bmatrix} = \frac{2\omega_k \omega_j}{\omega_k^2 - \omega_j^2} \begin{bmatrix} \omega_j & -\omega_k \\ -\dfrac{1}{\omega_j} & \dfrac{1}{\omega_k} \end{bmatrix} \begin{Bmatrix} \zeta_k \\ \zeta_j \end{Bmatrix} \quad (8\text{-}32)$$

令 ζ_i 为第 i 阶振型的阻尼比，则有：

$$C_i = 2\zeta_{2i} \omega_i M_i \quad (8\text{-}33)$$

将 $[\Phi]_{2n}^T [M]_{2n} [\Phi]_{2n}$、$[\Phi]_{2n}^T [K]_{2n} [\Phi]_{2n}$、$[\Phi]_{2n}^T [C]_{2n} [\Phi]_{2n}$ 均转换为对角矩阵后，可以采用在单层 RPPSF-SIFS 体系动力反应中的有关方法进行计算，依旧采用 Duhamel 积分法求解各层主体结构和隔震楼盖的动力响应，分别为式 (8-34)、式 (8-35)。

$$u_{2i}(t) = \frac{1}{M_i \omega_{si}} \int_0^t p_{2i}(\tau) e^{-\zeta_{2i} \omega_{si}(t-\tau)} \sin\omega_{si}(t-\tau) d\tau \quad (8\text{-}34)$$

$$u_{2i-1}(t) = \frac{1}{m_i \omega_{mi}} \int_0^t p_{2i-1}(\tau) \sin\omega_{mi}(t-\tau) d\tau \tag{8-35}$$

考虑到 n 层 RPPSF-SIFS 体系初始条件的位移和速度一般为 0，故不考虑其特解，所以 n 层 RPPSF-SIFS 体系主体结构和隔震楼盖的动力响应的全解为：

$$u_M(t) = \sum_{i=1}^{n} \{\Phi\}_{2i} u_{2i}(t) \tag{8-36}$$

$$u_m(t) = \sum_{i=1}^{n} \{\Phi\}_{2i-1} u_{2i-1}(t) \tag{8-37}$$

8.5 RPPSF-SIFS 原型结构设计

依据国内外规范及学者相关研究，结合隔震楼盖、可恢复功能预应力装配式钢框架结构体系特点和我国现行抗震设计规范、钢结构设计标准，设计了一个带有隔震楼盖的可恢复功能预应力装配式钢框架的 3 层原型结构，结构具体设计参数如表 8-1 所示。

结构设计参数　　　　　　　　　　　表 8-1

类别	设计参数
设计使用年限	50 年
安全等级	二级
抗震设防类别	重点设防类
设防烈度	8 度
设计基本地震加速度	0.2g
场地类别	Ⅲ类
楼面恒荷载	5.0kN/m²
楼面活荷载/屋面活荷载	2.0kN/m²
雪荷载	0.45kN/m²

结构平面如图 8-15 所示，根据表 8-1 设计了一个带隔震楼盖的可恢复功能预应力装配式钢框架原型结构。结构共 3 层，层高 4.8m。横向 4 跨，跨度 5m，纵向 4 跨，跨度 9m，用途按商场进行设计。如图 8-15 所示，带隔震楼盖的可恢复功能预应力装配式钢框

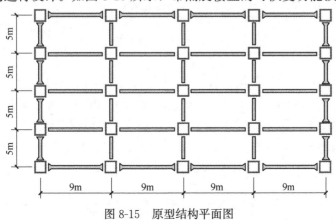

图 8-15　原型结构平面图

架最外围深色的钢梁为预应力钢框架梁，中间浅色部分为铰接框架梁。梁柱节点采用可恢复功能预应力装配式钢框架梁柱连接方式，框架柱采用□400×400×24 钢，框架梁采用 H600×300×20×30 钢，其余梁柱节点采用铰接连接。耗能用的高强度螺栓和梁柱连接用的高强度螺栓规格为 M24。钢绞线采用 $\phi 1mm \times 19$ 规格，公称直径 21.8mm，公称面积为 312.9mm^2，名义极限强度 1860MPa，单根预应力钢绞线初始预应力取 $0.25T_u$。

8.6 RPPSF-SIFS 振动台试验设计

在进行 RPPSF-SIFS 振动台试验设计时，首先根据振动台尺寸、承载能力等确定长度、材料弹性模量和加速度基本物理量，再采用似量纲分析法和人工质量模型进行其余物理量的相似设计。

8.6.1 加载设备

振动台模型试验在北京建筑大学大型多功能振动台阵试验室完成，试验室具有载重 60t、台面尺寸 5m×5m 的三向六自由度多功能地震模拟振动台四台，每台可单独控制，也可双台、三台或四台组成台阵系统联动，试验选取其中一台进行测试。加载设备主要参数如表 8-2 所示。

振动台主要技术参数　　　　表 8-2

类型		参数
台面尺寸		5m×5m
台面质量		30t
最大试件质量		60t
振动方向		三向六自由度
垂直方向	位移	±200mm
	速度	±1000mm/s
	加速度	±1.2g
水平方向	位移	±400mm
	速度	±1200mm/s
	加速度	±1.5g

8.6.2 相似关系设计

式（8-38）是动力学基本平衡方程，可以看出，在结构振动过程中，参与的动力主要有结构惯性力、阻尼力和弹性恢复力。由以上三个力可以看出，结构对材料密度、弹性模量要求应十分严格，两个参数直接影响了结构自振频率。根据量纲协调原理，将密度、加速度、长度以及弹性模量代入式（8-39），得式（8-40），简化后得式（8-41）。

$$m\ddot{x}(t)+c\dot{x}(t)+kx(t)=m\ddot{x}_g(t) \tag{8-38}$$

$$S_m S_{\ddot{x}}+S_c S_{\dot{x}}+S_k S_x=S_m S_{\ddot{x}g} \tag{8-39}$$

$$S_\rho S_l^2 S_a + S_E \sqrt{\frac{S_l^3}{S_a}} \sqrt{S_l S_a} + S_E S_l^2 = 0 \tag{8-40}$$

$$\frac{S_E}{S_\rho S_l S_a} = 1 \tag{8-41}$$

RPPSF-SIFS 振动台试验相似设计的基本方法是：首先确定式（8-41）中的 3 个基本相似常数；由式（8-41）求出需要的第 4 个相似常数；再由似量纲分析法推广确定其余全部的相似常数。3 个可控相似常数因研究问题而异，一般可选用长度、弹性模量、加速度 3 个基本的相似常数作为可控相似常数。

综合考虑振动台台面尺寸、试验室竖向高度、吊车吊装上限、振动台载重极限等参数。在满足上述基本参数要求之后，应尽可能取较大值，降低缩尺模型引起的误差。最终确定结构长度相似常数 $S_l=1/4$。根据 RPPSF-SIFS 振动台试验模型的主要材料：Q355B 钢材和 C30 混凝土，振动台试验模型与原型结构的强度相似常数为 $S_\sigma=S_E=1$。加速度相似常数 S_a 决定着模型结构是否能够反映原型结构在各种烈度下的真实地震反应，根据振动台试验的台面加速度限值、承载力以及吊车承载力原型结构最大水准下的地面加速度峰值等因素，RPPSF-SIFS 振动台试验加速度相似常数 $S_a=2$。根据 S_l、S_σ、S_a 确定的式（8-41）推算密度相似常数 $S_\rho=2$。其余相似系数如表 8-3 所示。

相似系数 表 8-3

类型	物理量	相似关系
几何性能	长度	$S_l=0.25$
	面积	$S_A=0.0625$
	线位移	$S_d=S_l=0.25$
	角位移	$S_r=1.00$
材料性能	应力	$S_\sigma=1.00$
	弹性模量	$S_E=S_\sigma=1.00$
	质量密度	$S_\rho=1.00$
	质量	$S_m=S_\rho S_l^3=0.0313$
荷载性能	集中力	$S_F=S_l^2=0.0625$
	线荷载	$S_q=S_\sigma S_l=0.25$
	面荷载	$S_p=S_\sigma=1.00$
	弯矩	$S_M=S_\sigma S_l^2=0.0156$
动力性能	周期	$S_t(S_T)=(S_l/S_a)^{0.5}=0.3536$
	速度	$S_v=(S_l S_a)^{0.5}=0.8409$
	频率	$S_f=1/S_T=2.8284$
	加速度	$S_a=2.00$

8.6.3 RPPSF-SIFS 试验模型设计

测试模型采用了原型结构的一部分，并对其重新进行设计，它的平面几何形状和尺寸是根据相似性系数、材料性能以及振动台台面尺寸确定的。图 8-16 为微型橡胶支座的平面布置图，图8-17为模型的最终状态。表8-4是测试模型中所用构件参数。

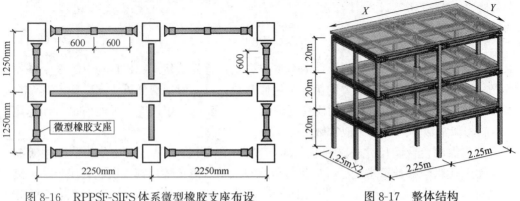

图8-16 RPPSF-SIFS体系微型橡胶支座布设　　图8-17 整体结构

试验模型构件　　　　　　　　　　　表8-4

构件	截面尺寸（mm）
钢框架柱	□100×100×6×6
钢框架梁	H150×100×6×9
钢次梁	H100×50×5×7
槽型承托梁	C 160×60×10×10
高强度螺栓（腹板连接）	10.9S M12
高强度螺栓（铰接框架梁）	10.9S M16

8.6.4 RPPSF-SIFS模型加工及安装

RFBCN的预应力钢绞线通长且不分段，需要穿过钢柱，并锚固在柱端，因此需要在钢柱壁上设置如图8-18（a）、（b）所示的穿索孔。在打好柱壁穿索孔后，需要焊接梁柱连接处的柱内隔板，如图8-18（c）所示。采用可恢复功能预应力装配式钢框架将加工好的长梁与短梁段拼接成整体，通过高强度螺栓连接成整体，如图8-18（d）所示。

在完成RPPSF-SIFS 3层振动台试验模型构件工后，先安装钢梁与框架柱，完成第1榀框架，组装后的状态如图8-19（a）所示；然后组装第2榀框架，并与第1榀框架组装，组装后的状态如图8-19（b）所示；最后组装第3榀框架，并与第1、2榀框架组装，组装后的状态如图8-19（c）所示；完成梁柱安装后，对框架梁上翼缘进行定位，进行微型橡胶支座连接孔的设置，如图8-19（d）所示；将微型橡胶支座放置在可恢复功能框架梁上翼缘，通过高强度螺栓将微型橡胶支座与可恢复功能框架梁连接成整体，如图8-19（e）所示；在微型橡胶支座安装完成后，将槽型承托梁倒扣在微型橡胶支座上方，需要将高强度螺栓从下往上依次穿过微型橡胶支座与槽型承托梁，然后将其紧固，如图8-19（f）所示；槽型承托梁安装完成后，安装钢次梁，如图8-19（g）所示，至此钢结构部分安装完成，其安装完成后的状态如图8-19（h）所示。之后铺设混凝土压型钢板楼板，在铺设压型钢板时，需要先切割出用于槽型承托梁连接的高强度螺栓部分，防止压型钢板翘起，然

(a) 钢柱打孔

(b) RFBCN穿索孔

(c) 焊接柱内隔板

(d) 拼接长短梁

图 8-18　钢柱、钢梁加工

后将栓钉焊接在下方有钢次梁和槽型承托梁的位置，之后架设钢筋，最后在局部位置支设模板，浇筑混凝土，主体结构安装完成，如图 8-19（i）～（k）所示。

(a) 第1榀框架组装

(b) 第2榀框架组装

图 8-19　3层 RPPSF-SIFS 振动台试验模型安装（一）

(c) 第3榀框架组装

(d) 钢梁上翼缘打孔

(e) 安装微型橡胶支座

(f) 安装槽型承托梁

(g) 安装钢次梁

(h) 主体结构安装完成

图 8-19 3层 RPPSF-SIFS 振动台试验模型安装（二）

(i) 放置压型钢板、焊接栓钉　　　　　(j) 铺设钢筋　　　　　(k) 浇筑混凝土

图 8-19　3 层 RPPSF-SIFS 振动台试验模型安装（三）

8.6.5　RPPSF-SIFS 模型张拉

图 8-20 为试验结构张拉分布图，其中 RFFBCN 布置在结构的长跨方向，而可恢复功能梁柱节点布置在结构短跨方向。图 8-21 为 RFFBCN 预应力钢绞线张拉过程，从图中不难看出，单个工人在地面即可完成张拉，张拉工序可以在施工现场也可以在工厂完成，张拉完成后便可以跟普通的装配式钢梁一样进行安装。而 RFBCN 只能在施工现场进行安装与张拉，如图 8-22、图 8-23 所示，施工人员需要在高处完成穿索、设置锚具、将预应力钢绞线穿过千斤顶及张拉等工作，如果短跨的跨度较长，其预应力钢绞线的长度较长，不易进行钢绞线穿过钢柱的工作。因此 RFBCN 的张拉工作繁多、不宜施工、危险性高。同时为防止结构受力不均，还需要占用两台吊车进行对称张拉，施工效率较低，而 RFFBCN 可单根钢梁张拉。RFFBCN 和 RFBCN 中预应力钢绞线的张拉顺序是一样，按照图 8-24 中 1—2—3—4 的顺序进行张拉。RFBCN 为防止整体结构变形过大，需左右两边对称张拉。待结构所有钢绞线全部张拉完成后，进行钢筋桁架楼承板的安装，之后焊接栓钉，铺设钢筋，最后浇筑混凝土，结构加工完成后的样子如图 8-25 所示。

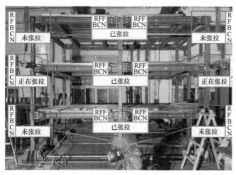 

图 8-20　张拉分布　　　　　　　　　图 8-21　张拉过程

8.6.6　配重设计

模型结构采取考虑附加质量的混合相似模型。附加质量通过 40mm 厚附加混凝土层和配重两种方案实现。用以模拟结构楼屋面装饰层恒荷载和活荷载。40mm 厚附加混凝土

图 8-22　RFBCN 钢绞线安装

图 8-23　RFBCN 索张拉

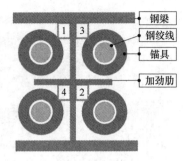
图 8-24　张拉顺序

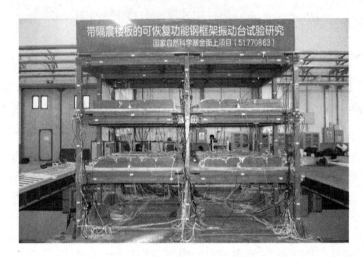
图 8-25　振动台试验模型

层同楼板混凝土在工厂同时现浇,每层提供附加质量 1057.5kg。利用配重块提供其余附加质量。实验室提供配重块的规格为 20kg/块,每层在考虑防护挡板的基础上通过计算求得 1~3 层配重块数量为 120 块。模型结构理论质量和人工附加质量配置方案见表 8-5。

荷载计算　　　　　　　　　　　　　　　　表 8-5

层号	质量类型	荷载大小(kg)	折减系数	总质量(kg)
F1	自重恒荷载	2549.0	1.0	4802.5
F1	楼面恒荷载	1057.5	1.0	4802.5
F1	楼面活荷载	2392.0	0.5	4802.5
F2	自重恒荷载	2641.7	1.0	4895.2
F2	楼面恒荷载	1057.5	1.0	4895.2
F2	楼面活荷载	2392.0	0.5	4895.2
F3	自重恒荷载	2453.4	1.0	4706.9
F3	楼面恒荷载	1057.5	1.0	4706.9
F3	楼面活荷载	2392.0	0.5	4706.9
模型总重/kg				17992.6

8.6.7 材料属性

结构主体部分钢材采用 Q355B 钢。根据《金属材料 拉伸试验 第 1 部分：室温试验方法》GB/T 228.1—2021，对钢柱、自复位框架梁、槽型承托梁以及滑动次梁所用到的板件厚度进行了材性试验。每种厚度做三次取均值，力学参数的试验结果列于表 8-6。可以看出，所有构件的屈强比（屈服强度与抗拉强度之比）都小于 0.8，伸长率不小于 20%。本研究中使用的热轧型钢符合钢结构体系中强度和延性的要求。钢绞线因为两个方向构造不同故选用不同直径的预应力钢绞线。长跨方向的可恢复功能预应力装配式钢框架钢绞线直径 12.7mm，强度 1870MPa，预紧力 41.6kN，$T/T_u=0.2$。短跨方向的可恢复功能预应力装配式钢框架钢绞线直径 9.53mm，强度 1870MPa，预紧力 41.6kN，$T/T_u=0.31$。

材料性能指标　　　　　　　　　表 8-6

序号	厚度(mm)	屈服强度(MPa)	极限强度(MPa)	弹性模量(MPa)	伸长率
1	10	393	684	234855	22.2%
2	8	367	623	219091	22.5%
3	6	385	618	230124	22.5%

采用压型钢板混凝土组合楼板。压型钢板选用 YX38-215-645 板，厚度 1.2mm。铺设好压型钢板后，通过直径 10mm、水平与纵向间距为 100mm 的抗剪栓钉与钢梁的上翼缘直接焊接成整体，以传递板的水平剪力。之后架设钢筋，钢筋等级为 HRB400，直径 6mm，其抗拉强度为 400MPa。最后浇筑混凝土。混凝土等级为 C30，厚度为 40mm，其立方体抗压强度为 30MPa。

8.6.8 地震动的选取及加载工况

根据场地情况和设防烈度，选择 1 个人工地震动和 2 个自然地震动记录的南北向和东西向（此处为方便理解，定为 X 向与 Y 向），即 Chi-Chi 地震波和 El-centro 地震波，来评价不同地震烈度下的抗震性能。三条自然地震记录的基底剪力与振型分解反映谱法计算的基底剪力相比不超过 35%，平均不超过 20%，符合《建筑抗震设计标准》GB/T 50011—2010（2024 年版）的要求。在相同的 PGA 下加载时，输入地震激励的顺序是确定的：Chi-Chi→El-centro-Artificial，如图 8-26 所示。为了确定模态参数和破坏状态，在每个不同强度的地震激励前后都要输入一个 PGA 为 $0.05g$ 的低振幅白噪声激励。表 8-7 说明了振动台试验的加载工况。输入振动台的地面运动是根据地震设计要求和模型的相似性关系确定的。在试验加载条件下，根据加速度 $S_a=2.0$ 的比例系数，考虑了 7 种不同地震强度的地面运动。7 种台面输入的情况对应的 PGA 从高到低分别为 $0.14g$、$0.40g$、$0.80g$、$1.02g$、$1.24g$ 和 $1.50g$，用表 8-7 中的 a 所代替，其中主向：次向：竖向的比值为 1：0.85：0.65。其中"Chi-Chi-XY-XY"中前一个"XY"含义是 X 向地震波作用于结构 X 向，Y 向地震波作用于结构 Y 向，后一个"XY"含义是结构的 X 向是主向，结构的 Y 向是次向。"ELC-YX-YX"中前一个"YX"含义是 Y 向地震波作用于结构 X 向，X 向地震波作用于结构 Y 向，后一个"YX"含义是结构的 Y 向是主向，结构的 X 向是次向，ART 与三向地震地震波命名方式同理。

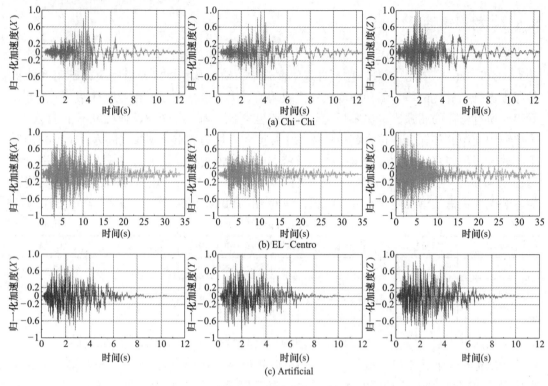

图 8-26 加速度归一化

加载工况　　　　　　　　　　　　　　　　　　　　表 8-7

工况类别	工况序号	加载工况	加速度峰值(g)		
			X 向	Y 向	Z 向
白噪声	1	W_X	0.05	—	—
	2	W_Y	—	0.05	—
单向输入	3	Chi-Chi-X	a	—	—
	4	ELC-X	a	—	—
	5	Artificial-X	a	—	—
	6	Chi-Chi-Y	—	a	—
	7	ELC-Y	—	a	—
	8	Artificial-Y	—	a	—
双向输入	9	Chi-Chi-XY-XY	a	0.85a	—
	10	Chi-Chi-XY-YX	a	0.85a	—
	11	ELC-YX-XY	a	0.85a	—
	12	ELC-YX-YX	0.85a	a	—
	13	ART-YX-XY	0.85a	a	—
	14	ART-YX-YX	0.85a	a	—
三向输入	15	Chi-Chi-XYZ-XY	a	0.85a	0.65a
	16	Chi-Chi-XYZ-YX	a	0.85a	0.65a

续表

工况类别	工况序号	加载工况	加速度峰值(g)		
			X 向	Y 向	Z 向
三向输入	17	ELC-YXZ-XY	a	0.85a	0.65a
	18	ELC-YXZ-YX	0.85a	a	0.65a
	19	ART-YXZ-XY	0.85a	a	0.65a
	20	ART-YXZ-YX	0.85a	a	0.65a

8.6.9 测量方案

（1）开口测量

在振动过程中，梁柱连接的开口尺寸由非接触式动态采集系统监测，如图 8-27 所示。由于非接触式动态采集系统与试验模型的坐标系不同，非接触式动态采集系统可以监测两点之间的相对位移，之后通过寻找两点之间的几何关系进一步计算出水平开口尺寸，如式（8-42）～（8-45）所示。使用非接触系统，可以获得其自身坐标系下各靶点的坐标。以钢梁上翼缘开口测试计算为例，通过式（8-42）、式（8-43），可以获得初始状态与振动过程中两个靶点的三维空间上的相对距离，然后将两个相对距离在 X 向立面进行投影，如式（8-44）、式（8-45）所示，最后通过余弦定理获得梁柱水平开口，如式（8-46）所示。

$$\Delta d_a = \sqrt{(x_{a2}-x_{a1})^2+(y_{a2}-y_{a1})^2+(z_{a2}-z_{a1})^2} \tag{8-42}$$

$$\Delta d_b = \sqrt{(x_{b2}-x_{b1})^2+(y_{b2}-y_{b1})^2+(z_{b2}-z_{b1})^2} \tag{8-43}$$

$$d_a = \Delta d_a \sin\alpha \tag{8-44}$$

$$d_b = \Delta d_b \sin\alpha \tag{8-45}$$

$$d = d_a \cos\beta + \sqrt{d_a^2(1+\cos\beta)+d_b^2} \tag{8-46}$$

其中 (x_{a1}, y_{a1}, z_{a1})、(x_{a2}, y_{a2}, z_{a2}) 分别为上翼缘中 1 号、2 号靶点由非接触测量系统监测得到的初始状态下坐标；(x_{b1}, y_{b1}, z_{b1})、(x_{b2}, y_{b2}, z_{b2}) 分别为上翼缘 1 号、2 号靶点由非接触测量系统监测得到的结构振动过程中的坐标；d_a，d_b 分别为 1 号、2 号靶点在非接触测量系统下的在结构 X 向立面上的投影；α、β 分别为初始状态下 1 号与 2 号靶点连线与 X 向立面和水平面的夹角；d 为梁柱开口大小。

(a) NDI采集设备(两台)　　　　　　　　　　　　(b) 靶点

图 8-27　开口测量设备

(2) 加速度测量

在楼板平面内的角部和中部设置三向加速度传感器，用来监测隔震楼盖不同位置及 X、Y、Z 三个方向的加速度响应。具体布置方法如图 8-28 所示。

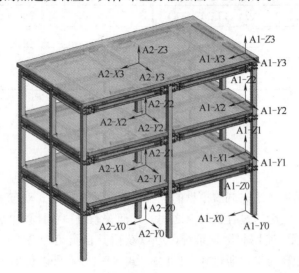

图 8-28　加速度计布置

(3) 层间位移测量

在结构每一层的四个方向的斜向都设置位移传感器，传感器一端位于该层的梁顶处，另一端位于上层的梁底处。在结构水平承受地震作用时，斜向位移计拉伸，另一水平方向以及竖直向虽有位移变化，但是相对斜向总长度的变化是一个无穷小的值，故忽略其影响。位移传感器的布置如图 8-29 所示。

(a) 三维视角

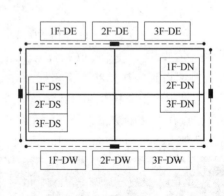

(b) 平面视角

图 8-29　位移计布置

(4) 索力测量

通过穿心式压力传感器，对结构每一根钢绞线索力的变化进行监测。并且相对于应变及超声波测量等方式，穿心式压力传感器测量的数据能够直接反映索力变化。穿心式压力传感器的布设位置及方式如图 8-30 所示。

图 8-30 压力传感器布置

(5) 应变测量

通过对各层钢柱的上中下三个位置及钢梁上下翼缘、腹板应变进行检测。验证可恢复功能钢结构的震后可恢复性。应变监测点布置如图 8-31 所示。

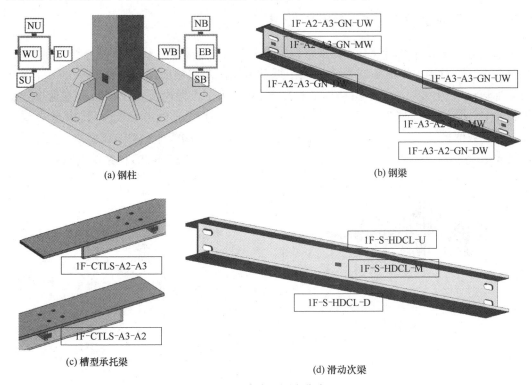

图 8-31 应变监测点位布置

8.7 RPPSF-SIFS 振动台试验与理论模型的验证

在有了 3 层 RPPSF-SIFS 框架振动台试验方案后,对 3 层 RPPSF-SIFS 框架进行了整体结构的地震动测试,并完成了与理论模型的验证。

8.7.1 自振频率的验证

在前面理论分析的基础上,通过已经推导出来的结构谱矩阵,将试验与理论模型计算的一阶、二阶频率进行对比,如表8-8所示。其中一阶频率结构长跨方向(X向),试验测得的自振频率3.610Hz,理论模型计算的结果是3.508Hz,二者误差2.83%。二阶频率结构短跨方向(Y向),试验测得的自振频率3.899Hz,理论模型计算的结果是3.830Hz,二者误差1.77%,通过以上数据不难看出,理论模型能够较好地模拟结构的自振特性。

频率对比　　　　　　　　　　　　　　　　　　　表8-8

项目	一阶频率(Hz)	二阶频率(Hz)
试验测量	3.610	3.899
理论计算	3.508	3.830
误差	2.83%	1.77%

8.7.2 楼面加速度时程曲线验证

除了对比3层RPPSF-SIFS振动台试验模型的自振频率外,还对1、2、3层加速度时程曲线进行了对比,如图8-32所示。其中振动台试验1层楼面加速度峰值0.391g,2层楼面加速度峰值0.348g,3层楼面加速度峰值0.287g,理论分析1层楼面加速度峰值0.412g,2层楼面加速度峰值0.272g,3层楼面加速度峰值0.271g,其中最小误差5.10%,数值模型1、2、3层楼面加速度的峰值与加速度的变化趋势与试验吻合较好。平均相差10.84%,因此,理论模型能够较好的模拟3层RPPSF-SIFS体系结构响应。

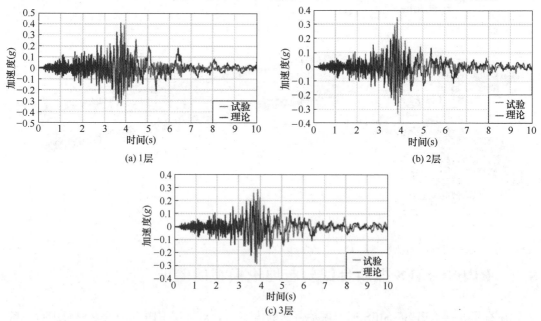

图8-32　加速度时程对比

8.8 RPPSF-SIFS 体系自振特性分析

8.8.1 自振频率

为了分析结构动力特性,对带隔震楼盖的可恢复功能预应力装配式钢框架进行白噪声扫频,并对白噪声工况进行频域分析,可获得结构的动力特性。通过振动台向结构底部输入 $0.05g$ 白噪声激励,得到试验模型每层的加速度响应信号。然后对加速度响应信号进行傅里叶变换,获得加速度响应的幅频特性图和相频特性图,其峰值点对应的频率为模型的自振频率。图 8-33、表 8-9 为从 $0.07g \sim 0.75g$ 的过程中每个大加载级开始前,通过白噪声对结构 X 向和 Y 向的自振频率的监测。

通过图 8-33 不难看出,结构使用 RFFBCN 的部位,即结构 X 向,即使加载至结束,频率变化幅度仍旧很小,最大仅为 7.43%,下降较小,仅在 PGA=$0.2g$ 时产生了明显的频率变化,而在 $0.2g \sim 0.75g$ 之间,自振频率变化不超过 0.3%,这与理论假设一致,在经历多遇地震时,梁柱可视为刚性连接。PGA$\geqslant 0.2g$ 时,结构产生了开口,频率发生了变化,并结合试验现象认为结构加载至超罕遇地震时仍损伤较小,且基本恢复至其初始状态,实现了震后功能可恢复的目的。而使用 RFBCN 节点的部位,即结构的 Y 向,加载至结束,其频率最大下降了 16.05%,出现了下降,但是通过试验现象以及应变等数据可知结构并没有出现明显损伤,或者进入塑性的部位。结构 Y 向频率下降较为明显的原因为结构在振动过程中结构突破原有静止状态,结构梁柱自复位连接等均出现了相对转动等,进而导致结构的频率出现了少许下降。

频率随震级变化表　　　　　　　　　　　　　　　　　表 8-9

	PGA(g)	0.07	0.20	0.30	0.40	0.51	0.62	0.75	结束
X 向	频率(Hz)	3.899	3.616	3.609	3.613	3.613	3.608	3.611	3.609
Y 向	频率(Hz)	3.610	3.612	3.600	3.478	3.480	3.258	3.038	3.030

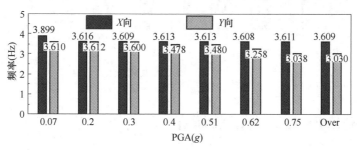

图 8-33 频率变化图

8.8.2 阻尼比

求解结构阻尼比最常用的方法就是半功率点法,首先求得结构的特性曲线,然后在纵坐标最大值的 0.707 倍处做一条平行于横坐标轴的直线,与共振曲线相交于两点 A、B,如图 8-34 所示,其对应的横坐标即为 ω_1 和 ω_2,则结构的衰减系数为 η 和阻尼比 ξ 分别为:

$$\eta = \frac{\omega_2 - \omega_1}{2} \tag{8-47}$$

$$\xi = \frac{\eta}{\omega_0} \tag{8-48}$$

通过图 8-35、表 8-10 中阻尼比的变化不难看出结构 X 向，阻尼比稍有增大，当 PGA=0.07g 时，阻尼比为 4.06%，当 PGA 从 0.07g 增长到 0.75g 的过程中，阻尼比最大为 5.83%，阻尼比增大 1.77%。对于结构 Y 向，阻尼比也稍有增长，PGA=0.07g 时，阻尼比为 4.38%，当 PGA 从 0.07g 增大到 0.75g 的过程中，阻尼比最大为 7.47%，阻尼比增大 3.09%。两个方向阻尼比均

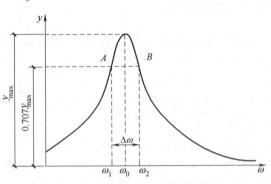

图 8-34 半功率点法

增大的原因一是随着水平地震作用的不断增大，楼盖的相对位移也逐渐增大，楼盖系统的耗能也逐渐增大；二是在地震动输入后，结构梁柱连接位置的弯矩超过了开口弯矩，梁柱突破了相对静止的状态，产生了开口，结构耗能增大，因此结构两个方向的阻尼比均稍有增大。

阻尼比随震级变化表　　　　　　　　　　　　　　　　表 8-10

PGA(g)	0.07	0.20	0.30	0.40	0.51	0.62	0.75	0.75 后	均值
X 向阻尼比	4.06%	5.10%	4.20%	5.35%	4.67%	5.83%	5.51%	5.34%	5.01%
Y 向阻尼比	4.38%	4.22%	5.44%	5.28%	5.72%	7.47%	6.07%	6.36%	5.62%

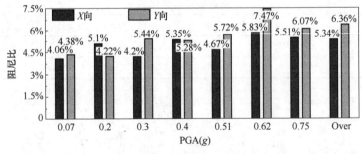

图 8-35 阻尼比变化

8.9 RPPSF-SIFS 振动台试验研究

本节对 RPPSF-SIFS 框架在地震作用下的层间位移角、梁柱开口、加速度响应、索力变化、应变变化及楼板相对位移进行了试验研究，研究结果证明了隔震楼盖能够适应可恢复功能预应力装配式钢框架的"膨胀效应"，且经历过超罕遇地震作用后（PGA=0.75g）主体结构构件没有明显损伤，隔震楼盖没有出现破碎或开裂等现象，RPPSF-SIFS 框架在经历超罕遇地震后仍可实现结构功能可恢复。本节将对 RPPSF-SIFS 框架在地震作用下的响应进行研究。

8.9.1 试验现象

在水平地震作用过程中，每一加载工况结束后，对带隔震楼盖的可恢复功能预应力装配式钢框架的现象进行观察。结构层间位移角为 1/588 时（PGA=0.07g），结构整体没有明显损坏。层间位移角 1/201 时（PGA=0.2g），结构在测试过程中首次出现了尖锐的黄铜板摩擦声响以及图 8-36 中黄铜板表面划痕，并且该工况结束后梁柱没有残余开口，证明了带有隔震楼盖的可恢复功能预应力装配式钢框架具有完整的开口-闭合机制。在层间位移角从 1/165 向 1/70 发展的过程中（PGA=0.3g、0.4g、0.51g 及 0.62g），尖锐的声响随着加载级的增大逐渐增大，出现的频率也逐渐增大，同时从罕遇地震阶段开始，

(a) 整体结构

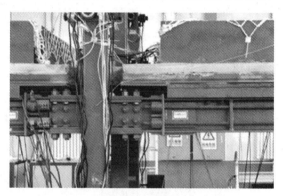

(b) RFFBCN梁柱节点

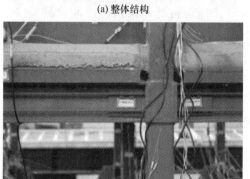

(c) RFBCN梁柱节点

(d) 黄铜板

(e) 柱脚

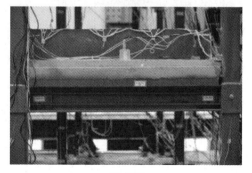

(f) 楼板

图 8-36　试验现象

测试过程中结构还出现了金属碰撞的声响,通过三层楼板顶层角部的晃动以及后面楼板相对运动的数据判断,声音是楼板与钢框架柱产生了碰撞产生的。

超罕遇地震(PGA=0.75g)结束后,最大层间位移角是1/71,混凝土楼板保持完好,没有任何破碎、开裂等,梁柱没有残余开口,钢柱、钢梁及次梁等没有局部屈曲、变形,整个结构没有出现明显损伤。

8.9.2 层间位移角

如图8-37、图8-38所示,地面峰值加速度从0.07g到0.75g,层间位移角随着加载级的增大逐渐增大,且三条地震动,两个方向的最大层间位移角基本都发生在2层,符合框架结构的变形特征。如图8-37、图8-38所示,无论是结构X向还是Y向,基本都是在ELC波作用时,结构层间位移角响应最大,其中,"ELC-YX-YX"作用时X向响应最为明显,"ELC-YX-XY"作用时Y向响应最为明显,且同一条波,同一震级地震作用时,X向层间位移角一直小于Y向层间位移角。

当PGA=0.07g时,RPPSF-SIFS框架X向最大层间位移角1/685,RPPSF-SIFS框架Y向最大层间位移角1/588,两个方向均具有较高的安全储备;当PGA=0.20g时,RPPSF-SIFS框架X向最大层间位移角1/564,框架X向还没有达到层间位移角限值1/250;RPPSF-SIFS框架Y向最大层间位移角1/201,结构Y方向层间位移角突破了弹性层间位移角限值1/250;当PGA=0.40g时,RPPSF-SIFS框架X向最大层间位移角1/238,框架X向超过层间位移角限值1/250;RPPSF-SIFS框架Y向最大层间位移角1/

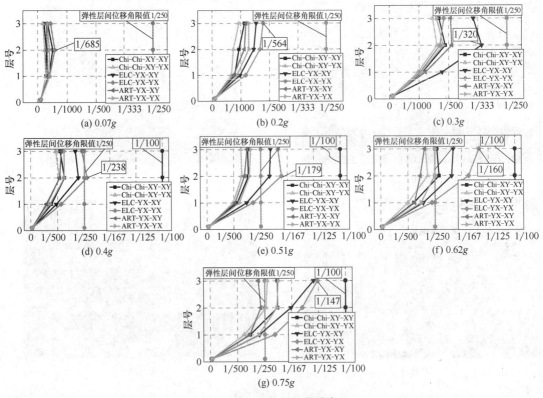

图8-37 X向层间位移角

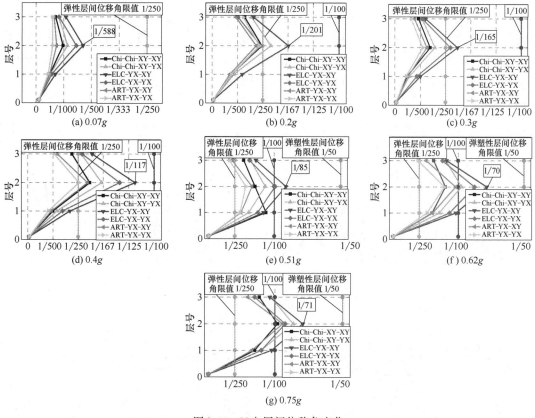

图 8-38 Y 向层间位移角变化

117，结构 Y 方向层间位移角突破弹性层间位移角限值 1/250，接近 1/100；当 PGA＝0.51g 时，RPPSF-SIFS 框架 X 向最大层间位移 1/179，框架 X 向层间位移角进一步增大；RPPSF-SIFS 框架 Y 向最大层间位移 1/85，结构 Y 方向层间位移角突破弹性层间位移角限值 1/250，超过了 1/100；当 PGA＝0.75g 时，RPPSF-SIFS 框架 X 向最大层间位移角 1/147，还未突破 1/100，RPPSF-SIFS 框架 Y 向最大层间位移角 1/71，突破了 1/100，接近弹塑性层间位移角 1/50，说明 RPPSF-SIFS 框架具有足够的安全储备。即使 RPPSF-SIFS 框架在超罕遇（PGA＝0.75g）地震作用下的层间位移角达到 1/71，接近弹塑性层间位移角 1/50，但是通过后面的应变以及现象分析，钢框架柱、钢梁及钢次梁等构件应变均未进入塑性，楼板没有出现开裂等现象，结构整体仍处于弹性状态，依然可以正常承载并使用。

8.9.3 梁柱节点开口分析

在 8.9.1 节中，已经验证了梁柱节点可以开口耗能，隔震楼盖能够适应可恢复功能预应力装配式钢框架的"膨胀效应"，本节将通过非接触数据的分析，分析地震作用下隔震楼盖对可恢复功能钢结构开口变形机制的影响。从图 8-39 中不难看出，三条地震动作用下梁柱节点均出现了不同程度的开口，验证了带有隔震楼盖的可恢复功能钢结构仍然可以实现开口-闭合机制。图中深色部分从左到右依次为 1、2、3 层钢梁的下翼缘开口大小。

浅色部分为相应钢梁上翼缘的开口大小。根据 6 幅图可以看出,上翼缘开口明显小于下翼缘,且一直处于较低的开口水平,上翼缘最大开口发生在 3 层,但开口仅 0.7mm,处于极低的开口水平。2 层的下翼缘开口量一直处于较高水平,在大多数工况下,高于 1 层和 3 层。梁柱最大开口发生在"ELC-YX-YX"波(PGA=0.51g)工况下的二层,达到了 5.7mm,对应最大转角 3.8%。试验结束后,RPPSF-SIFS 体系梁柱节点均闭合,无残余开口产生。

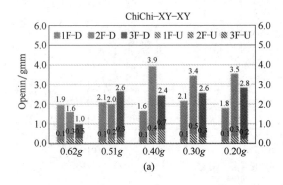

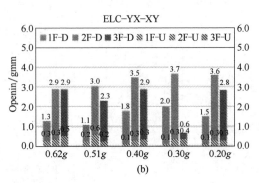

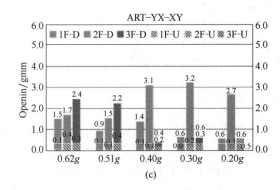

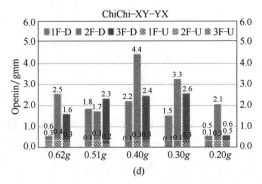

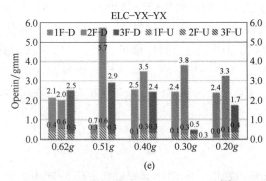

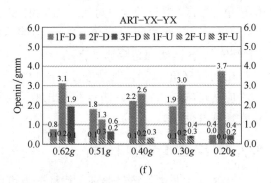

图 8-39 梁柱开口

8.9.4 加速度响应

楼面的加速度响应随着 PGA 的增大而逐渐上升,而加速度放大系数则呈现出下降的趋势，这说明带有隔震楼盖的可恢复功能预应力装配式钢框架具有能量耗散能力，主体结构振动越大，楼盖系统吸收振动的能力就越强。根据图 8-40、图 8-41 中所展示的信息可知，除极少数工况外，各层楼面加速度都大于台面加速度。在 PGA＝0.4g 时，结构 X 方向的 RPPSF-SIFS 框架在 Chi-Chi-XY-XY 波和 ART-YX-YX 波作用下，放大系数最大出现在 2 层楼面，分别为 5.29 与 5.05；在 ELC-YX-YX 波作用下，最大放大系数出现在 3 层，达到了 6.25，这是由于顶层结构质量本身比较小，同时楼板与框架之间设置了微型橡胶支座，能够产生弹性相对位移，因此产生了较为明显的鞭梢效应。结构 X 方向的 RPPSF-SIFS 框架无论在哪个工况，最大加速度放大系数均出现在一层，最大放大系数为 5.60。从图 8-40、图 8-41 不难看出，无论哪条地震动输入，X 向的最大加速度放大系数一直略高 Y 向。

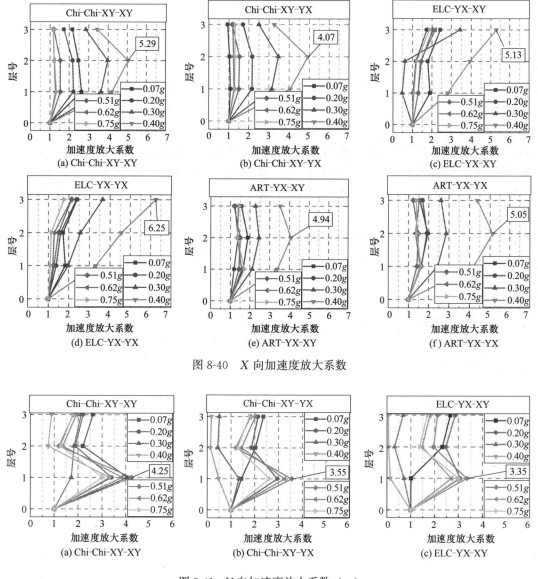

图 8-40　X 向加速度放大系数

图 8-41　Y 向加速度放大系数（一）

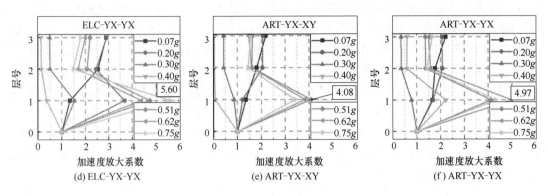

图 8-41 Y 向加速度放大系数（二）

8.9.5 索力分析

RFFBCN 索和 RFBCN 索的钢绞线初始预应力的大小均为 41.6kN。从 0.07g 加载至 0.75g 的过程中，其索力的平均变化值如图 8-42、图 8-43 所示。RFFBCN 索 3 层索力变化幅度最大，其次是 1 层，最后是 2 层。RFFBCN 索力最大增长发生在 Chi-Chi-XY-XY 波超罕遇地震（PGA=0.75g）作用下，最大位置 3 层，增长幅度达到了 11.06%；其次是 1 层，增长幅度达到了 8.88%；其次是 2 层，增长幅度达到了 6.01%。对于 RFBCN 索来说，索力最大变化发生在 ELC-YX-XY 波作用下的 1 层，达到了 8.06%；其次是 3 层，增长幅度达到了 6.72%；最后是 2 层，增长幅度达到了 5.84%。整个加载过程中 RFFBCN 与 RFBCN 的索力随着加速度的增大逐渐增大，且增长速度也逐渐变快，索力的变化说明预应力钢绞线被拉伸，其原因是梁柱出现了开口，进而拉伸了钢绞线，使索力增长，从侧面证明了梁柱出现开口，隔震楼盖能够适应可恢复功能预应力装配式钢框架的"膨胀效应"。RFFBCN 索的索力变化幅度大于 RFBCN 索，主要是结构 X 向跨度大于 Y 向，结构的整体刚度较大。无论是 RFFBCN 还是 RFBCN 索，索的应力水平在工况测试完后仍处于弹性，证明了可恢复功能钢结构经历超罕遇地震后仍能正常使用，并且具有较高的安全储备。

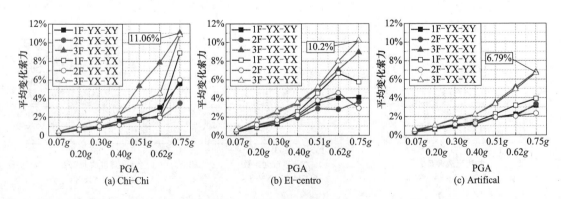

图 8-42 RFFBCN 索力变化

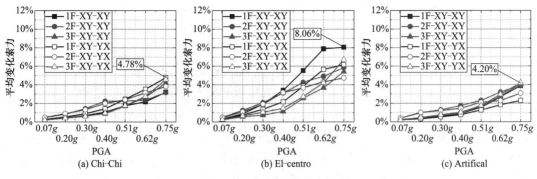

图 8-43 RFBCN 索力变化

8.9.6 应变分析

整个模型的钢材均采用 Q355B，其弹性模量为 206GPa，根据应力-应变关系式，钢材应变达到 $1675\mu\varepsilon$ 后进入屈服。考虑结构在静止状态时的应变，对试验数据进行修正。从图 8-44 中不难发现，当 PGA=0.75g 时，最大应变位于 ELC-YX-YX 波作用下的一层钢柱，达到了 $1529\mu\varepsilon$，二层钢柱应变 $894\mu\varepsilon$，三层钢柱应变 $635\mu\varepsilon$，小于材料的屈服应变，可认为钢框柱在经历超罕遇地震作用后仍能保持弹性状态，主体部位未进入屈服，震后能够正常使用。结合根据钢框架柱两个方向的应变发展情况均能看出，钢框架柱应变随着加载级的增大基本呈线性增大，且 1 层钢框架柱的应变大于 2 层、3 层，3 层应变最小。从振动台试验中不难看出，钢梁、槽型承托梁以及次梁等构件的应变变化，均远远小于材料屈服应变，地震作用下各构件的应变也是如此，因此判定结构并未出现损伤。在 0.75g 超罕遇地震作用后，主体结构的各相关构件均未进入塑性，震后仍能正常发挥结构的使用功能，达到了结构不经修复或少许修复便能继续投入使用的目的。

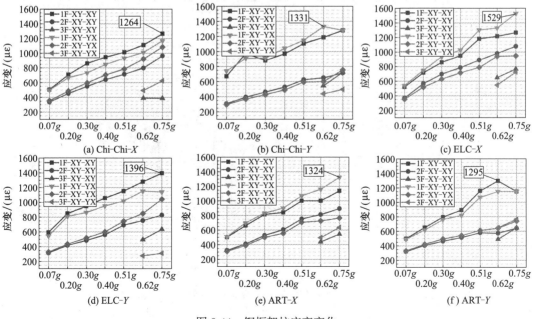

图 8-44 钢框架柱应变变化

8.9.7 楼板相对位移

在整个加载过程中,对楼板与钢框架的相对位移进行了监测。如图8-45、图8-46所示,在0.4g以前,楼板相对位移随着楼层的上升逐渐增大,各层楼板相对位移随着PGA的增大逐渐增大。0.4g以后工况,X向3层楼板相对位移随着PGA的增大迅速增大,远大于1层与2层,并且远大于前四个工况,最大达到了相对位移极限22.5mm,1层最大相对位移达到了4.8mm,达到了相对位移极限的21.33%;2层最大相对位移达到了5.7mm,达到了相对位移极限的25.33%。Y向楼板的3层最大相对位移达到了13.5mm,达到了相对位移极限的60%;2层最大相对位移达到了5.7mm,达到了相对位移极限的25.33%;1层最大相对位移达到了3.9mm,达到了相对位移极限的17.33%。Y向楼板的相对位移随着楼层的提升逐渐增大,各层楼板相对位移随着PGA的增大逐渐增大,且增长速度较为均匀。根据X向与Y向相对位移的最大数据,以及试验过程中的碰撞响声,认为楼板与产生了剧烈的相对位移,且楼板与钢柱已经产生了剧烈的直接碰撞,但碰撞位置处的钢柱没有任何凹陷、鼓曲等现象,混凝土钢筋桁架楼承板没有出现任何损伤,钢柱和楼盖在经历超罕遇地震后仍能够继续使用。

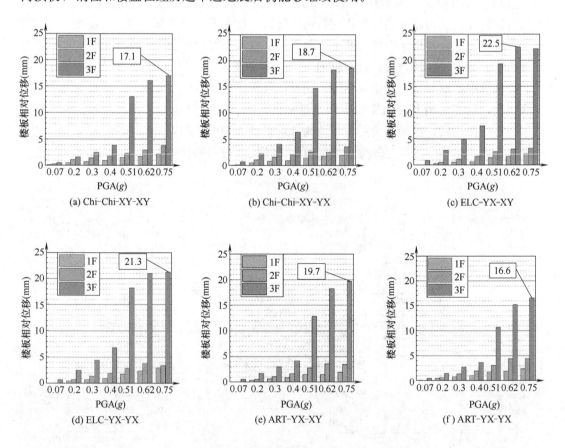

图8-45 X向楼板相对位移

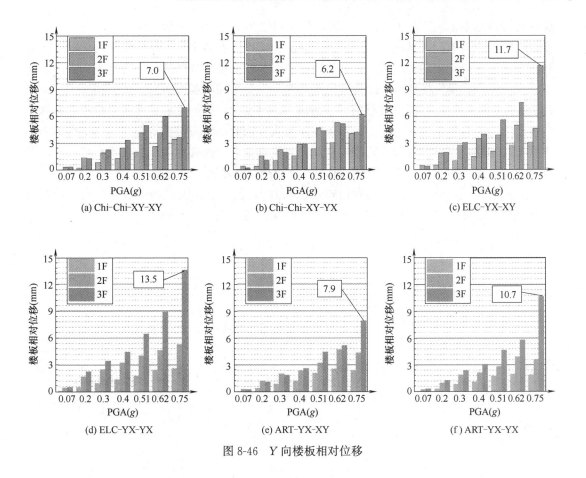

图 8-46 Y 向楼板相对位移

8.10 RPPSF-SIFS 扭转效应分析

8.10.1 层间扭转角

层间扭转角获取方法如下：首先，获得最南侧轴线与最北侧轴线层间位移时程曲线。然后，用最南侧轴线的层间相对位移减去北侧轴线层间相对位移，再除以两轴之间的跨度，得到各层层间扭转角的时程曲线，相邻层间扭转角时程之差即为层间扭转角时程。然后取最大值，获得层间扭转角包络值。

图 8-47 为各加载工况下层间扭转角包络的统计结果，其中 "▼▽" 线条为单向地震作用下各楼层中最大的层间扭转角，"■□""●○""▲△" 分别为 1 层、2 层和 3 层的层间扭转角。可以看出，与单向地震作用不同的是，双向地震存在明显的层间扭转角，并且带隔震楼盖的可恢复功能预应力装配式钢框架在地震作用下，层间扭转角随着地面峰值加速度的增大而增大，且增长的速率较为稳定。1 层、3 层最大层间扭转角发生在 ELC-YX-YX 波双向地震作用下，1 层最大层间扭转角达到了 1/272，3 层最大层间扭转角达到了 1/143；2 层最大层间扭转角发生在 ELC-YX-XY 波双向地震作用下，达到了 1/151。虽然最大层间扭转角在 El-centro 波双向地震作用时出现在第 3 层，但其余工况中 2 层的

层间扭转角基本上一直高于1层、3层,与层间位移角的变形状态一致。带隔震楼盖的可恢复功能预应力装配式钢框架结构出现扭转的主要原因有两个:一是可恢复功能框架梁端弯矩在达到开口弯矩后会出现开口,但对于整个结构来说,各处的节点弯矩不一致,致使节点刚度不同,最终导致整个结构刚度不均匀。二是采用隔震楼盖后,楼板相对于主体结构会发生相对运动,即楼板重心相对于结构中心会变化,最终重心偏移,结构刚心偏移致使RPPSF-SIFS框架出现扭转。而对于单向地震作用时,隔震楼盖重心和主体结构刚心同样会出现偏移,但是二者偏移的方向相同,且没有垂直于偏移方向荷载作用在结构上,因此在单向地震作用时,RPPSF-SIFS框架几乎出现层间扭转。

在地震作用结束后,残余层间扭转角基本为0,整体结构恢复到了初始状态,说明结构出现的都是弹性扭转,在预应力的作用下结构仍然能恢复到初始状态。

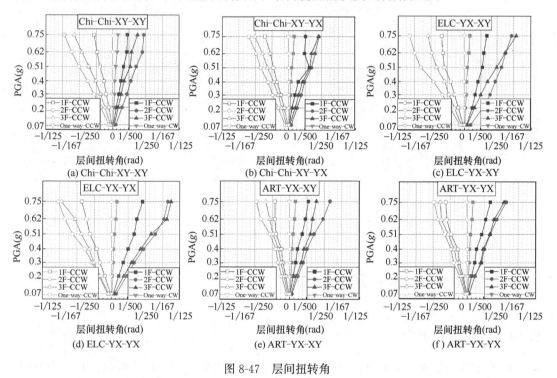

图 8-47 层间扭转角

8.10.2 层间扭矩

可恢复功能结构最大层间扭转角分布,可根据下式计算两层结构各层的扭矩包络线:

$$T = (1-\lambda) K_{T,j} \varphi_j \tag{8-49}$$

$$\lambda = \frac{\Delta k}{k_0} = \frac{k_0 - k}{k_0} = \frac{f_0^2 - f^2}{f_0^2} \tag{8-50}$$

式(8-50)中,λ 为刚度变化率。φ_j 为第 j 层层间扭转角最大值。$K_{T,j}$ 表示第 j 层的初始抗扭刚度。从结构动力学可知,结构刚度与自振频率的平方成正比,因此可以利用表8-9中结构的实测扭转振动频率计算出结构在不同阶段的抗扭刚度。刚度退化率由式（4-6）计算。式（4-7）中，k_0 和 k 分别为结构的初始抗扭刚度和某工况结束时的抗扭刚度。f_0 和 f 分别为结构的初始扭转自振频率和一定加载状态结束时的扭转自振频率。

图 8-48 为 RPPSF-SIFS 框架在 6 个双向地震动输入以及最大单向地震输入时层间扭矩随楼层的分布曲线。可以看出，结构的最大楼层扭矩随高度提升递减，符合结构扭矩变化规律。随着峰值加速度的增大，各层扭矩逐渐增大，并且随着层数的增大扭矩逐渐减小，且顶层减小速度最快，这是由于相比一层、二层来说，三层的质量较小。结合层间扭转角不难看出，相比一层、三层，二层的层间扭转角较大。因此结构的扭矩分布曲线在三层处较缓，在一层处较陡，这是因为在二层处出现了较大的层间扭转角，致使结构扭矩在二层处出现了较大的变化。虽然扭矩在一层时达到了最大，达到 1550kN·m，但是最后带隔震楼盖的可恢复功能钢结构结构仍能恢复到其初始状态。

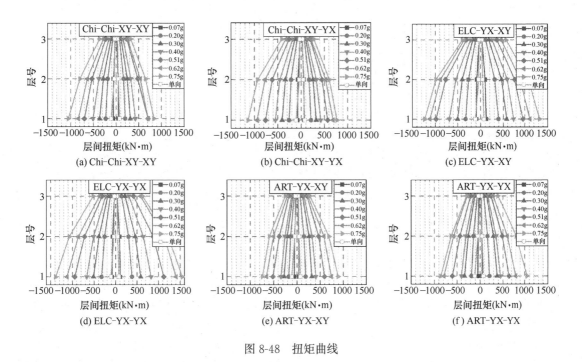

图 8-48 扭矩曲线

8.10.3 平扭耦合效应

本小节通过带隔震楼盖的可恢复功能预应力装配式钢框架在 Chi-Chi 波超罕遇地震作用下的层间扭转角和层间位移角时程曲线来分析层间水平扭转耦合效应。从图 8-49 中可以看出，一层、二层、三层整体结构的层间扭转角位移均较大，且两种位移峰值出现的时间基本一致，扭转敏感带显著增加，且与平动敏感带重叠较多。说明层间水平-扭转耦合效应明显。这是因为水平位移响应较大时，梁柱节点开口较大，结构刚心出现了明显偏移，结构重心也因为隔震楼盖的移动出现了偏移，最终刚心、重心出现较大的偏移致使结构出现扭转。所以根据以上分析，隔震楼盖的可恢复功能预应力装配式钢框架平扭耦合效应明显。

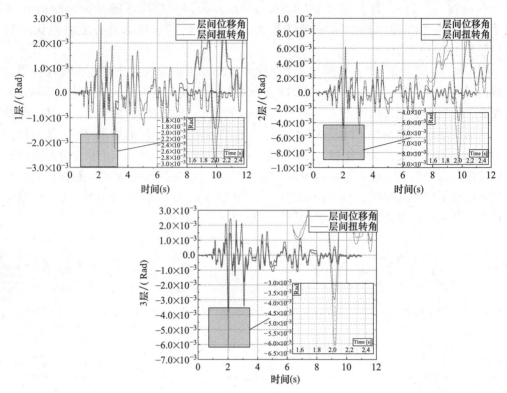

图 8-49 层间扭转角与层间位移角（Chi-Chi-XY）

8.11 本章小结

本章提出一种适用于可恢复功能预应力钢框架的新型隔震楼盖，并完成了单层 RPPSF-SIFS 体系动平衡方程的建立、减震原理分析和放大系数的求解以及多高层 RPPSF-SIFS 体系的平动及扭转动平衡方程的建立与求解，建立了基于动力放大系数的最优结构控制理论。并在此基础上，针对可恢复功能钢框架和隔震楼盖的构造特征，完成了 3 层 RPPSF-SIFS 体系的振动台试验设计。之后对三层 RPPSF-SIFS 框架进行了 $0.07g$、$0.2g$、$0.3g$、$0.4g$、$0.51g$、$0.62g$ 和 $0.75g$ 地震作用下的单向、双向和三向地震作用下结构响应研究，对 RPPSF-SIFS 框架自振频率、阻尼比、层间位移角、梁柱开口、加速度放大系数、索力变化、应变变化及楼板相对位移进行了分析，对地震作用下 RPPSF-SIFS 框架结构的层间扭转角、层间扭矩以及平扭耦合效应等进行了研究。试验研究表明：

（1）提出的新型隔震楼盖不会因为梁柱开口出现损伤，也不会限制梁柱节点的开口，能够解决可恢复功能钢框架"膨胀效应"问题。

（2）对隔震楼盖的各组成元件进行受力分析，建立了隔震楼盖的抗侧刚度及抗扭刚度，二者计算表达式为 $K_{zi} = (2/\sum_{i}^{j} K_{smeqij} + 1/K_{mi})^{-1}$ 和 $K_{\phi z} = \dfrac{1}{\dfrac{2}{\sum_{i}^{k}(\rho_{bik}^{2} F_{qmbik})} + \dfrac{1}{\sum_{i}^{k}(\rho_{mik}^{2} G_{mik} A_{mik})}}$。

(3) 建立并求解单层 RPPSF-SIFS 体系主体结构和隔震楼盖的动力平衡方程,求解得到主体结构考虑隔震楼盖影响的无阻尼和有阻尼圆频率表达式。求解获得单层 RPPSF-SIFS 体系主体结构和隔震楼盖动力放大系数表达式,获得单层 RPPSF-SIFS 结构动力调谐条件 $(f^2-g^2)^2=0$,当隔震楼盖的结构参数满足 $\omega_m=\omega$ 时,主体结构与隔震楼盖之间的相互作用力大小等于激振力,且方向与之相反,得到隔震楼盖减震的基本原理。

(4) 依据动力平衡方程,建立并求解多高层 RPPSF-SIFS 体系平动动力平衡方程,利用 Duhamel 积分法求解得到各层主体结构和隔震楼盖结构的位移响应。多高层 RPPSF-SIFS 体系出现扭转的原因主要有两个:一是在水平荷载作用下,可恢复功能梁柱节点出现了开口,且开口的位置不对称,致使结构刚度出现了变化,刚心出现偏移;二是水平荷载作用下,隔震楼盖与主体结构出现了相对位移,致使结构的重心也出现偏移,在重心与刚心都出现偏移的情况下结构出现了扭转。对于多高层 RPPSF-SIFS 体系,作用于多高层 RPPSF-SIFS 体系的地面加速度是三个平动方向,所以多高层 RPPSF-SIFS 体系的扭转实际上是一种由于平动导致的结构重心、刚心不重合的自由扭转。

(5) 完成了对理论模型和试验结果的双向验证。从自振特性的角度,试验结果和理论分析一阶频率相差 2.83%,二阶频率相差 1.77%;从结构响应的角度,一层相差 5.37%,二层相差 21.74%,三层相差 5.32%,平均相差 10.81%,综上理论模型能够较好地模拟 3 层 RPPSF-SIFS 体系的自振特性和结构响应,因此,第 2 章的理论分析可以应用于带隔震楼盖的可恢复功能预应力装配式钢框架整体结构的分析和设计中。

(6) 通过对 RPPSF-SIFS 框架白噪声工况进行频域分析,3 层 RPPSF-SIFS 框架 X 向自振频率在 PGA 为 $0.20g\sim0.75g$,自振频率变化仅 0.2%,结构刚度几乎没有变化;Y 向自振频率在 PGA 为 $0.07g\sim0.75g$,自振频率变化 16.05%,结构 Y 向出现了轻微损伤。随着水平地震作用逐渐增大,隔震楼盖的相对位移及梁柱开口水平逐渐增大,提高了 RPPSF-SIFS 框架的阻尼比。

(7) 对 RPPSF-SIFS 框架进行多维地震作用下的试验研究,通过试验时黄铜板摩擦的尖锐声响、表面的划痕、试验数据中的最大开口达 5.70mm 以及索力的变化都证明了隔震楼盖能够适应可恢复功能预应力装配式钢框架的"膨胀效应"。在超罕遇地震作用后,RPPSF-SIFS 框架最大层间位移角达到了 1/71,接近弹塑性层间位移角,试验结束后层间位移角、索力、应变、楼板相对位移等都恢复到了结构初始状态,实现了 RPPSF-SIFS 框架震后功能可恢复的目标。

(8) RPPSF-SIFS 框架多维地震作用下结构的扭转效应明显。因为梁柱开口,节点刚度发生变化,致使结构刚心位置变化,并且楼板及其上荷载与结构主体产生相对运动导致结构重心产生了较大的变化,最终导致结构刚心、重心出现较大偏移,出现了较大的层间扭转角。最大层间扭转角发生在结构 2 层,在 $0.75g$ 超罕遇地震作用时达到了 1/143。扭矩整体呈现出随着楼层提升而减小的趋势,且在 2 层出现了较为明显的扭矩变化,这是结构 2 层层间扭转角相较于 1、3 层较大直接导致的。通过 Chi-Chi 波作用下的位移角和扭转角时程对比,1~3 层的层间扭转角时程的峰值几乎与层间位移角的峰值重合,水平-扭转耦合效应十分明显,但无论是层间扭转角还是平扭耦合效应在地震作用后均恢复到了初始状态,说明结构具有较强的震后恢复能力,所以带有隔震楼盖的可恢复功能钢结构不受平扭耦合的影响。

参 考 文 献

[1] MILLER D K. Lessons learned from the Northridge earthquake [J]. Engineering Structure, 1998, 20 (4): 249-260.

[2] Federal Emergency Management Agency. Recommended seismic design criteria for New Steel Moment-Frame Buildings: FEMA350 [S]. 2000.

[3] 日本建筑学会. 钢构造接合部设计指针 [S]. 2001.

[4] BRUNEAU M, UANG C M. Ductile design of steel structures [M]. The McGraw-Hill Companies, 1998.

[5] MIRGHADERI R, SOBHAN S, TORABIAN S. Reducing beam section by corrugated webs for developing a connection of specially moment resisting frame [C]. Structure Congress ASCE, 2008.

[6] Architectural Institute of Japan. AIJ Design guidelines for earthquake resistant reinforced concrete buildings based on ultimate strength concept [S]. 1990.

[7] International Conference of Building officials. Uniform building code, Volume 2 [S]. 1997.

[8] PACHOUMIS D, GALOUSSIS E, KALFAS C, et al. Cyclic performance of steel moment-resisting connections with reduced beam sections-experimental analysis and finite element model simulation [J]. Engineering Structures, 2010, 32: 2683-2692.

[9] DEYLAMI A, MOSLEHI T. Promotion of cyclic behavior of reduced beam section connections restraining beam web to local buckling [J]. Engineering Structures, 2013, 73: 112-120.

[10] HUANG Y, YI W J, ZHANG R, et al. Behavior and design modification of RBS moment connections with composite beams [J]. Engineering Structures, 2014, 59: 39-48.

[11] Fang C, Yam M C H, Lam A C C, et al. Cyclic performance of extended end-plate connections equipped with shape memory alloy bolts [J]. Journal of Constructional Steel Research, 2014, 94: 122-136.

[12] Chou C C, Lo S W, Liou G S. Internal flange stiffened moment connections with low-damage capability under seismic loading [J]. Journal of Constructional Steel Research, 2013, 87: 38-47.

[13] Choi S W, Park H S. A Study on the Minimum Column-to-Beam Moment Ratio of Steel Moment Resisting Frame with Various Connection Models [C] //Structures Congress 2011. 2011: 3008-3017.

[14] Deylami A, Tabar A M. Promotion of cyclic behavior of reduced beam section connections restraining beam web to local buckling [J]. Thin-Walled Structures, 2013, 73 (73): 112-120.

[15] 石永久, 李兆凡, 陈宏, 等. 高层钢框架新型梁柱节点抗震性能试验研究 [J]. 建筑结构学报, 2002, 23 (3): 2-7.

[16] 石永久, 王萌, 王元清. 钢框架不同构造形式焊接节点抗震性能分析 [J]. 工程力学, 2012, 29 (7): 75-83.

[17] 张艳霞, 李瑞, 王路遥, 等. 钢框架梁柱加强与削弱并用节点抗震性能研究 [J]. 建筑钢结构进展, 2014 (6): 12.

[18] 王燕. 钢结构新型延性节点的抗震设计理论及其应用 [M]. 北京: 科学出版社, 2012.

[19] 中华人民共和国建设部. 多、高层民用建筑钢结构节点构造详图: 01SG519 [S]. 北京: 中国计划出版社, 2001.

[20] Goltz J D. Use of Loss Estimates by Goverment Agencies in the Northridge Earthquake for Re-

sponse and Recovery [J]. Earthquake Spectra, 12 (3), 1996.

[21] Report of the seventh joint planning meeting of NEES/E-defence collaborative research on earthquake engineering [R]. PEER 2010/109. Berkeley: University of California, Berkeley, 2010.

[22] GARLOCK M, RICLES J, SAUSE R. Experimental studies on full-scale post-tensioned steel connections [J]. Journal of Structural Engineering, 2005, 131 (3): 438-448.

[23] HERNING G, GARLOCK M, RICLES J. An overview of Self-centering Steel Moment Frames [J]. Structures 2009: 1412-1420.

[24] GARLOCK M, RICLES J, SAUSE R, et al. Post-tensioned seismic resistant connections for steel frames [C] //Structural Stability Research Council Conference Workshop, Rolla Missouri: Structural Stability Research Council. 1998.

[25] GARLOCK M, RICLES J M, SAUSE R. Influence of design parameters on seismic response of post-tensioned steel MRF systems [J]. Engineering Structures 2008, 30: 1037-1047.

[26] WANG D. Numerical and experimental studies of self-centering post-tensioned steel frames [D]. the State University of New York at Buffalo, 2007.

[27] CHOU C, TSAI K C, et al. Self-centering steel connections with steel bars and a discontinuous composite slab [J]. Earthquake Engineering and Structural Dynamics 2009, 38 (1): 403-422.

[28] ALIABADI M M, BAHAARI M R, TORABIAN S. Design and Analytical Evaluation of a New Self-Centering Connection with Bolted T-Stub Devices [J]. Advances in Materials Science and Engineering, 2013, 2013 (4): 1-12.

[29] KIM J, KUWAHARA S, YASUI K. Elasto-plastic behavior of shear type damper using low yield strength circular hollow section [J]. Japan Structural Construction Engineering, 2016, 81 (719): 101-110.

[30] JAHANGIRI A, BEHNAMFAR F, JAHANGIRI M. Introducing the Innovative Post-tensioned Connection with the Rigid Steel Node [J]. KSCE Journal of Civil Engineering (2017) 21 (4): 1247-1255.

[31] JIANG H J, BU H, HE L S. Study of a new type of self-centering beam-column joint in steel frame structures [J]. The Structural Design of Tall and Special Buildings, 2020, 29 (14).

[32] CRUZ P R. Analysis, Design, and Evaluation of post-tensioned Friction Damped Connections for Steel Moment Resisting frames [D]. Lehigh University, 2003.

[33] ROJAS P, RICLES, J M, SAUSE R. Seismic performance of post-tensioned steel moment resisting frames with friction devices [J]. Journal of Structural Engineering, 2005, 131 (4): 529-540.

[34] KIM H, CHRISTOPOULOS C. Friction damped post-tensioned self-centering steel moment-resisting frames [J]. Journal of Structural Engineering, 2008, 134 (11): 1768-1779.

[35] WOLSKI M, RICLES J M, SAUSE R. Experimental study of a self-centering beam-column connection with bottom flange friction device [J]. Journal of Structural Engineering, 2009, 135 (5): 479-488.

[36] 王一帆, 李启才, 方有珍. 承载力比值对摩擦型自复位梁柱节点抗震性能的影响 [J]. 钢结构, 2013, 12: 26-30.

[37] 蒋成良, 李启才. 钢绞线预应力的改变对自复位钢框架性能影响 [J]. 苏州科技学院学报（工程技术版）, 2013, 26 (3): 28-31.

[38] 文闻, 张爱林, 张艳霞, 等. 摩擦力对带腹板栓接摩擦装置装配式自复位梁柱节点力学性能的影响 [J]. 钢结构（中英文）, 2019, 34 (10): 1-9+20.

[39] ZHANG A L, ZHANG Y X, LIU A R, et al. Performance study of self-centering steel frame

with intermediate columns containing friction dampers [J]. Engineering Structures, 2019, 186: 382-398.

[40] 杜修力, 胡潇, 董慧慧, 等. 一种自复位 SMA 绞线复合磁流变阻尼支撑: CN113653394A [P]. 2021-11-16.

[41] 李然, 舒赣平, 刘震. 一种 SMA 自复位耗能阻尼器: CN206477464U [P]. 2017-09-08.

[42] 张爱林, 张艳霞, 刘学春. 震后可恢复功能的预应力钢结构体系研究展望 [J]. 北京工业大学学报, 2013, 39 (4): 507-514.

[43] 张艳霞, 叶吉健, 杨凡, 等. 自复位钢框架结构抗震性能动力时程分析 [J]. 土木工程学报, 2015, 48 (7): 30-40.

[44] 张爱林, 张艳霞, 赵微, 等. 可恢复功能的装配式预应力钢框架拟动力试验研究 [J]. 振动与冲击, 2016, 35 (5): 207-215.

[45] 张艳霞, 费晨超, 宁广, 等. 可恢复功能的预应力装配式钢框架动力弹塑性分析 [J]. 振动与冲击, 2016, 35 (18): 101-110.

[46] 张艳霞, 张贺昕, 刘安然, 等. 可恢复功能的装配式预应力钢框架性能化设计研究 [J]. 建筑钢结构进展, 2017, 19 (4): 1-9.

[47] 张爱林, 张艳霞, 陈嫒嫒, 等. 中间柱摩擦阻尼器预应力钢框架静力推覆试验研究 [J]. 建筑结构学报, 2016, 37 (3): 125-133.

[48] 张爱林, 邵迪楠, 张艳霞, 等. 可恢复功能的中间柱型阻尼器预应力钢框架结构性能化设计研究 [J]. 建筑结构, 2018, 48 (11): 1-9.

[49] GARLOCK M E M, LI J. Steel self-centering moment frames with collector beam floor diaphragms [J]. Journal of Constructional Steel Research, 2008, 64 (5): 526-538.